塞缪尔·约翰逊的道德关怀

/中/华/女/子/学/院/学/术/文/库/

龚龑 ◎ 著

中国社会科学出版社

图书在版编目(CIP)数据

塞缪尔·约翰逊的道德关怀/龚龑著.—北京：中国社会科学出版社，2015.7
（中华女子学院学术文库）
ISBN 978-7-5161-6618-5

Ⅰ.①塞… Ⅱ.①龚… Ⅲ.①约翰逊，S.（1709~1784）—道德观念—思想评论 Ⅳ.①B82-095.61

中国版本图书馆 CIP 数据核字（2015）第 160186 号

出 版 人	赵剑英
责任编辑	任 明 陈肖静
责任校对	刘 娟
责任印制	何 艳

出 版	中国社会科学出版社
社 址	北京鼓楼西大街甲 158 号
邮 编	100720
网 址	http://www.csspw.cn
发 行 部	010-84083685
门 市 部	010-84029450
经 销	新华书店及其他书店
印刷装订	北京市兴怀印刷厂
版 次	2015 年 7 月第 1 版
印 次	2015 年 7 月第 1 次印刷
开 本	710×1000 1/16
印 张	14
插 页	2
字 数	237 千字
定 价	48.00 元

凡购买中国社会科学出版社图书，如有质量问题请与本社营销中心联系调换
电话：010-84083683
版权所有 侵权必究

塞缪尔·约翰逊的道德关怀

/中/华/女/子/学/院/学/术/文/库/

龚 龑 ◎ 著

中国社会科学出版社

图书在版编目(CIP)数据

塞缪尔·约翰逊的道德关怀 / 龚龑著. —北京：中国社会科学出版社，2015.7
（中华女子学院学术文库）
ISBN 978 – 7 – 5161 – 6618 – 5

Ⅰ.①塞… Ⅱ.①龚… Ⅲ.①约翰逊，S.（1709~1784） – 道德观念 – 思想评论 Ⅳ.①B82 – 095.61

中国版本图书馆 CIP 数据核字（2015）第 160186 号

出 版 人	赵剑英
责任编辑	任 明　陈肖静
责任校对	刘 娟
责任印制	何 艳

出　　版	中国社会科学出版社
社　　址	北京鼓楼西大街甲 158 号
邮　　编	100720
网　　址	http://www.csspw.cn
发 行 部	010 – 84083685
门 市 部	010 – 84029450
经　　销	新华书店及其他书店

印刷装订	北京市兴怀印刷厂
版　　次	2015 年 7 月第 1 版
印　　次	2015 年 7 月第 1 次印刷

开　　本	710×1000　1/16
印　　张	14
插　　页	2
字　　数	237 千字
定　　价	48.00 元

凡购买中国社会科学出版社图书，如有质量问题请与本社营销中心联系调换
电话：010 – 84083683
版权所有　侵权必究

摘　　要

　　道德问题是约翰逊的核心关怀之一，他这方面的言论，给英国18世纪乃至整个"现代化"过程，刻下了鲜明的痕迹。在17、18世纪的英国，伦理学或道德哲学是一个广义的综合学科，包含了今天分化出来的人类学、经济学、历史、政治学和宗教学等多方面的内容。本书主要聚焦于约翰逊的社会道德观、政治观念和文学批评，偶尔论及他的宗教思想。实际上，道德、政治和文学批评，也恰恰构成了约翰逊写作的三大领域。

　　第一章"《漫步者》中的社会关系"分别从家庭、作家职业和妇女三个角度来分析约翰逊最著名的期刊《漫步者》。本章涉及的内容庞杂，但是贯穿了一个主题：约翰逊对依附关系的批评，尤其子女对父母、文人对恩主或者文化市场、妇女对父权社会的依附关系；这些批评背后蕴含着新型市民社会和人际关系的某种构想。《漫步者》研究，历来都以修辞和行文逻辑为重点，或者被简单地看作是不考虑历史语境的道德说教文本，其实它同英国18世纪的社会转型、生活变化都息息相关。笔者借助现今18世纪英国历史研究的材料，来证明约翰逊伦理观念的现代性。

　　第二章"政论中的道德意涵"先梳理约翰逊和"托利主义"间的复杂关系，然后明确指出：约翰逊毕竟不是政客，他的"托利主义"与其说是一种政治态度，不如说是针对社会转型所表现出来的一种文化或者思想态度。接下来分别讨论约翰逊早期政论和晚期政论，阐释重点是晚期政论背后的现实关联和伦理内涵。

　　第三章"《诗人传》中的人生和艺术"先是概括约翰逊关于传记和文学批评的看法。本章探究《诗人传》如何诠释人生和艺术。这一章的分析依循两条路径：一是重视"性格特写"的桥梁作用；二是抓住文学批评部分几个重要的术语，如想象力、学识、修辞和"自然"等。接下来分别以弥尔顿和德莱顿传记为个案，进一步探讨约翰逊对人生和艺术间关系的辩证认识。

结语部分论及约翰逊经验主义的思想方式和散文化的写作等特点；并指出，由于某些文献的缺失，全面系统的约翰逊研究工作还有待进一步展开。

探讨约翰逊的伦理观念，其意义不在于他思想的新颖，而恰恰在于这些思想反映了英国 18 世纪的社会、文化生活的方方面面，故本书将约翰逊的观点置于当时相应的历史背景中。笔者一方面反复阅读了约翰逊的文本，从文字上把握原文主旨，同时尽可能利用较新的传记研究材料和 18 世纪历史、政治、文学和社会的研究成果，来证明约翰逊伦理思想同英国现代化情境的相关性。

关键词：约翰逊，道德观念，人生和艺术

Abstract

Prominent in all his writings, Samuel Johnson's moral concerns greatly influenced eighteenth – century British thought. They are even believed to have contributed to the making of modern England. By today's academic standards, what Johnson and his contemporaries thought of as moral problems may fall into many areas of study, as different as anthropology, economics, history, politics, and theology. This dissertation focuses on Johnson's ideas on social morality, politics, and literary criticism, occasionally touching on his religious thoughts.

Chapter I considers Johnson's most celebrated periodical the *Rambler* in three respects, namely, family relationships, professional writers, and women. A theme that connects these respects is Johnson's concern with the dependence: of children on their parents, of writers on patrons or culture market, and of women on patriarchal authority. Through his criticism of dependence one may see Johnson's conceptions of the emerging civil society and the relationships among its members. The *Rambler* has been studied exhaustively with regard to its rhetorical devices, and has been viewed as a commonplace book of moral preaching. Unlike some didactic writings in his time which deal with abstract principles taken out of historical contexts, Johnson's *Rambler* pays close attention to social and familial transformations in eighteen century Britain. Taking advantage of the recent researches in social history, this chapter tries to bring out the relevance of Johnson's social values to "the making of modern England".

The second chapter begins with an attempt toclarify the complicated relations between Johnson and Toryism and moves on to contend that Johnson's Toryism is not so much a partisan preference as a cultural stand taken in front of social transformations. The body of this chapter explores Johnson's political tracts during two periods, paying particular attention to the moral implications behind Johnson's political comments.

The third chapter discusses Johnson's views on biography writing and literary criticism. This chapter argues that *the Lives of Poets* exemplifies Johnson's belief in the interaction between poets' life experience and their works. As illustration, the chapter considers several critical terms used repeatedly in the *Lives of Poets*, including imagination, knowledge, diction, and nature. This chapter also makes detailed case studies of the "Life of Milton" and the "Life of Dryden", showing Johnson's effort to explain the poets' art in terms of their lives.

In exploring the moral values expressed in Johnson's writings, we should bear in mind that if Johnson's ideas are mostly derivative and lack in originality, they are nevertheless reflections of his age. The underlying aim of this dissertation is to understand Johnson's thought in the context of the eighteenth-century historical events that transformed England into a modern society.

Key Words: Johnson, moral concerns, life and art

英文著作名缩写表

Life: James Boswell, *The Life of Samuel Johnson*, *LL. D.*, *with a Journal of a Tour to the Hebrides*, ed., G. B. Hill, rev., L. E Powell, 6 Vols., Oxford: Clarendon Press, 1934 – 1964.

LP: Roger Lonsdale, ed., *The Lives of the Most Eminent English Poets, with Critical Observations on Their Works*, 4 Vols., Oxford: Clarendon Press, 2006.

YE: *The Yale Edition of the Works of Samuel Johnson*, General Editor: John H. Middendorf, New Haven and London: Yale University Press, 1958 – . 这套文集是约翰逊作品最好的版本, 全集计划共 24 卷, 目前为止《议会辩论》部分, 即本丛书中第 11、12 和 13 卷, 尚未面世。各卷的名称和编者请见"参考文献"。

目　　录

绪言 …………………………………………………………………（1）
第一章　《漫步者》中的社会关系 ………………………………（29）
　第一节　社会变局中的"新"绅士 …………………………………（35）
　　一　年轻人的"挑战" ……………………………………………（36）
　　二　绅士的美德 …………………………………………………（40）
　　三　期刊和小说的"唱和" ………………………………………（47）
　第二节　雇用文人，抑或时代哲人？ ……………………………（51）
　　一　"进入社会"的踌躇 …………………………………………（52）
　　二　从依附恩主到市场写作 ……………………………………（56）
　　三　格拉布街的作家们 …………………………………………（61）
　　四　宗教和世俗化 ………………………………………………（67）
　第三节　淑女命运的沉浮 …………………………………………（72）
　　一　约翰逊的"偏见" ……………………………………………（74）
　　二　女性的悖论：欲望和奢侈 …………………………………（81）
　　三　淑女的教育 …………………………………………………（85）

第二章　政论中的道德意涵 ………………………………………（91）
　第一节　约翰逊和"托利主义" ……………………………………（92）
　　一　两种史学观之争 ……………………………………………（92）
　　二　所谓"托利主义" ……………………………………………（96）
　　三　恩俸和"立场变化" …………………………………………（103）
　第二节　"公众领域"中的报人 ……………………………………（107）
　　一　"愤怒的青年" ………………………………………………（108）
　　二　"七年战争"和托利情结 ……………………………………（116）
　第三节　"行话切口"背后的利益 …………………………………（123）

一 "商贩的叛乱" ……………………………………（124）
　　二 "何以奴隶主叫嚣着要自由" ………………………（134）
第三章 《诗人传》中的人生和艺术 ……………………（144）
　第一节 《诗人传》的艺术特点 …………………………（144）
　　一 《诗人传》的传记理论 ……………………………（147）
　　二 《诗人传》的文学批评 ……………………………（152）
　第二节 《弥尔顿传》：学识和想象 ……………………（158）
　　一 弥尔顿的"缺点" …………………………………（160）
　　二 弥尔顿的想象力 ……………………………………（170）
　第三节 《德莱顿传》：博大的心灵 ……………………（175）
　　一 修辞的悖论 …………………………………………（176）
　　二 谴责与辩护 …………………………………………（180）
　　三 博大的心灵 …………………………………………（184）

结语 "没有终结的结论" …………………………………（195）

参考文献 ……………………………………………………（200）

后记 …………………………………………………………（215）

绪　言

约翰逊的传奇人生

英国 18 世纪后半期，习惯上也被称为"约翰逊的时代"，可见塞缪尔·约翰逊（Samuel Johnson，1709—1784）在英国人心中的地位。1984 年 12 月 13 日是约翰逊逝世 200 周年的纪念日，《泰晤士报》发表社论称，约翰逊作为《英语词典》的编纂者，比其他任何人都更有资格做"英国的主保圣人"，因为"语言乃是英国人的主要荣耀"，约翰逊的工作和著述，在很大程度上促使英语成为一种世界语言。[①] 值得一提的是，约翰逊与中国有一定的"缘分"。他曾撰文赞美中国的建筑别具风格；他鼓励朋友游历长城，从而开阔眼界和胸襟；约翰逊更是一位传记写作的高手，早在 18 世纪 40 年代初期就写了一篇介绍孔子生平的文章。

1709 年 9 月 17 日，约翰逊出生在英国斯塔福德郡（Staffordshire）的利奇菲尔德镇（Lichfield）。约翰逊的父亲出身低贱，靠地方慈善机构的捐助，才完成初等教育，学徒于出版行当，后来也从事图书的采购、制作和装订。在利奇菲尔德镇，约翰逊的父亲渐有声望。他天性忠厚而又精于计算，不久就聚集了相当丰厚的家财；不料，投资生产羊皮纸失败，亏损了大部分财产。约翰逊的母亲社会地位较高，家境也颇殷实。约翰逊出生时，父亲 52 岁，母亲也已年过 40。18 世纪的英格兰社会中，晚婚者不乏其人，但是，像约翰逊父母这样的年龄，显然不利于生育。出生后，约翰逊身体虚弱，后来，又因奶妈的缘故感染了结核病，导致眼睛发炎，视力严重受损。年幼的约翰逊饱受疾病的折磨，加上生性独立好强，似乎对父母抱有"敌意"。

---

① 黄梅：《推敲"自我"》，生活·读书·新知三联书店 2003 年版，第 268 页。

年长以后，约翰逊逐渐能够理解父母的宽容，不免悔恨以前的所作所为。《约翰逊传》中提到一个细节：1784年，约翰逊最后一次回到家乡，因早年对父亲的"不孝"行为，而向当地的青年牧师忏悔。所谓"不孝"行为，是指约翰逊年轻时曾拒绝替父亲去市场看管书摊。为了弥补这一过失，晚年的约翰逊来到当年的货摊前，在雨中站了很长一段时间，希望这样的忏悔，能够补偿当年的过失。（Life 4：373）可是临终前，约翰逊将自己的笔记和早年生活的忏悔文字，统统付之一炬，他的动机不得而知。诸多传记作家对约翰逊的内疚感格外好奇，纷纷加以推断：或许父子两人年龄相差过大，父亲性格忧郁、沉默寡言，且常常不在家，约翰逊对父亲缺乏亲密的情感；另一方面，在内心深处，约翰逊也认同和理解父亲，这也会强化他的愧疚感。

8岁时，约翰逊开始表现出神经系统紊乱的迹象，其原因不得而知。此种疾病，在今天被称为图洛特氏综合征，又称为多发性抽动秽语综合征，《大不列颠百科全书》该词条指出，约翰逊可能是一个典型患者。约翰逊的传记作者，记载了他的一些奇特举止，比如抽搐、手语、情不自禁地发声和重复别人的话等，都符合现代医学关于这一综合征的描述。这一疾病对约翰逊的个人生活和职业生涯，都有很大的影响。英国18世纪的教育理论颇受洛克思想的影响，强调教师应当为人师表。约翰逊的症状时而暴发，外加做淋巴手术在脸上和颈部留下了多处疤痕，谋求教师职位和创办学校的希望因之成为泡影。

由于不能从事公众职业，他不得不专心写作，抑制图氏综合征的一个有效方法，就是精神高度集中于某事。此外，这一病症又可以给患者巨大的语言潜力，约翰逊的雄辩就是一个明证。约翰逊曾气吞山河般驳斥英国著名画家荷加斯（William Hogarth）。在小说家理查逊的家里，画家荷加斯同约翰逊不期而遇，荷加斯是英国国王乔治二世的拥护者，正在为乔治二世辩护，没想到约翰逊径直加入到辩论中，指摘和陈列乔治二世的过失。约翰逊说起话来态度倔强、滔滔不绝、话锋犀利、语不饶人，惊得荷加斯目瞪口呆，以为这个傻里傻气的青年此刻"忽然得了神的启示"。（Life 1：146—147）

约翰逊聪颖好学、博闻强记，8岁开始在当地的语法学校学习拉丁文。虽然饱受老师的"棍棒之苦"，但毕竟学得了精湛的拉丁文。鲍斯威尔认为没有人可以与约翰逊的拉丁文相比相埒。1717年，约翰逊就读于利奇菲尔德镇的文法学校，学校里的好友们都对他尊敬有加。为了讨他的欢心，几个同学一早就到他家去，像谦恭的侍从一样，抬着约翰逊去上学，"像胜利归来的英雄般被一路送到学校"。（*Life* 1：47）16 岁时，约翰逊到表兄家做客，这极大地拓展了约翰逊的社交和思想。约翰逊的表兄福特（Cornelius Ford）年方 31 岁，风流倜傥、才智过人，任剑桥大学的学监，出没于伦敦，与许多著名诗人相识，比如蒲柏，甚至跟切斯特菲尔德伯爵等也有私交。约翰逊本来只打算停留一周，结果待了一年多的时间，在学业上，受到了表兄的点拨和指教，一定心领神会、受益匪浅。

1728 年 10 月，由于亲戚的帮助，约翰逊到牛津大学的彭布鲁克学院（Pembroke）注册入学。约翰逊在牛津学习了 13 个月，后来，亲戚的许诺落空，他不得已退学。据鲍斯威尔说，当时约翰逊囊中羞涩，衣着朴素简陋，鞋子磨出了洞，大脚趾都露出来了，基督学院的学生注意到他的寒酸，偷偷放了一双新鞋在他宿舍门口，约翰逊愤怒不已，把鞋子扔出去，一气之下就不再造访基督学院。（*Life* 1：77）牛津大学究竟对约翰逊具有怎样的影响，现在学者依旧不能断言。从现有记录来看，约翰逊在校期间落落寡合、孤芳自赏，对周边环境虎视眈眈、不屑一顾。约翰逊曾不止一次因为逃课而被罚款，事后还敢跟导师耍嘴皮子："先生，您因为我没去上值不了一便士的课，而罚了我两个便士的钱。"约翰逊后来反省往事时说："我那时粗鲁而狂暴。别人误以为我在嬉闹，其实我是满怀怨恨。我穷困不堪，想凭借自己的文才和智慧杀出一条路来。"①

在接下来的两年里，辍学后的约翰逊坠入了精神崩溃的深渊，甚至动过自杀的念头。② 1732 年，约翰逊和朋友一起前往伯明翰，这是他生命中的转折点。约翰逊为《伯明翰周报》（*The Birmingham Journal*）撰写文章，从此开始了职业报人生涯。1735 年初，一位姓波特的商人朋友病笃，约翰逊前往帮忙，朋友病故以后，约翰逊娶了他的妻子。波特夫人当时已经 46 岁，而约翰逊只有 25 岁。丈夫死后，波特夫人继承了 600 英镑的家产，她的家人和朋友不免怀疑约翰逊的动机，坚决反对此事。为了这桩婚姻，波特夫人付出了太大的代价，两个儿子和她断绝了关系，只有女儿露西站在母亲一边。后人对这段婚姻，有着说不完理还乱的猜测。

---

① 转引自黄梅《双重迷宫》，北京大学出版社 2006 年版，第 69 页。
② James L. Clifford, *Young Sam Johnson*, New York：McGraw–Hill, 1955, p. 124.

我国学者黄梅比较同情日后的约翰逊夫人，约翰逊昵称之"泰蒂"，同样也能理解这位格拉布街码字青年的艰辛。约翰逊夫人本来过惯了宽裕从容的日子，如今却被拖进了陌生、局促而寒酸的伦敦生活。约翰逊的收入，几乎不敷家用，而在格拉布街的出头之日，又遥遥无期。"对女人来说，50岁本来就不是一个轻松的年龄，更何况还要去适应新的穷日子。"后来，约翰逊夫人表现出越来越严重的抑郁症状，开始过量饮酒，甚至服用鸦片。"她在这力不从心的挣扎中，节节败下阵来。体验过绝望的约翰逊，没有苛责妻子。但他能做的，只是疯狂地码字，每天只靠14个半便士度日，尽可能多给泰蒂一些钱。"①

英国著名传记作家霍尔姆斯，则对这段婚姻进行了大胆的猜测。他认为，最初约翰逊来到波特家，显然是冲着波特夫妇的女儿露西。露西比约翰逊小七岁，母亲嫁给约翰逊后，她和约翰逊、母亲一直住在利奇菲尔德镇。霍尔姆斯引用约翰逊书信等材料推论，约翰逊的母亲和妻子年龄相仿、习性相近，约翰逊和她们缺少共同语言，经常背着她们和露西娓娓交谈、心有戚戚。初到伦敦的一年多时间，约翰逊夫妇两地分居，约翰逊在外过着居无定所的日子。② 据约翰逊的学生，也就是后来成为英国著名戏剧表演家的加里克（David Garrick，1717—1779）描述，约翰逊夫人体态臃肿，"胸脯大得吓人，双颊胖嘟嘟的，涂满红红的胭脂"，经常衣着"艳丽夺目，语言行为矫饰夸张"。（*Life* 1：99）客观地说，婚姻之初，约翰逊同泰蒂两情相悦、恩爱亲昵，《约翰逊传》给出了大量的例子。但是，后来伴之以健康问题和经济拮据，他们的婚姻变得越来越紧张。

约翰逊凭借妻子的财力，在靠近家乡的地方设立私校，教授拉丁文和希腊语。不到两年时间，学校赔本，只好关闭解散。1737年3月2日，为家庭债务所迫，约翰逊和加里克动身赶往伦敦闯天下。到伦敦后，他应聘在凯夫（Edward Cave）主编的《绅士杂志》（*The Gentleman's Magazine*）做助理编辑。早在来伦敦之前，约翰逊就匿名给凯夫写信，建议凯夫删除插科打诨之类的文字，代之以格调高雅的诗歌和箴言。收入稳定

---

① 转引自黄梅《双重迷宫》，北京大学出版社2006年版，第72页。
② Richard Holmes，*Dr. Johnson & Mr. Savage*，London：Hodder & Stoughton，1993，pp. 28 – 33.

后，约翰逊回到利奇菲尔德镇，将夫人接至伦敦，约翰逊夫妇住在格拉布街的西面。最初，约翰逊的生活较为窘迫。据说，某位勋爵前往凯夫家欲见约翰逊一面，此时，他正在凯夫家厨房用餐，穿着寒酸、举止狼狈，只能在门帘后默默倾听而不便露面。在格拉布街，约翰逊结识了三教九流的人物，获得了丰富的人生经验。

1738 年，匿名发表的长诗《伦敦》(London) 为约翰逊赢得了一点名气，尽管只得到十个吉尼的稿费。几乎同时，蒲柏的诗作《一千七百三十八》(One Thousand Seven Hundred and Thirty-Eight) 也刊发出来。这两首诗颇有共同之处，均为模仿诗作，皆为讽刺诗，其政治含义一望而知。桂冠诗人蒲柏对《伦敦》大加称赞，并急于让人探询诗作者的情况。据鲍斯威尔记载，雄踞诗坛宝座的蒲柏，对于这样一个突然冒出来的诗人，惊讶而紧张，请求别人几经探询，才知道那人名叫约翰逊，一个藉藉无名的穷小子。蒲柏预言，约翰逊将成为诗坛新秀。(Life 1: 129)

在此后的 4 年中，约翰逊为《绅士杂志》撰稿谋生。此一时期，他最大的贡献是《利利普特国的辩论》(Debates in Magna Lilliputia)，简称《议会辩论》，主要是撰写议会讲演词和报道议会辩论情况。说来，《议会辩论》是历史的产物。本来，议会有权保障其活动的秘密性，不受国王的干涉。议会只允许一些简略报告被批准发表，但禁止公众接触原文。自从安妮女王登基后，《大不列颠政治状况》(The Political State of Great Britain) 和《历史记录》(Historical Register) 承担报道议会辩论的任务。他们极其谨慎地刊登议会报告，而且都偏袒政府。① 到了 18 世纪初，公众的教育水平提高，要求更多地了解政府的决议和辩论，普通简报已经不能满足他们的要求。从 18 世纪 30 年代初开始，《绅士杂志》和随后同其相左的《伦敦杂志》(London Magazine) 开始对议会辩论进行报道。议会不得不反复重申有关出版方面的禁令，并于 1738 年明确规定，报刊不得在两届会议之间发表议会辩论，否则可以追究法律责任。

这一规定改变了报道国会辩论的进程，约翰逊开始以独特的方式来报道议会的辩论。当时，反对派和公众将批评的矛头指向英国第一任首相沃

---

① [德] 哈贝马斯：《公共领域的结构转型》，曹卫东等译，学林出版社 2004 年版，第 72 页。

尔波尔。凯夫也希望将沃尔波尔赶下台，正在物色新的撰稿人，恰逢其时，约翰逊被目为最佳的人选。当时的文人崇尚罗马人的讽刺诗歌，讽刺高手如斯威夫特和蒲柏者，颇有人在。约翰逊的做法就是改换姓名，比如首相沃尔波尔被称为 Sir Robert Walpole，而约翰逊将之改为 Sir Retrob Walelop，读者一望而知。这些辩论和讲演涉及 17、18 世纪重大的主题：自由、民权、战争、法律、政府的腐败和常备军队等。约翰逊本人并没有实际参加议会辩论，但是他可以从其他报刊转载和加工，这也是当时通行的做法。

  在伦敦生活期间，约翰逊还结识了诗人塞维奇（Richard Savage），并成为好朋友。据鲍斯威尔记载，他们都穷困潦倒、居无定所，都激烈反对沃尔波尔政府，经常聚在伦敦繁华地段，或者沿着泰晤士河畔，一边闲逛，一边指点江山、激扬文字。关于两人交往的具体情况，缺乏必要的史料，霍尔姆斯的传记《约翰逊博士与塞维奇先生》，将两人的生活片段拼凑一处。塞维奇是落寞诗人，但为文自负、出言不逊，放浪形骸、性格狂傲。如何来解释约翰逊这位道德论者和塞维奇的友谊呢？霍尔姆斯别出心裁，在传记的开始，分别给两位传主虚构了讣告。作者假定，约翰逊死于 1749 年，当时还是个在格拉布街疲于谋生、籍籍无名的码字青年。这样空穴来风的讣告，意在打消读者对约翰逊的传统印象，也就是鲍斯威尔笔下 60 岁的道德家约翰逊。为了维护心中英雄的形象，鲍斯威尔一般回避了约翰逊的情感生活。霍尔姆斯的神来之笔，果然拉近了约翰逊和塞维奇的心理距离。在约翰逊眼里，友谊是治疗一切疾病的良药，塞维奇的诗歌《流荡者》热情讴歌友谊。此外，在文学敏感性上，在对时局的看法上，塞维奇也大大影响了约翰逊，尤其是对殖民地的看法。[①] 比如，写于 18 世纪 50 年代的报刊文字，就表明约翰逊对殖民扩张和战争的憎恨，"法国和我们间在美洲的争执，其实是强盗对赃物的掠夺。不过，就像剪径者也要遵从帮规，英法的利害必得权衡，彼此之间难免尔虞我诈，而美洲印第安人，则惨遭双方之蹂躏"。（YE 10：188）

  与塞维奇的关系，不利于约翰逊的煮字工作和家庭生活。约翰逊和凯夫之间的关系，似发生裂痕，1739 年 8 月到 1740 年 2 月，约翰逊离开伦敦，几乎没有给《绅士杂志》写过任何篇什。而同一时间，约翰逊夫人

---

① Richard Holmes, *Dr. Johnson & Mr. Savage*, London: Hodder & Stoughton, 1993, p. 46.

却留在伦敦,这说明,夫妻之间的关系也变得较为紧张。① 写于 1743 年的《塞维奇传》(*The Account of the Life of Mr. Richard Savage*) 算是对朋友的纪念。因为受雇而写,约翰逊一般不去证实事情的真伪,而是依靠前人的说法。约翰逊毕竟阅历丰富,往往以自己的生活经历或者经验为参考来推想和揣测传主,他为学者写传记时更是如此。

大约同一时期,英格兰最大的哈利图书馆计划推销自己的馆藏图书,约翰逊为其编定了详细的评介书目。父亲曾因为购买德比勋爵的图书馆而破产,约翰逊深知书目的商业价值。1745 年约翰逊提出一个重新编定莎士比亚全集的计划,后因版权问题,不得不放弃了。此时,约翰逊极欲自立门户,不受凯夫的干涉,但是,他的经济状况很糟糕,幸得朋友帮忙,才免遭牢狱之灾。约翰逊还曾考虑转行做律师,但没有大学文凭,这样的想法无异于白日梦。1746 年约翰逊与书商签订合同编写一部《英语词典》,他的生活大有改观。根据合同,约翰逊可以提前得到 1500 吉尼。凭借预付的钱款,约翰逊举家搬至高夫广场 17 号(一直住到 1759 年),成为一个独立的作家。1755 年,两卷本的《英语词典》问世,这是英语史上的一件大事,它标志着现代英语标准语的正式开始。约翰逊编纂方法,后来被《牛津英语大词典》的编者所采用,可见其影响之深。这里不想赘述它的诸多优点,不过需要提醒读者,18 世纪,词典和百科全书尚没有完全区分开来,欧洲学者依然抱有文艺复兴时期的理想,企图将所有的知识集中在一本书里。约翰逊以词典为教科书,广泛介绍 17、18 世纪英国的作家作品和思想文化,其伦理关怀和教育后人之良苦用心,在接近 12 万条的引文中历历可见。霍布斯和曼德维尔的作品,都被淘汰出《英语词典》,显然,约翰逊不愿年轻人阅读他们。

另一首长诗《徒劳的人世愿望》(*The Vanity of Human Wishes*, 1749),可以看作 40 年代后期约翰逊道德和伦理关注的高度概括。约翰逊将人间的愿望(财富、地位、权力、知识、名誉、长寿和美貌)一一陈列在读者面前,而所有这些都化为了灾难和虚妄。诗歌的开始概括了人类的困境,结尾彰显如何获得宁静的内心世界。诗歌充满诗人对世界和人生的剖析,在形式上,它一丝不苟地遵循了古罗马诗人的体例,算是英语诗

---

① Robert DeMaria, Jr., *The Life of Samuel Johnson: A Critical Biography*, Oxford: Blackwell, 1993, p. 73.

歌中最具罗马风味的。且看最后的十几行：

> 告诉他你与世无争，心悦诚服，
> 祈求他赐予能够包容人类的爱，
> 祈求他使你具备承受巨大灾痛的忍耐，
> 再祈求他给你企盼处境改善的信念，
> 能把死亡看作自然要我们退隐的讯号。
> 上天法定给人类的这些所得，
> 他赐予你，同时给你获取它们的力量。
> 让我们用神赐的智慧使自己心静如水，
> 去创造那原本并不存在的幸福。①

约翰逊本来就有办报的兴趣，而得了《英语词典》的预付款，他就能够独立创办《漫步者》（*The Rambler*，1750—1752），当然这样做，也是为调解编纂词典工作的单调乏味。《漫步者》乃是约翰逊的"醇酿"，它的主题凝重、句法工整、措辞讲究。本着同样的旨趣，约翰逊还为《冒险者》（*The Adventure*，1753）和《闲人》专栏（*The Idler*，1758—1760）撰写了大量的"道德文章"。在这些文字中，约翰逊同读者一起探讨人生、思考社会、评议文学。比较而言，后两者的文字更加轻松自如、晓畅明了，因而赢得了更多的读者。

1759年，年逾90的母亲去世。母亲病逝后，留下了一笔债务，约翰逊所能做的，自然是动笔写作来偿还债务。1759年1月20日，约翰逊给出版商写信，提议写一本21章的小说，最初的题目为"生活的选择"，要求出版商一定要提前付款。谁料到，约翰逊只用7个夜晚就完成的《拉赛拉斯》，竟然成了他最受欢迎的一部作品。18世纪结束时，这本书已经出版50多次，国外的版本不下20几种，涉及6种不同的语言。《拉塞拉斯》标志着约翰逊创作高峰的终结。而约翰逊却因此离艺术创作越来越远，更多的是一位公开的谈话者。

18世纪60年代，几件开心的事情降临到约翰逊身上。1762年，英国王室授予约翰逊每年300英镑的恩俸（pension），以奖励他的文学成就。

---

① 刘意青：《英国18世纪文学史》，外语教学与研究出版社2005年版，第138页。

这是一件令人啼笑皆非的事情,因为在约翰逊自己的《英语词典》中,恩俸是"付给与某人能力不相称的津贴。在英国,通常指付给政府中有卖国行为的费用"。约翰逊就此事向朋友征求意见,一夜未能合眼,但最终还是接受了。1764年,约翰逊和朋友联手成立了一个享誉伦敦的文学俱乐部。在他身边聚集了一批知名的文人墨客,比如作家哥尔德斯密、画家雷诺兹、思想理论家伯克、历史学家吉本等。这些英国18世纪的文化精英,常在茶室聚会,妙语连珠,谈古论今,激扬文字,形成一个别致的文化圈子。约翰逊戏称他在这个俱乐部里的地位是"给人幸福的宝座"。①

同一时期,约翰逊还结识了鲍斯威尔和酿酒富商史雷尔夫妇。鲍斯威尔没有愧对约翰逊,给世人留下了一部不朽的传记。1791年,在约翰逊去世约7年后,鲍斯威尔的《约翰逊传》问世。《约翰逊传》详尽记载了这位巨人的无数生活细节和言谈举止。作者的优雅文笔和对约翰逊的深深敬爱,扫除了传统传记的种种缺陷和不足。鲍斯威尔在传记的前言中自称:"写一个人的传记,我实在想不出还有比这更好的传记写作方式,不仅依次叙述他生平所有最重要的事件,而且其间也穿插进去他私下所写、所说和所想的东西。可以说,人们通过这种方式得以活生生地窥见这人的真貌,像他实际上所经历过的生活的几个阶段,和传主一起'体验每种生活实况'。假如他的其他许多朋友当初也像我一样勤勉、热心,也许约翰逊的完整形象早就完全被保留下来。既然如此,我敢冒昧地说,在这部作品中,约翰逊的形象将显得比其他任何留在人们记忆中的人的形象更完整、更清晰。"② 鲍斯威尔不愧为约翰逊的好学生。约翰逊认为,传记作家应列举生动的具体事例,必须忠实地呈现所写对象,不要回避错误和缺欠,否则,传记就变成了歌功颂德的赞美言辞、一派空话。鲍斯威尔切切实实地贯彻了约翰逊的这些原则。

史雷尔夫妇热情好客,约翰逊很快成了他们家庭里的一员。约翰逊与他们住在一起,可以说过上了豪华的生活。在秩序井然的家庭中生活,许多陋习也得以改善,他的忧郁症没有复发。史雷尔夫妇极为尊敬约翰逊,有时简直是宠爱他。和史雷尔夫人一起时,约翰逊经常妙语连

---

① 刘意青:《英国18世纪文学史》,外语教学与研究出版社2005年版,第138页。
② [英]鲍斯威尔:《约翰逊博士传》,王增澄、史美骅译,上海三联书店2006年版,第2页。

珠,有关文学方面的掌故和轶事,汩汩而来,精彩纷呈,这些有助于夫人摆脱单调乏味的婚姻生活。史雷尔夫人,是继约翰逊夫人之后另一个在约翰逊生活中起了重大作用的女人。黄梅的散文随笔,不乏对史雷尔夫人的同情,值得细细品读。"当史雷尔夫妇经朋友介绍与约翰逊相识的时候,他正又一次处在精神危机之中,情绪极度低落,举止明显失常,此外还被哮喘、浮肿等其他病症折磨。史雷尔太太把这个苦痛不堪而又桀骜不驯的怪人带到家里,给他无微不至的关怀,使他渐渐地康复了。这可不是一件轻而易举的工作。谁都知道约翰逊怪癖甚多,他动不动就和剑桥大学出身的人拌嘴,他常常与辉格党人(不论是不是他的朋友)争得不可开交。"如果史雷尔太太只是出于猎奇或假装斯文,"她决不可能那么长久地对约翰逊待若上宾甚至待若家人,约翰逊也不会在相当长一段时间里诚挚而亲切地把她的住所称之为自己的'家'"。① 然而,后来寡居的史雷尔夫人准备再婚,约翰逊坚决反对,最终两人断绝了来往。这对约翰逊无疑是个沉重的打击。约翰逊同史雷尔夫人的关系,更是后人猜测的话题。史雷尔夫人的《约翰逊轶事》写得极有特色,这得益于多年的近距离接触。有些地方看上去古里古怪,其实暗示了约翰逊的某些弱点,甚至一些不为人知的心理活动。另外,约翰逊的老朋友约翰·霍金斯爵士,1787年发表了《约翰逊生平》,这本传记的写作态度严谨、材料翔实,作者与传主相识40多年,在许多问题上很有权威性。但一般认为,鲍斯威尔的传记,综合了霍金斯和皮欧兹夫人传记的优点,其文学价值远在他们两人的传记之上。②

  18世纪60年代以后,约翰逊采取更加务实的态度,比如重新修订字典,写作游记和传记,整理历史和法律文献等。约翰逊曾经多次修订自己的《英语词典》;1765年完成《莎士比亚戏剧集》评注,1773年又重新修订。1766—1770年,约翰逊帮助自己的朋友钱伯斯起草了《英国法律之讲义》(A Course of Lectures on the English Law, 1767—1773)。1766年,钱伯斯继任布莱克斯通担当牛津大学法律教师之职,可是他写作缓慢,难以应对一年60篇讲义的学术要求。此时,约翰逊的《莎士比亚戏剧集》评注已经完成,可以为他解围,约翰逊经常为朋友捉刀代笔。这件事极为

---

① 黄梅:《双重迷宫》,北京大学出版社2006年版,第81页。
② 刘意青:《英国18世纪文学史》,外语教学与研究出版社2005年版,第150页。

保密，一直不为人知。①

1773年，在鲍斯威尔的陪同下，约翰逊出游苏格兰，后来发表了《苏格兰西部诸岛游记》（*A Journey to the Western Islands of Scotland*，1775）。晚年的约翰逊，对凯尔特和不列颠的历史和文化颇感兴趣。众所周知，因身体所限，约翰逊很少旅游。在《苏格兰西部诸岛游记》中，除了记载一路的活动和见闻外，约翰逊还不断抒发自己的感想和见解。以前，一般读者对《苏格兰西部诸岛游记》有误解，认为约翰逊固执己见，是一个自得其乐的帝国主义者，伤害了苏格兰人的感情。今天看来，约翰逊在《苏格兰西部诸岛游记》中记述的内容，似乎并不过分，那为什么引起轩然大波呢？哈德逊提到的两点理由，都是中肯的。第一，与其说是文字的内容，不如说是约翰逊的英格兰身份及他粗率的言谈激怒了苏格兰人。第二，约翰逊成了一个误置目标，真正的靶子是苏格兰内部两种历史观和民族观的争执。②

1707年，经过英格兰和苏格兰两国议会的分别讨论同意，两国决定正式合并。此后，英格兰和苏格兰不再是独立的国家，而成为"大不列颠联合王国"的组成部分。这是苏格兰历史上一次具有深远意义的事件，通过合并，苏格兰的经济确实得到了长足的发展，人民生活得到了改善，国民财富日益增长，商业发达，经济繁荣，文明昌盛，并逐渐建立起了一个新的适应于商业原则的法律制度和政治制度。1745年卡勒登（Culloden）之战摧毁了苏格兰不败的自信。在一些苏格兰人看来，与英格兰的联合是可耻的。英格兰没法在军事上战胜苏格兰，只能以财富去贿赂一小撮贪婪的苏格兰政客，从而赢得苏格兰的合并。当约翰逊在苏格兰旅游时，詹姆斯·科尔爵士（Sir James Kerr）抱怨"（苏格兰）一半的国民被英格兰的钱所贿赂"。

当然，并非所有的人都承认这一点。约翰逊的论敌麦克弗逊（James Macpherson）就试图宣扬苏格兰传奇的历史。苏格兰低地地区的知识分子，也开始重新思考苏格兰的历史发展。这些学者，尤其休谟和罗伯逊，认为苏格兰正在走出"野蛮"，步入由英国人带来的商业发展和政治稳

---

① Donald J. Greene, *The Politics of Samuel Johnson*, New Haven and London: Yale University Press, 1960; 2nd ed., revised 1990, "Introduction", p. xv.

② Nicholas Hudson, *Samuel Johnson and the Making of Modern England*, Cambridge: Cambridge University Press, 2003, p. 148.

定。这些知识分子认同英格兰和苏格兰的联合，同时也鼓励麦克弗逊搜寻有关古代文化和反抗侵略的怀旧诗歌。① 他们派麦克弗逊去北方抄写这些诗歌，而且对麦克弗逊的重建工作大肆宣传，甚至将这些诗歌与荷马的诗歌相提并论。

约翰逊和麦克弗逊争论的焦点，尤其体现在麦克弗逊的翻译上。约翰逊认为，麦克弗逊不过是以莪相（Ossian）的诗歌来填补历史的"空白"（vacuity），向同时代人来表明曾经存在过一个文明和优雅的古代社会。在约翰逊看来，麦克弗逊有可能在翻译时偷换了其中的内容，将古代的故事置入其中。② 约翰逊的历史思考是以英国发展为背景的，当然不同于麦克弗逊将历史和文学交织到一起的做法。苏格兰人对于历史的眷恋之情绝非英格兰作家所有的。在麦克弗逊看来，历史事实不能完全取代神话。民族性格不仅包括历史，也包括一个文化中的传说和故事。他们试图以传奇故事去填充可靠历史中的一些"空白"。我们不会忘记，约翰逊也是将古典作品和社会等级当作"强心剂"和"镇静剂"，来对抗现代文明带来的危险。在哈德逊看来，约翰逊重新编注莎士比亚和写作《英国诗人评传》同麦克弗逊的做法有异曲同工之妙。

在苏格兰高地，约翰逊见证了历史走向文明开化的必经之路，他对英格兰文明的倾心在文中处处可见，他不断地提及苏格兰的贫穷、粗野和原始粗犷。另一方面，由于英格兰和苏格兰合并已经成为事实，也就摆脱了政治意义上的顾虑，约翰逊可以尽情领略这个古老的世界。《苏格兰西部诸岛游记》的许多段落充满浪漫的怀旧之情，对过去的传说和习俗，怀着浓浓的眷恋。约翰逊认识到，当人们越来越步入文明之时，也就失去了原来的民族性格。"这就是居住在大山中的苏格兰人。岩石将他们与其他人类隔绝开来，使他们成为一个亘古不变，与众不同的种族。但是现在，他们正在失去这些特点，开始和其他种族汇集一处。"有时，这位老者也浸染着苏格兰人的情调，如鲍斯威尔所说，约翰逊已经俨然一个"苏格兰人"了。苏格兰之行刺激了约翰逊对英国历史寻根的兴趣。一年后，为了追寻凯尔特文化遗迹，约翰逊同史雷尔一家去了威尔士。但威尔士却使约翰逊大失所望，因为它太现代了。

---

① 传说为 2 世纪苏格兰高地诗人莪相（Ossian）所写。
② 刘意青：《英国 18 世纪文学史》，外语教学与研究出版社 2005 年版，第 272 页。

1777年应书商的要求，约翰逊为英国诗人的选集逐一作序，后来这些序言被单独收编成集，也就是所谓的《英国诗人评传》（*Lives of the English Poets*，1779—1781）。以前的文学史往往偏于一端，强调《诗人传》是英语语言和文学发展史上的里程碑，却忽视了一个事实，它也是18世纪文学商业化的产物。18世纪中期以前，伦敦商人并没有明确的版权意识，他们认为，自己拥有大多数英国诗人的永久版权。后来，上院的判决，改变了版权时限，伦敦出版商间的竞争，也就变得愈加激烈，其垄断行为经常被苏格兰商人打破。在众多的"入侵者"中，贝尔（John Bell）最令伦敦书商不敢小觑。1777年，伦敦书商传言，贝尔要刊印《大不列颠诗歌总集》（*Poets of Great Britain*，100多卷）。若果真如此，英格兰市场上就会充斥着更多便宜的诗歌文本，一定会损害伦敦书商的利益。伦敦商人很生气，准备采取行动。1777年3月29日，一个由三人组成的代表团会见约翰逊。他们热诚邀请约翰逊执笔，为新版诗歌总集中的诗人撰写传记和批评。

在《诗人传》中，约翰逊试图勾勒出一段前后大约150年的文学史，18世纪中期开始，英国诗歌出现了衰退和混乱，当然这是相对于新古典文学的规范而言。《诗人传》也可以看作是一部文学史，因而是民族文化构建甚至民族自信心形成不可缺少的一个环节。18世纪六七十年代，英国社会经历了一系列的动荡：党派纷争、政府分歧、北美独立和法国与西班牙的挑衅等。议会外的抗议活动，也重新高涨起来，一些商人要求改变下院的代表方法，民众越来越要求宽容不从国教者。此时的民众运动此起彼伏，比如"威尔克斯与自由"、政治上"爱国主义"的鼓吹等。1780年，也就是《诗人传》写作的后期，伦敦爆发了反对天主教的哥顿暴动。约翰逊经历了触目惊心的社会动荡，在《诗人传》中，他难免流露出政治或者社会关怀。约翰逊对弥尔顿、"爱国者"诗人的批评，也应该从这样的角度来理解。不难理解，约翰逊准备在《诗人传》中给读者一些文学、宗教、道德或者政治观念上的指引。

为了朋友或者站在政府立场，晚年的约翰逊还写了若干篇政论，进一步来阐发自己的"托利主义"。这些包括《虚惊一场》（*The False Fire*，1770）、《近来福克兰群岛事务之思考》（*Thoughts on the Late Transactions Respecting Falkland's Islands*，1771）、《爱国者》（*The Patriot*，1774）和《征税并非暴政》（*Taxation No Tyranny*，1775）等政论文

章，让他得了"反动"的头衔。这些政治论文是受人雇佣而作的，但是，约翰逊并没有完全放弃自己的立场，在政治问题上也不忘自己的人文关怀。《虚惊一场》论证下院对议员的约束力和维护社会稳定的重要性，这同《英国法律讲义》重视制度层面的精神完全契合。约翰逊反对战争，反对争夺殖民地，多次指出只有某些商人才从战争中获得巨额利润。《爱国者》历数了"爱国者"一词在30年里的变迁，也算是早期经历的反思；《税收并非暴政》的矛头指向美洲政客和商人别有用心的舆论宣传。早期的"爱国者"派经历教育了约翰逊，他对言不由衷的说辞至为痛恨。文章明确指出，政客和商人明明自谋私利，却假借"自然权利"和"人民主权"等口号来蛊惑人心。在这些文章中，约翰逊并非从政治立场出发，而是以启蒙哲人的身份切入主题，批评了当时流行的政治话语，指出这些说辞背后的政治和经济利益。总之，这些文字同《议会辩论》写作以后约翰逊所持观点基本一致，并不完全是政府的传声筒。

值得一提的是，约翰逊晚年还和沃伦·黑斯廷斯（Warren Hastings，1732—1818）保持私人交往。在约翰逊生命最后的十年，英国社会上还爆发了关于印度的争论，约翰逊的朋友也卷入这样的争论之中。约翰逊本人的犹豫不决和暧昧不清，其实反映了在帝国主义问题上政策的分裂。美洲独立之后，也就意味着第一帝国的终结。第二帝国正在以新的意识形态和管理策略骤然形成。[①] 这些意识形态和管理策略，都是在黑斯廷斯案的审理中形成的，当时的发起人恰恰是约翰逊的朋友柏克。柏克的攻击目标并非帝国，因为他支持甚至鼓吹大英帝国的发展。柏克痛恨某些个人或者机构，他们代表了殖民控制者的贪得无厌、无法无天，一味推崇重商主义。需要指出的是，商业公司不能直接参与殖民地的管理和政策，这已经成为公众认可的说法。尽管黑斯廷斯有着总督的头衔，但他主要是东印度公司的产物。黑斯廷斯采取严厉的手段和措施来保证公司的利润，同时也不忘中饱私囊。当印度人食不果腹、陷入内战之时，黑斯廷斯不再履行双方的约定，贪赃枉法、收受贿赂，凡有违背其意愿者，格杀勿论。柏克评骘黑斯廷斯，"不仅滥用职权，而且腐败

---

① Nicholas Hudson, *Samuel Johnson and the Making of Modern England*, Cambridge: Cambridge University Press, 2003, p. 5.

暴虐透顶，为世上所仅有"。① 黑斯廷斯认为，印度人生性好斗，崇尚暴力，滥杀无辜。在法庭上，黑斯廷斯为自己辩驳，说对付印度人必须以牙还牙，须施以专制的手段。

约翰逊和黑斯廷斯最初相识在18世纪60年代，黑斯廷斯是钱伯斯在牛津圈子中的常客。在约翰逊眼里，黑斯廷斯是个富有浪漫色彩的人物，而且博学广闻。1776年，约瑟夫·福克给约翰逊寄去关于黑斯廷斯的指控，他希望约翰逊能够公开这些材料。约翰逊以"我与黑斯廷斯有私交，不宜由我来将之公布于众，招来公众的埋怨"为理由推辞了。1781年，约翰逊致信黑斯廷斯，夸奖他大力推进学术研究。当柏克将议会上攻击黑斯廷斯的文字给约翰逊看时，他的反应极为冷淡。实际上，柏克的指控持续了好多年，以失败告终。或许，当时的英国人原谅了黑斯廷斯，英国19世纪的舆论，依然对黑斯廷斯报有同情，詹姆斯·穆尔②的《大英印度史》就是一个例子。

据史雷尔夫人记载，约翰逊"是我所见过最为爱护穷人的人，他热切地希望，穷人也能得到快乐，有人说，掷给一个叫花子半便士，有什么意思？他还不是立刻拿去换成烟酒，吃喝完事。约翰逊说：'他们为什么要放弃生存唯一的乐趣呢？禁止他们追求快乐，实在是非常野蛮的行为，以我们自己的标准去衡量别人，也太粗鲁。'"③ 约翰逊一向善待寄居在自己家里的贫贱者，其中包括一个瞎眼的女人、一个专为贫民窟穷人治病的郎中和一个黑人。1782年，上面提到的那个郎中罗伯特·勒维特（Robert Levet）去世。约翰逊写下了十分动情的诗歌：

> 他的美德在一个有限的圈圈里绕行，
> 从不停步，也不留下空隙；
> 永恒的主肯定会看到，
> 这个人已完美地使用了他的才智。
> 那忙碌的白天，那宁静的夜晚，

---

① Nicholas Hudson, *Samuel Johnson and the Making of Modern England*, Cambridge: Cambridge University Press, 2003, p. 211.
② 约翰·斯图亚特·穆尔的父亲。
③ 转引自［英］包斯威尔《约翰逊传》，罗珞珈、莫洛夫译，中国社会科学出版社2004年版，第74页。

在不知不觉中悄悄逝去；
他的体魄曾健壮，他的能力曾闪光，
虽然他已接近八十高龄。
然后，没有锐利的疼痛，
也没有冷酷的逐渐衰败，
死亡突然折断路途，
最快捷地解脱了他的灵魂。①

约翰逊本人却没有他的朋友幸运。他一生饱受病痛折磨，生命中的最后两年，在孤独和忧郁中度过，1784 年这位文坛巨人在自己家中去世。

研究文献综述

在英语国家，约翰逊的研究，一直没有间断过。不过由于鲍斯威尔传记的影响，人们多从该传记来了解约翰逊，而不是从他本人的作品入手。浪漫主义文学兴起，其标榜的文学观念，迥异于约翰逊秉持的新古典主义，批评者往往将约翰逊立为攻击的靶子。维多利亚时代更注重约翰逊其人，而不是其作品。大致而言，直到 20 世纪初期，约翰逊的作品，除了《拉塞拉斯》以外，尚未得到应有的研究，甚至没有一部像样的文集。现在学界通用的耶鲁版《约翰逊文集》，其出版始于 1958 年。此前，唯一刊行于世的约翰逊文集，要算 1825 年的伦敦版本。

20 世纪初，约翰逊研究的一个突破，是希尔（G. B. Hill）《约翰逊传》版本的面世，自此学界有了统一的、认真校勘的《约翰逊传》文本。② 希尔的努力，功不可没，除了认真订正文本错误外，他添加了大量的注解，便于读者理解鲍斯威尔省略的人名和事件。另一个重要的突破，要算利德（Aleyn Lyell Reade）编辑的《约翰逊精选》（*Johnsonian Gleanings*, 10 卷），但这套书由个人出资印行，坊间并不多见。随着约翰逊史料和其他相关研究成果公布于众，英美学界重新掀起约翰逊研究的热潮。

---

① 刘意青：《英国 18 世纪文学史》，外语教学与研究出版社 2005 年版，第 141 页。
② 相关出版信息参见"英文著作名缩写表"。

1988 年，英美研究者甚至创建了年刊《约翰逊时代》（*The Age of Johnson*），互联网上也冒出许多同约翰逊相关的网站，其中最权威的，当属林奇（Jack Lynch）的"约翰逊研究"。

约翰逊的研究材料，浩如烟海。有兴趣的读者，可以参见下面几种有关文献综述和书目的著作。克里夫德（James L. Clifford）和格林（Donald J. Greene）的文献综述止于 1970 年，翔实客观、专业性很强。后来格林和另一位合作者更新了早期的文献综述，将时间延至 1985 年。如果读者关注约翰逊时人和 19 世纪早期研究者的批评，可以参见布顿（James T. Boulton）的《约翰逊：批评传统》。[①] 最新也是最详细的文献综述，当属 1994 年托马肯（Edward Tomarken）的《约翰逊批评文选史》。不过，托马肯在介绍他人研究成果的同时，也不忘记"推销"自己的文学批评观念。[②] 剑桥大学 1997 年版的《约翰逊指南》为"剑桥文学指南"系列丛书之一，附有一篇名为《约翰逊批评》的文章。这篇综述的评论甚为得当，虽然简短，但不失为一个好的参考。

总的来说，20 世纪的约翰逊研究，呈现了下列重要的研究成果和趋势。

第一，约翰逊的传记作者，勇于突破，频频推出新作。传记作为一种文类，越来越和其他写作类别交织，跨界现象极为频繁，当下传记将约翰逊本人的作品、文学批评、历史事实推理和考证合为一体，他的形象越来越丰富多彩。自 1944 年克拉奇（J. W. Krutch）的《约翰逊传》[③] 面世以来，重要的约翰逊传记，不少于 20 本。其中最有影响也最详尽的，要算国际知名传记作家和研究者克里夫德的两本著作：《青年约翰逊》[④] 和《字典大师约翰逊》[⑤]。这两本传记加起来，接近 800 多页，这还不包括 1760 年以后的传记事实。克里夫德认为，要想了解此后约翰逊生活，可以参考鲍斯威尔的《约翰逊传》，自己的任务主要是补充《约翰逊传》对

---

① James T. Boulton, ed., *Johnson: The Critical Heritage*, London: Routledge and Kegan Paul, 1971.

② Edward Tomarken, *A History of the Commentary on Selected Writings of Samuel Johnson*, New York: Camden House, 1994.

③ J. W. Krutch, *Samuel Johnson*, New York: Henry Holt & Company, 1944.

④ James L. Clifford, *Young Sam Johnson*, London: McGraw-Hill, 1955.

⑤ James L. Clifford, *Dictionary Johnson*, London: McGraw-Hill, 1979.

早期生活的遗漏。的确,鲍斯威尔传记的大部分内容,关乎18世纪60年代以后的约翰逊。20世纪70年代,贝特(W. J. Bate)同样运用弗洛伊德的理论来阐释约翰逊,他的约翰逊传记,也称得上心理分析的典范。[1]《约翰逊:冲突的性格》依然采用心理分析的范式。作者从约翰逊童年的心理创伤入手,所以对前期约翰逊生活研究较详尽,尤其家庭生活;后来的研究主要集中在约翰逊和史雷尔夫人关系方面。[2]

另外,关于约翰逊早期生活,还可以参见《约翰逊的早期职业生涯》[3],由于出版时间比较晚,作者的材料更加翔实细致、真实客观。所谓"早期职业生涯"是指,从1737年约翰逊初到伦敦开始,止于40年代末期,也就是《漫步者》之前默默无名的约翰逊。法赛尔(Paul Fussell)的传记《约翰逊和写作生涯》和利普金(Lawrence Lipking)的传记《作家约翰逊的生涯》,更加侧重作品研究。[4] 作家的传记,应该帮助读者了解一个艺术家的成长史。生活和作品之间存在一道缝隙,该如何在此处搭造桥梁,用怎样的手法来搭建,着实需要动一番脑筋。两位作者主要关注对约翰逊的文学敏感性及对其创作能力所产生影响的经历,尤其包括阅读活动。这种对外围事物恰到好处的忽略,有助于突出重要的主题:作家的发展史,尤其写作技巧和思想的成熟过程。另外,从注释可以看出,这些作者都借助耶鲁版本,直接进入约翰逊本人的文字。需要特别提到的,是小说家韦恩(John Wain)的约翰逊传记。韦恩在前言中自称,自己的家乡和利奇菲尔德近在咫尺,而且,他本人也进入牛津大学受业,后来在格拉布街以文谋生等,总之韦恩认为自己和约翰逊心有灵犀、默契神会。韦恩的传记的确有特点,而且在一般读者中间广为流传。他不愧为小说家,对于约翰逊的许多心理动机有所猜测,让人信服不已,尤其约翰逊和史雷尔夫人的暧昧关系。[5] 上面这些传记的优点,不一而足,至少有两点

---

[1] W. J. Bate, *Samuel Johnson*, London: Chatto and Windus, 1977.

[2] George Irwin, *Samuel Johnson: A Personality in Conflict*, Oxford: Oxford University Press, 1971.

[3] Thomas Kaminski, *The Early Career of Samuel Johnson*, Oxford: Oxford University Press, 1987.

[4] Paul Fussell, *Samuel Johnson and the Life of Writing*, London: Chatto and Windus, 1972; Lawrence Lipking, *Samuel Johnson: The Life of an Author*, Boston: Harvard University Press, 1998.

[5] John Wain, *Samuel Johnson: A Biography*, London: Macmillan, 1974.

值得提及：作者掌握的材料，远远超过了鲍斯威尔，尤其约翰逊早期生活和经历；这些传记都对约翰逊本人的作品加以研究分析。

第二，约翰逊思想研究方面，也有大量专著面世。其中最重要的，要算约翰逊政治观念研究。格林1960年的《约翰逊的政治观念》① 起到振聋发聩的作用，一举改变了麦考利（T. B. Macaulay，1800—1859）等人对约翰逊的评价以及由此而生的偏见。这本书于1990年再版，格林在新版中增加了长达50多页的"导论"。原书的内容，一仍其旧，格林的观点，没有任何变化。这篇"导论"对30年来的某些"保守的约翰逊"说辞，发起猛烈攻击，主要将矛头指向以克拉克（J. C. D. Clarke）为首的史学家和一些文学研究者，他们试图对约翰逊重新定位。克拉克等学者费尽心机来证明，约翰逊是一个"詹姆士党人"，至少是一个"托利党人"。② 两个人的交锋，引来历时长久的争论，《约翰逊的时代》甚至专刊③登载相关文字，以便客观评定约翰逊的政治观念。克拉克的保守倾向，已经在18世纪历史研究领域引起争议，有趣的是，同在1994年，英国史学家坎农（John Cannon）也出版了探讨约翰逊政治观念的专著《约翰逊和汉诺威时代的英格兰》。④ 坎农在英国18世纪历史研究方面著作等身，尤其精通诺斯内阁、乔治三世时期的英国政治史，他的说法可以同克拉克比较参照。坎农并未将"詹姆士党人"的标签强加到约翰逊的头上，甚至不用"托利党人"的说法，而是"反辉格党者"，强调了约翰逊政治观念的实用性。格林对坎农的说法很欣赏，在书评中戏言：自己和坎农间虽然存在不同的看法，不过"一杯酒就可以使我们尽释前嫌"。⑤ 当然，并非没有学者力挺克拉克的保守说，《约翰逊字典的形成》一书的作者另辟新径，着重分析和明辨《英语词典》第四次修订增加的大量条目，从而证明，

---

① Donald J. Greene, *The Politics of Samuel Johnson*, New Haven and London: Yale University Press, 1960; 2nd ed., revised 1990.

② J. C. D. Clark, *Samuel Johnson: Literature, Religion, and English Cultural Politics from the Restoration to Romanticism*, Cambridge: Cambridge University Press, 1994. 另外参见 Clark and Erskine-Hill, ed., *Samuel Johnson in Historical Context*, New York: Palgrave Publishers, 2002。

③ 第7期，参见 Robert Folkenflik, "Johnson's Politics", in Greg Clingham, ed., *The Cambridge Companion to Samuel Johnson*, Cambridge: Cambridge University Press, 1997。

④ John Cannon, *Samuel Johnson and the Politics of Hanoverian England*, Oxford: Clarendon Press, 1994.

⑤ Donald J. Greene, *The English Historical Review*, Vol. 112, No. 446, 1997.

克拉克的保守说毕竟值得三思，不可简单加以嘲笑。①

笔者认真研读格林和克拉克的论著，并参考其他近来的著述，对他们的说法各有取舍。如果说"詹姆士党人"或者"托利党人"，只是一种情绪或者情感倾向，克拉克的说法也不必厚非。另一方面，格林，还包括克里夫德、贝特等美国学者，他们将约翰逊"自由化"处理，不见得没有商榷的余地。这里标明英美学者的国籍，自有原因。第二次世界大战以后，英美国家的政治经济发展路径不尽相同，英国在工党的领导下，采取福利性政策，其治国经验不同于美国的经济自由主义。在两国学者的笔下，"保守主义"的内涵呈现微妙的差异。越南战争期间，美国的新保守主义者对时局颇为悲观，他们认为美国在冷战中失败，军控变成了绥靖，苏联正以越南胜利为基础，巩固共产主义。"越南综合征"使得美国核心集团陷于半瘫痪的说法，并非杞人忧天。自越战以来，美国领导发动了一连串战争：海湾战争（1991）、科索沃战争（1999）、阿富汗战争（2001）、伊拉克战争（2003）。三十年河东，三十年河西，当时的新保守主义，"从一个冲动变成了一场运动"。现在，美国的新保守主义政策，尤其外交事务中的单边政策和军事干涉，几乎变成了"国际社会"的共识。约翰逊的政治倾向，是理解其文本的关键性因素，故在第二章第一节详加探讨。

当然，政治思想只是约翰逊研究的一个方面，早在20世纪五六七年代，学者们就关注约翰逊伦理思想和宗教观念。格林等学者纷纷著文，专门探讨约翰逊和洛克（John Locke, 1632—1704）思想（理性主义、自然法等）的继承关系，当时许多专著也沿着同样的方向来探索。比如沃特尔（Robert Voitle）在《道德家约翰逊》② 中，深入探讨约翰逊和经验主义、唯理主义的复杂关系。他认为，如同传统文艺复兴知识分子，约翰逊也看重理性的作用，因而在道德观念上未尝不可称之为唯理主义者。但是，就他的认识论而言，约翰逊又是经验主义的。③ 另一本研究约翰逊伦理思想的著作《约翰逊：分析引论》，试图重建18世纪初的话语环境，其研究的路数近似"语境主义"（linguistic contextualism）的方法。研究英国政治史的波考克（J. C. A. Pocock）惯用此等方法，而且是其治学最

---

① Allen Reddick, *The Making of Johnson's Dictionary* 1746 – 1773, revised ed., Cambridge: Cambridge University Press, 1996.

② Robert Voitle, *Samuel Johnson the Moralist*, Cambridge: Harvard University Press, 1961.

③ Ibid., p. 13.

突出的特点之一。历史可以被各种文本所"塑造",但是这种"塑造",只能发生在有特定的人,比如某些时人,所组成的问题情境中。这些时人只能理解和运用在他们看来有意义的事情来"塑造"历史,文本的作用也就摆脱不了与特定时代和地方的关联。因此,在研究和阐释约翰逊之前,必须先搞清,在当时语境中的作者和读者如何理解它们。① 如果说,格林、沃尔特的著作致力于寻找约翰逊和洛克经验主义之间的某种契合,《约翰逊:分析引论》的作者则试图指出,约翰逊的思想,至少就其使用的词汇和习语而言,同后牛顿时期的本体论(如宇宙的虚空性)息息相关、丝丝入扣。②

思想契合研究,越来越受学者的青睐。德玛丽亚(Robert DeMaria)认为,约翰逊属于文艺复兴末期的知识分子,他在传记中,每每将约翰逊同欧洲大陆文艺复兴的知识分子比附。③ 鲍柯伊(Adam Potkey)则将这样的契合往前推至希腊和罗马,尤其古罗马的伦理思想。④ 不过,鲍柯伊意识到,更应该将约翰逊放置在"启蒙运动"的背景中加以理解,因而在其专著中,约翰逊和休谟成为两个相互参照的对象。读者也许好奇,无神论者和虔诚的国教徒,如何将这两位捏置一处。但是,鲍柯伊的论证,还是令人信服的,这恰说明约翰逊思想的复杂性,而不是约翰逊简单认同休谟的观点。诚如作者指出的,鲍斯威尔经常"诱导"约翰逊,让他刻意同休谟"争论",其实两位虽为时人,且同在伦敦,却未曾谋面,《约翰逊传》中的唇枪舌剑只不过是鲍斯威尔的艺术加工。笔者在相关部分指出,不能简单将约翰逊和洛克的思想等同,也不要简单认定,经验主义是约翰逊思想的全部。

还有学者关注约翰逊的经济思想,比如约翰逊和曼德维尔(Bernard de Mandeville, 1670—1733)的关系,约翰逊和重商主义的关系。⑤ 史瓦

---

① [美]波考克:《德行、商业和历史》,冯克利译,译林出版社2010年版,第36页。

② Charles H. Hinnant, *Samuel Johnson: An Analysis*, New York: St. Martin's Press, 1988, p. 126.

③ Robert DeMaria, *The Life of Samuel Johnson: A Critical Biography*, Oxford: Blackwell, 1993.

④ Adam Porkay, *The Passion for Happiness*, Ithaca: Cornell University Press, 2000.

⑤ Earl Roy Miner, "Dr. Johnson, Mandeville, and 'Publick Benefits'", *The Huntington Library Quarterly*, Vol. 21, No. 2, 1958; 另外参见 John H. Middendorf, "Dr. Johnson and Mercantilism", *Journal of the History of Ideas*, Vol. 21, No. 1, 1960。

兹（Richard B. Schwartz）的《约翰逊和新科学》，是讨论约翰逊和科学思想关系问题的第一本专著。① 在历史观研究方面，万斯（John Vance）的《约翰逊和历史感》比较深入透彻，而且面面俱到。② 从文章风格和语气看，作者深受格林的影响，索引中列的格林出处，大约25次之多。另有学者撰文来证明，约翰逊的历史观并不像麦考利所说"顽固保守"。③ 为约翰逊"平反"的文章越来越多，这同西方的意识形态，比如强调"政治态度正确"，有一定的关系，中国读者要认真鉴别。

昆兰（Maurice Quinlan）的专著《约翰逊：一个平信徒的宗教》，梳理了约翰逊的宗教源流，作者特别指出，约翰逊所信奉的实际是胡克（Richard Hooker, 1553—1660）所开创的新教传统。④ 蔡平（Chester Chapin）的看法，同鲍斯威尔一样，也认为约翰逊是虔诚的国教徒，基本上接受国教的基本信条。⑤ 也许，蔡平是一个富有同情心的研究者，他从宗教的角度来解释约翰逊的恐惧，如死亡或者惩入地狱等，显然想来纠正某些心理分析传记者的偏差。皮尔斯（Charles E. Pierce）的研究则选取另一条路经，他认为上述学者的学术努力，已经廓清约翰逊宗教思想的脉络，但仍不能解释这些宗教观念对约翰逊究竟有哪些影响。因而他的专著《约翰逊的宗教生活》，主要探讨宗教观念对日常生活的影响。⑥ 需要指出的是，宗教思想并不是本文的重点。一方面，约翰逊相关的文字，比如布道文，难以确定其写作时间。另一方面，如第一章指出，当宗教越来越成为私人的事务而不必在公众场合讨论时，约翰逊不愿提及宗教的慰藉作用，尽可能在道德文章和哲理故事中避开宗教话题。

在过去的20年里，随着文化研究的兴起，学者们也渐次认识到约翰

---

① J. R. Philip, "Samuel Johnson as Anti-scientist", *Notes and Records of the Royal Society of London*, Vol. 29, No. 2, 1975.

② John Vance, *Samuel Johnson and the Sense of History*, Athens: University of Georgia, 1984.

③ Davies Godfrey, "Dr. Johnson on History", *The Huntington Library Quarterly*, Vol. 12, No. 1, 1948.

④ Maurice Quinlan, *Samuel Johnson: A Layman's Religion*, Madison: University of Wisconsin Press, 1964.

⑤ Chester Chapin, *The Religious Thought of Samuel Johnson*, Michigan: University of Michigan Press, 1968.

⑥ Charles E. Pierce, *The Religious Life of Samuel Johnson*, London: Continuum International, 1983, p. 10.

逊在政治、历史和文化发展史中的重要作用。哈德逊（Nicholas Hudson）2003年的专著《约翰逊和现代英格兰的形成》，可以算上乘之作。① 哈德逊认为，约翰逊的职业生涯，不仅标示了"现代英格兰的形成"的进程，而且还赋予它一定的意义，为其指明前进的方向。② 作者的独特之处在于，强调约翰逊之于维多利亚时期英国人的影响，他在文章中屡屡将约翰逊与维多利亚时期政治和经济等方面的思想观念联系比较，梳理其中的发展脉络。

福柯和德里达的理论，也被应用于约翰逊研究，当然，其规模和著述数量，不能同莎士比亚研究相比。林恩（Stephen Lynn）以解构主义为手术刀，来剖析约翰逊的经典之作《漫步者》，不过作者太过偏重修辞研究。③ 林恩假定《漫步者》等期刊体现了统一的宗教目的，这恐怕有些不妥，故第一章第二节专门探讨这个问题。

鉴于福柯对"作者功能"多有洞见，他的理论被用于约翰逊研究，也就并不奇怪了。相应地，约翰逊在报刊文化的作用和影响，更能引起学者们广泛的关注。最有代表性的当属韦塞尔布赖特（Martin Wechselblatt）的专著《不良行为》。④ 作者的书名显然来自史雷尔夫人的传记，作者一再宣称，史雷尔夫人独到的观察，有助于理解约翰逊的双重身份：雇用文人和文化哲人；也便于读者领会其行为的双重性：怪癖和楷模。作者虽然没有标榜自己的精神渊源，但行文中流露出较强的批判意识，从其行文风格来看，如二元对立概念之解构，显然熟稔德里达和福柯等的"后学"，操作起来也游刃有余。

相对而言，国内关于约翰逊的研究较少，多为引介或者通论性的文字，缺少专题研究。鲁迅和梁实秋曾经就文学是否有阶级性展开激烈的争论，鲁迅认为，约翰逊最初也想"爬上贵族阶级去，不料终于'劣败'，

---

① Nicholas Hudson, *Samuel Johnson and the Making of Modern England*, Cambridge: Cambridge University Press, 2003.

② Ibid., p. 5.

③ Steven Lynn, *Samuel Johnson after Deconstruction: Rhetoric and "The Rambler"*, Carbondale: Southern Illinois University Press, 1992.

④ Martin Wechselblatt, *Bad Behavior: Samuel Johnson and Modern Cultural Authority*, Lewisburgh: Bucknell University Press, 1998.

连相当的资产也积不起来,所以只好落得空架子,'爽快'了罢"。① 钱锺书在《谈艺录》《管锥编》等文中,大量引用约翰逊来佐证某些文艺观点,《谈艺录》中尤其多。相对而言,范存忠的介绍和批评颇为详尽。②《英国文学论集》中收录了两篇同约翰逊相关的论文:《鲍士韦尔的〈约翰逊传〉》和《约翰逊论莎士比亚戏剧》。

  王佐良的《英国文学史》③ 和刘意青的《英国 18 世纪文学史》④,均设章节来介绍约翰逊,《英国 18 世纪文学史》为约翰逊专辟一章,介绍得十分详细,立论甚为公允得当。黄梅在她的专著《推敲"自我"》中,详尽讨论约翰逊的《拉塞拉斯》。黄梅的讨论非常深入,从一个不起眼的"东方故事",来阐释英国 18 世纪文化思想的矛盾和策略,比如,怎样来制约和引导"盲目自我扩张欲望"等。⑤ 在另一部著作《双重迷宫》⑥中,黄梅以两篇随笔讨论约翰逊和他的女人们,主要是和母亲、妻子以及史雷尔夫人等女性的关系。文章短小,但是作者对妇女的关切,清晰可见。北京大学夏晓敏博士撰写了有关约翰逊的博士论文,论文的题目为《约翰逊四部"即兴作品"表现的人生经历》。论文认为,约翰逊对"经验"有独特的认识,厌恶虚构的文学,倡导"唯真"的文学批评。本书在多处回应了夏晓敏博士的立论,希望将约翰逊研究进一步推动下去。

  国内有两个《约翰逊传》的中文译本,一个为台湾学者翻译,2004 年由中国社会科学出版社出版⑦,另一个由大陆学者翻译,2006 年上海三联书店出版。⑧ 这两个版本都是节选本,三联版的前面附有范存忠的"鲍士韦尔的《约翰逊传》",除了将"鲍士韦尔"改写为"鲍斯威尔",其他内容大致没有变化。从三联版的"译后琐语"和"译后再记"可知,这个译本凝聚了诸多学者的努力。台湾学者的翻译,偶尔有错误,如将约翰逊著名的"奴隶主何以叫嚣着要自由?"误译为"我们何曾听见黑人奴

---

① 鲁迅:《魏晋风度及其他》,上海古籍出版社 2000 年版,第 436 页。
② 范存忠:《英国文学论集》,外国文学出版社 1981 年版。
③ 王佐良:《英国文学史》,商务印书馆 1996 年版。
④ 刘意青:《英国 18 世纪文学史》,外语教学与研究出版社 2005 年版。
⑤ 黄梅:《推敲"自我"》,生活·读书·新知三联书店 2003 年版,第 285 页。
⑥ 黄梅:《双重迷宫》,北京大学出版社 2006 年版。
⑦ [英] 包斯威尔:《约翰逊传》,罗珞珈、莫洛夫译,中国社会科学出版社 2004 年版。
⑧ [英] 鲍斯威尔:《约翰逊博士传》,王增澄、史美骅译,上海三联书店 2006 年版。

工渴望自由时声彻云霄的哀号?"①《拉塞拉斯》在国内有一个译本,恐怕这是约翰逊作品唯一的全译本。② 甚至约翰逊的诗歌《伦敦》《人生愿望多虚妄》,也没有完整翻译出来。③

道德问题乃约翰逊的核心关怀之一,而且在英国 18 世纪乃至整个"现代化"过程中,他的有关讨论刻下了鲜明痕迹。在《英语词典》④中,约翰逊用 moral,或者 morality 来解释 ethical, ethicality, ethick, ethics 等词条。⑤《英语词典》对 moral 的解释如下:指人际关系,或者关于罪恶和美德的推理和教导。《大不列颠百科全书》收入"伦理学"的词条(也可以叫作"道德哲学"),其定义同约翰逊的说法完全一致。⑥《大不列颠百科全书》的该词条认为,"虽然伦理学指哲学的一个分支,其实包含了许多相关的科目,比如人类学、生物学、经济学、历史、政治学、社会学和神学"。⑦

的确,在 17、18 世纪的英国,伦理学或者道德哲学,是一个广义的综合学科,包含了今天分化出来的道德学、经济学、法学和政治学等多方面的内容。伦理学在西方有着深远的传统,柏拉图和亚里士多德都曾系统论述过,他们也都从道德的角度对文学作品进行评价。罗马诗人贺拉斯也秉承了这一传统,并且明确文学的目的就是"寓教于乐",而基督教进一

---

① [英]包斯威尔:《约翰逊传》,罗珞珈、莫洛夫译,中国社会科学出版社 2004 年版,第 345 页。

② [英]塞缪尔·约翰逊:《快乐王子:雷斯勒斯》,郑雅丽译,北京大学出版社 2003 年版。水天同也翻译过《拉塞拉斯》,或许翻译的年代较早,笔者没有见到这个译本。另外,笔者在 2006—2009 年撰写有关约翰逊的论文,尚未阅读蔡田明的译著,尤其无缘接触他翻译的《惊世之旅:苏格兰高地旅行记》等著作。

③ 本诗的节译,可以参见"文坛领袖约翰逊"一章。刘意青:《英国 18 世纪文学史》,外语教学与研究出版社 2005 年版。

④ *A Dictionary of the English Language*, Arno Press, 1979. 这是约翰逊《英语词典》第一版(1755)的影印本,本文提到的《英语词典》(以及本文中引用的词条)均出自这一版本,以后不再说明。

⑤ 例句选自培根、德莱顿(John Dryden, 1631—1700)和本特利(Richard Bentley, 1662—1742)。

⑥ also called moral philosophy the discipline concerned with what is morally good and bad, right and wrong. The term is also applied to any system or theory of moral values or principles.

⑦ *Encyclopædia Britannica* 2007 *Ultimate Reference Suite*. 当然伦理学也有不同的一面,不仅关乎具体的知识和原则,还要将其运用到具体的现实道德问题中。

步丰富了西方伦理思想的内容。① 18 世纪英国思想家,都表现出明显的跨学科倾向,霍布斯(Thomas Hobbes,1588—1679)、洛克、休谟(David Hume,1711—1776)、斯密(Adam Smith,1723—1790)、柏克(Edmund Burke,1729—1797)等都是如此。就约翰逊而言,伦理、政治、宗教等观念交织在一起,共同构成了他针对社会转型所表现出来的一种文化或者思想态度。所以,本书的"道德观念"乃是广义而言的。

即便如此,本书在讨论时主要聚焦于约翰逊的社会道德观、政治观念和文学批评,偶尔涉及他的宗教思想。其实道德、政治和文学批评,恰恰构成了约翰逊写作的三大领域。本书选取了这三个领域中具有代表性的文本。《漫步者》不仅是社会道德的评述,也是约翰逊的"醇酿",这样的道德文章,在 18 世纪英国的期刊文字中并不多见。政论文章不仅体现约翰逊的政治观念,更渗透着深刻的伦理关怀。格林在《约翰逊政治观念》一书中认为,约翰逊的政治观念最终化为伦理关注,变成具体的道德思考。② 本书第二章的重点,与其说是探究约翰逊的政治观念,不如说是梳理其背后的道德思考。在文学批评方面,本书撷取《诗人传》中几个重要诗人的传记。传记是约翰逊最钟爱的文类,而文学批评更是他的本色行当。况且,同《英语词典》一样,《诗人传》是约翰逊影响最大的作品之一。在 18 世纪的英国,美学还没有从文学中独立分化出来,文学的理解也较为宽泛。在英美国家,柏克、斯密的诸多文章,常常出现在文学选集中。文学批评、伦理交织一处,并不是奇怪的事情。《诗人传》不仅是文学史,也是约翰逊的文学看法、政治观念、道德思想交融一处的感悟。

约翰逊所处的 18 世纪,英国伦理思想蓬勃发展,尤其以休谟和斯密为代表的英国古典政治学,代表了这一时期的高峰。自由主义与社群主义,代表了当今社会两个重要的伦理思想理论,但是,它们都带着致命的缺点。就像学者指出的,自由主义过分强调个人权力和利益,忽视了在制度和个人权利的背后还有社会情感、共同利益和公共德性;而社群主义则将社会情感和公共美德,视为社会组织和政治群体唯一的支撑点和归宿,

---

① 这里不再赘述西方伦理思想和文学的关系,读者可参见聂珍钊等《英国文学的伦理学批评》,华中师范大学出版社 2007 年版,第 12—20 页。

② Donald J. Greene, *The Politics of Samuel Johnson*, New Haven and London: Yale University Press, 1960; 2nd ed., revised 1990, p. 255.

而忽视了法律制度的支撑。① 因而，有些中外学者主张，必须回到18世纪英国古典政治学，来重新理解英国的伦理思想。

然而，国内外伦理思想史学者的研究重点，一般都围绕休谟、斯密和柏克等展开，几乎不涉及约翰逊；而文学研究者主要以形式主义为重点，多论及措辞和行文逻辑，或者偶尔涉及约翰逊的伦理思想，一般不会将约翰逊同18世纪的英国伦理思想家加以比较阐发。当然，约翰逊并不是理论型的作家。约翰逊的重要性在于，其伦理观念从不回避当时出现的社会问题，并且紧紧地同他的政治观念交织在一起。相较而言，沙夫茨伯里（Third Earl of Shaftesnury，1671—1713）和哈奇森（Francis Hutcheson，1694—1746）更专注于审美，尤其哈奇森的思想，仅限于仁爱的范围，并没有对当时存在的日益尖锐化的社会问题作出深入的解释。

约翰逊的伦理思想，同英国的历史进程有着千丝万缕的关系。探讨约翰逊伦理观念的意义，不在于他的思想新颖，而恰恰因为这些思想反映了英国18世纪的社会文化。坎农的《约翰逊和汉诺威时代的英格兰》就是一个很好的例子，作者从政治、文化、宗教、民族性等多个方面来论证约翰逊思想观念的代表性。约翰逊参与到18世纪英格兰的现代化进程之中，尤其在哈贝马斯（Jürgen Habermas）所谓的"资产阶级公众领域"（the bourgeois public sphere）中扮演了重要的角色。诚如哈德逊所说，约翰逊的职业生涯，不仅标示了"现代英格兰的形成"的进程，而且还赋予它一定的意义，为其指明前进的方向。麦金泰尔（Alasdair MacIntyre）认为，到17世纪末18世纪初，由于社会历史的变迁，亚里士多德道德传统的那种真正的客观、非个人的道德标准所赖以存在的社会背景，正在丧失或已经丧失。② 这样的说法，究竟正确与否，不妨回到英国18世纪的历史情境，回到具体作家的作品中。本书努力将约翰逊的观点置入具体的历史背景中，试图以约翰逊的伦理思想为个案，来反观18世纪英国现代化的历史进程。

由于上述原因，笔者一方面认真阅读约翰逊的文本，从文字上把握原文的主旨。同时，尽可能利用较新的约翰逊传记材料和18世纪历史、政

---

① 高全喜：《休谟的政治哲学》，北京大学出版社2004年版，第3页。

② Alasdair MacIntyre, *After Virtue*, Notre Dame: University of Notre Dame Press, 1984, pp. 229–230.

治史和社会史的最新研究成果，来证明其伦理思想与英国现代化的相关性。任何时期文学都不能脱离历史，不过在 18 世纪的英国，或许由于文学，更不用说美学，尚未完全成为独立的学科，它和历史的关系更加紧密。当然，艺术作品固然是一定历史时期的产物，不同程度地反映一定历史状况，但它同时也是虚构和想象的产物，并不必然一一对应现实。当下文学理论，在历史和文学的辩证关系研究方面取得了很多的成果[①]，约翰逊本人对此也多有深刻的认识。

　　本书的绪言和正文一再指明，所讨论的伦理思想是广义上的道德观念。第一章"《漫步者》中的社会关系"分别从家庭、作家职业和妇女三个角度来分析约翰逊最著名的期刊《漫步者》。这三节涉及的内容庞杂纷乱，但是贯穿了一个主题：约翰逊对依附关系的批评，尤其是子女对父母、文人对恩主或者文化市场、妇女对父权社会的依附关系；这些批评背后蕴含的，是对新型市民社会和人际关系的某种构想。《漫步者》的研究，一般以行文逻辑和修辞为重点，或者被简单地看作道德宣教的材料。所谓道德说教，是指不考虑历史语境地宣扬某种观念，而约翰逊的《漫步者》则同 18 世纪的社会转型、生活变化息息相关。第二章"政论中的道德意涵"，先来梳理约翰逊和"托利主义"间的复杂关系，然后提出笔者的看法：约翰逊毕竟不是政客，他的"托利主义"不尽然是一种政治态度，不如说是针对社会转型所表现出来的一种文化或者思想态度。接下来两节分别讨论约翰逊早期政论和晚期政论。第三章"《诗人传》中的人生和艺术"先概括约翰逊关于传记和文学批评的说法。接下来分别以弥尔顿和德莱顿为个案，来探讨约翰逊关于人生和艺术间辩证关系的认识。结论部分指出，经验主义的思想方式和散文化的写作是约翰逊的主要特点；另外，由于某些文献的缺失，全面系统的约翰逊研究工作，还有待进一步展开。

---

① Stephan Greenblatt, *Renaissance Self-fashioning*, Chicago: University of Chicago Press, 1984, pp. v – vii.

第一章

《漫步者》中的社会关系

期刊散文在英国的第一波繁荣大约持续了 50 年，具体说从《雅典公民报》（*Athenian Gazette*，1709）到哥尔德斯密的《蜜蜂》（*Bee*，1759），其间成就斐然的要算《旁观者》（*The Spectator*，1711—1712，1714）和《漫步者》。① 主持前者的是艾迪生（Joseph Addison，1672—1719）和斯蒂尔（Richard Steele，1672—1729），而后者绝大部分则是约翰逊的文字。这类文字的传统，远可以追至希腊、罗马和基督教的箴言。② 《漫步者》表现的是 18 世纪生动的场景，英国前辈作家中旨趣风格与之相类的，应该是培根（Francis Bacon，1561—1626）和艾迪生。《漫步者》第 106 期，谈论作家的书是否可以永存，约翰逊认为，培根的《论说文集》（*Essays*）注重人性研究，可以流芳百世。此时，《漫步者》已经结集出版，约翰逊希望读者将《漫步者》同散文的创始者培根比较。③ 约翰逊在《诗人传》中感叹，艾迪生之前英国没有描写日常生活的散文大师，艾迪生的期刊是读者的启蒙读物。艾迪生描述了世间的真实风尚，以机智的文风传达他所怀抱的真理和理性，教给读者如何将文体的轻松优雅同生活中的善美统一起来。（*LP* 3：14）

18 世纪期刊的目的不尽相同，像笛福（Daniel Defoe，1660—1731）、菲尔丁（Henry Fielding，1707—1754）等都曾主笔一些政治性的文字。而斯蒂尔的《闲谈者》（*The Tatler*，1709—1711）是坦率的道德时评，这可以从斯蒂尔的卷首献词中看出："揭露生活中的虚伪，扯下狡诈、虚荣

---

① Robert Demaria, "The Eighteenth – Century Periodical Essay", in John Richetti, ed., *English Literature*, 1660 – 1780, Cambridge：Cambridge University Press, 2005.

② John Hawkins, *The Life of Samuel Johnson*, LL. D., London：1787, p. 260.

③ 约翰逊编写《英语词典》时才开始阅读培根作品，后者很快成为他钟爱的作家。

和矫揉造作的种种面具，并力荐服饰，言谈和行为的简洁。"① 《闲谈者》和《旁观者》中的文章，涉猎话题十分广泛，或者议论社会，或者批评作家和作品，受到了中产阶级读者的欢迎，在塑造中产阶级的道德和文化意识方面功效不菲。②

如果说在《旁观者》中，斯蒂尔善于工笔描绘伦敦日常生活，艾迪生长于一般概括③，那么，约翰逊的《漫步者》则兼擅两者。但是，论者常常忽视约翰逊的文字同日常生活的关系。两个期刊之间的相似性，明眼人一望而知。比如，它们都刊载关于文学批评的文字，《闲谈者》从人物、语言思想、风格和结构等许多方面，论述了《失乐园》的美学成就。据统计，18 篇评论中，前 6 篇从不同方面综合评论《失乐园》，后 12 篇则分别评论其每一卷。从总体上看，这一系列论文对《失乐园》的评论全面而精湛。《漫步者》中的 5 篇文章（第 86、88、90、92、94 期）也讨论弥尔顿的格律，还有两篇文章（第 139 期和第 140 期）讨论《力士参孙》(*Samson Agonistes*, 1671)。约翰逊指出，艾迪生忽视了许多方面，比如诗歌的音律。就道德话题而言，两者的一致性更为明显，比如自爱、谅解、慈善、虚荣、自我约束等话题。④ 需要指出的是，约翰逊的道德目的更加明确和真诚。诚如法赛尔所言，约翰逊等作家乃是 18 世纪道德的神经中枢，约翰逊的努力使得当时的期刊文字摆脱了陈词说教、夸夸其谈的文风。⑤ 关于妇女的话题，也是两个刊物的共同特征，本章第三节详尽讨论。

值得注意的是，两个作者都刻意避开政治话题。艾迪生主办期刊时，辉格和托利两党的争论，异常激烈，艾迪生的中间立场，向来为约翰逊所首肯。当然，约翰逊的《漫步者》不涉及政治，还出于另一个重要的原因。约翰逊早年参与报刊政治写作，且深深地卷入其中，大约有六年之

---

① 刘意青：《英国 18 世纪文学史》，外语教学与研究出版社 2005 版，第 104 页。

② Martin Wechselblatt, *Bad Behavior: Samuel Johnson and Modern Cultural Authority*, Lewisburgh: Bucknell University Press, 1998, p. 34.

③ Robert Demaria, "The Eighteenth – Century Periodical Essay", in John Richetti, ed., *English Literature*, 1660 – 1780, Cambridge: Cambridge University Press, 2005, pp. 542 – 543.

④ Peter Smithers, *The Life of Joseph Addison*, Oxford: Oxford University Press, 1954, p. 218.

⑤ Paul Fussell, *The Rhetorical World of Augustan Humanism*, Oxford: Oxford University Press, 1965, p. vii.

久。1744年初，约翰逊在《绅士杂志》上同读者打招呼："几年来，读者不停地抱怨，党派之争占据了民众的全部注意力，民众的谈话和各种各样的新闻，都或多或少同政治相关。今后，《绅士杂志》将减少在政治方面的关注，多谈论一些同政治无关的话题。"约翰逊的开场白，并非空穴来风，这和当时的历史背景有关：沃尔波尔首相（Robert Walpole，1676—1745）被逐出政坛，他的后继者佩尔姆（Henry Pelham，1695—1754）依然坚持前任首相的政策，民众渴望的政治革新未能如愿以偿。佩尔姆对于反对派的舆论宣传置之不理，如菲尔丁（Henry Fielding，1707—1754）所说，"他根本不在乎作者的宣传，作者所做的一切，统统于事无补"。而且，反对派的宣传主干渐渐被政府收买，民众的兴趣也不知不觉地逐渐转移了。[1]

  维多利亚时代中产阶级家庭的书架上，往往摆放着《漫步者》，《漫步者》几乎成为中产阶级的行为指南手册。约翰逊究竟向读者传达了怎样的观念呢？有必要进一步思考《漫步者》中的伦理思想。虽然《旁观者》当时的发行量超过《漫步者》，但是如果考虑到其他报刊的转载、结集出版以及后来的各种选集，《漫步者》在英语读者中受欢迎的程度，决不亚于前者。《旁观者》面世的第一个月就印行了3000份，很快达到4000份。该杂志不仅在伦敦流行，而且在苏格兰高地和北美殖民地也大受欢迎。1750年3月到1752年3月，约翰逊《漫步者》的发行量，只有区区500份，但发行几个月后，由于其他报纸转载，很多读者可以阅读单独刊发的文章。此外，《漫步者》写作半年后，出版商将其结集出版。许多读者都是通过阅读结集出版的文章来认识约翰逊的。这样的读者数量很大，难怪哥尔德斯密（Oliver Goldsmith，1728—1774）宣称，《漫步者》给约翰逊带来的名气，远远超过《英语词典》。除了最初的500份原版《漫步者》以外，到18世纪末，《漫步者》至少重印了20多次。在19世纪，类似的重印和结集出版，更为频繁，《漫步者》不同的修订版本，有60多个。19世纪末，英美国家的各个大学都成立了英语系，更多《漫步者》文本出版，以备教学之用，约翰逊在英语读者中受欢迎的程度，可

---

[1] J. A. Downie, "Public Opinion and the Political Pamphlet", in John Richetti, ed., *English Literature*, 1660–1780, Cambridge: Cambridge University Press, 2005.

想而知。① 哈贝马斯在《公共领域的结构转型》中谈论了报刊对读者的影响，他甚至认为，18世纪的公众可以通过某些渠道，尤其通过报刊，对政治和公众事务施加影响。虽然这样的说法值得商榷，但是，有一点不容置疑：报刊对读者的影响巨大。有批评家认为，《漫步者》中充满陈词滥调的道德说教，这样的说法，并非全无道理。哈兹利特（William Hazlitt，1778—1830）和麦考利都批评《漫步者》文体笨重沉闷、话题严肃呆滞；斯蒂芬（Sir Leslie Stephen，1832—1904）则批评它宣扬陈词滥调的道德观念。② 不过道德说教，是指不考虑历史语境地宣扬某种观念，而《漫步者》则同英国18世纪的社会转型、生活变化息息相关。约翰逊的散文风格，固然如克拉克所说，属于盎格鲁－拉丁文学传统的流风余韵，但不能由此否认一个事实，《漫步者》的内容具有鲜明的现代性。③

说到现代性，有必要简单介绍英国18世纪的社会转型。英国18世纪的历史研究，始终受到辉格史观和托利史观的左右，从19世纪到第一次世界大战结束，辉格史观占据主要的地位。④ 第一次世界大战以后，以纳米尔（Sir Lewis Namier，1888—1960）为首的史学家，猛烈攻击辉格史观。近来从事18世纪研究的史学家，如克拉克（J. C. D. Clark）、布鲁尔（John Brewer）、斯佩克（W. A. Speck）、科利（Linda Colley）等，出版了大量的论著，他们不再简单认可辉格史观，当然，也不盲从托利史观，而是表现出某种修正的倾向，这有助于我们客观地认识英国18世纪历史的本来面目。克拉克代表着比较保守的看法，他在《英国社会：1688—1832》⑤ 一书中指出，整个18世纪，乃至到1815年，英国依然是一个传统保守的农业社会，保王思想占优势，国教占主导地位，也就是所谓的"认信国家"（Confessional state）。一群享有特权的土地贵族，牢牢地把持着国家的政治、经济、军事的命脉。按此观点，18世纪的英国，同其他

---

① Paul J. Korshin, "Johnson, the Essay, and *The Rambler*", in Greg Clingham, ed., *The Cambridge Companion to Samuel Johnson*, Cambridge: Cambridge University Press, 1997.

② Edward Tomarken, *A History of the Commentary on Selected Writings of Samuel Johnson*, New York: Camden House, 1994, p. 48.

③ J. C. D. Clark, *Samuel Johnson: Literature, Religion, and English Cultural Politics from the Restoration to Romanticism*, Cambridge: Cambridge University Press, 1994, p. 75.

④ 详见第二章第一节。

⑤ J. C. D. Clark, *English Society* 1688-1832: *Ideology, Social Structure, Political Practice during the Ancient Regime*, Cambridge: Cambridge University Press, 1985.

欧洲大陆的国家（如法国和西班牙）没有区别，都是处在"旧制度"的统治下。克拉克的说法，相对于 18 世纪初或许是成立的。那时，贵族牢牢地把持着政局，英国是一个稳固的等级社会。以朗福德为首的历史学家的阐释，或许更有说服力。① 他们认为，虽然英国社会由贵族、国王和教会来把持，但毕竟革命后的社会已经发生了变化。君主立宪制在欧洲是独一无二的，英国国教的地位也绝非不可撼动，至少它要同各种各样不服从国教的新教思潮抗争并对话。商业、金融和工业的发展，创造了巨额的财富，这些必然要改变原来的等级制度，使得社会的流动性变大，中产阶级的作用越来越突出。

与之相伴的，则是家庭结构的变化。在其专著《英国的家庭、性和婚姻》（1977）中，斯通研究了 1500—1800 年英国的家庭生活史。他认为，英国的家庭从最初的"开放的世系家庭"（1450—1630），经历了后来的"家长制核心家庭"（1550—1700）的变迁，最后发展到"封闭的小家庭"（1640—1800），也就是现代家庭的前身。② 在这一过程中，情感因素，如所谓的"情感上的个人主义"，逐渐占据了主导的地位。当然，他也知道这一过程很复杂，并非如历史分期所描述的那样泾渭分明。也有家庭史学者的看法同斯通相左，他们认为，从 16 世纪以来英国家庭中的情感关系并未发生大的变化。父亲对妻子、儿女的权威关系依旧，父母和子女间的亲情以及夫妻间的爱情关系如故。③

社会转型使得家庭和妇女问题凸显出来，《漫步者》中大量文字同家庭和妇女相关，也就不难以理解了。家庭关系的探讨很复杂，并不是抽象的概括所能够取代。近来历史学家越来越认识到，现代早期研究中的许多偏差，比如过于倚重某些材料，如庭审的记录，或者过于依赖量化的历史材料，反倒遮蔽了一些问题。相反，一些文学史学者非常注重表达个体感受的文学材料，换言之，像小说、期刊上的社会批评或者行为指南这样的

---

① Paul Langford, *A Polite and Commercial People*: *England* 1727 – 1783, Oxford: Clarendon Press, 1989.

② Lawrence Stone, *The Family*, *Sex and Marriage in England* 1500 – 1800, New York City: Harper & Row Publishers, 1977, pp. 4 – 10.

③ 王晓焰：《18—19 世纪英国妇女地位研究》，人民出版社 2007 年版，第 25 页。

文字，可能有助于历史学者重新看待英国 18 世纪家庭和婚姻等方面的问题。① 在社会和家庭结构变迁中，亲属关系和情感因素，都有不同的反映。小说在 18 世纪的形成，就是一个绝好的证明。诚如瓦特（Ian Watt）所证明，"小说的兴起"同个人主义的情感发展息息相关。当然，激进的学者对浪漫主义小说的兴起和发展持完全相左的看法。他们认为，到了 18 世纪男尊女卑的等级关系已经无法维系，男权社会不能名正言顺地压制女性，所以炮制出类似某种意识形态的"浪漫的爱情小说"，来释放社会的压力。②《漫步者》和当时的小说之间，存在着明显的互动作用。约翰逊曾经邀请小说家理查森（Samuel Richarson，1689—1761）为《漫步者》撰写文章，本书后面的论述中，笔者会时而来比附这两种不同的文类。

毋庸置疑，约翰逊的《漫步者》同 18 世纪英国的思想情境也紧密相关。牛顿在自然科学上所取得的成就，令人振奋、信心倍增，有些学者受其影响，试图用同样的模式来研究人类社会。许多文人转而思考人自身的问题，蒲柏的诗歌《人论》（*Essay on Man*，1733—1734）、休谟的《人性论》（*Treatise of Human Nature*）都是很好的例子。③ 休谟企图通过建立一种新的人性论，取得牛顿那样的广泛影响。当然，休谟的目标不是自然科学，而是一门新的社会政治理论。牛顿的科学原理被视为一门自然哲学，他已经建立起一个指导人类认识世界的最高的科学原理。然而，在社会政治领域，牛顿意义上的科学却一直付之阙如。休谟的"人的科学"也是以几个预设为前提的，这些和牛顿体系暗通声气：如果说物的运动和变化脱不开力的作用，道德世界中的动因则是趋乐避苦的本能；自然界以万有引力定律为普遍联系的根据，人类社会的和谐则有赖于以人性为基础的"同情"。

小说家菲尔丁在《汤姆·琼斯》（*Tom Jones*）开篇言明，"人性"是作家为读者准备的"珍馐美味"。培根、艾迪生和约翰逊，都援引苏格拉底为先贤，因为苏格拉底将希腊的关注从自然科学转向人类道德。约翰逊

---

① Amy Louise Erickson, *Women and Property in Early Modern England*, London: Routledge, 1993, p. 11.

② Ibid., pp. 7 - 8.

③ 法赛尔将这些称为"人文主义者"，参见 Paul Fussell, *The Rhetorical World of Augustan Humanism*, Oxford: Oxford University Press, 1965, p. vii.

一直热心研究人的风俗习惯,想要成为一个人类的道德教师。① 约翰逊认为,人的主要活动场所就是家庭,在这里才能看到一个真实的人;只有在日常的家庭生活中,比如婚姻和家庭,而不是传统上属于男人的公共事务中,才能看出一个人的道德本性。在《想象的快乐》一书中,当代历史学家布鲁尔(John Brewer)讨论国王肖像画的历史变化。"七年战争"后,英国社会上一度兴起国王的肖像画,但乔治三世的肖像内涵,显然不同于查理一世,他被塑造成一个模范丈夫,具有道德上的教育作用。② 另外,约翰逊自己的家庭经验和社会经历,在《漫步者》中也有所流露,这是一个不得不重视的问题。如同狄更斯刻画了19世纪伦敦的生活,约翰逊也描摹了18世纪伦敦的风尚。

第一节 社会变局中的"新"绅士

《漫步者》虽然享有很高的声誉,但是直到1924年,才出现第一本研究专著,也就是克里斯蒂的《散文家约翰逊》。③ 作者认为,约翰逊的道德阐释,往往参考自己的亲身经历,全面地反映了18世纪的生活,街头巷尾的凡人琐事,无所不及。早在1907年,雷利(Walter Raleigh,1861—1922)就提出类似的说法,来挑战斯蒂芬等人的观点。雷利认为,《漫步者》出自约翰逊亲身经历得来的经验教训。如果我们不仅仅着眼结论,而是将结论和约翰逊的亲身经历联系起来,就不会说它们是"陈词滥调",且约翰逊的观点比艾迪生的更加深刻可信。④ 20世纪60年代,艾尔德(A. T. Elder)、格林等都将《漫步者》的主题加以分类,比如人道

---

① John Hawkins, *The Life of Samuel Johnson*, LL. D., London, 1787, p. 259. 鉴于许多学者指责鲍斯威尔的传记太过文学化,有可能扭曲了约翰逊本人的历史面目,笔者比较重视利用霍金斯的传记,尤其涉及早期的约翰逊。

② John Brewer, *The Pleasures of the Imagination*, London: Harper Collins Publishers, 1997, p. 24.

③ O. F. Christie, *Johnson the Essayist*, London: Grand Richards, 1924. 林恩则认为《漫步者》的修辞研究始终落后,参见 Steven Lynn, *Samuel Johnson after Deconstruction: Rhetoric and "The Rambler"*, Carbondale: Southern Illinois University Press, 1992, "Introduction"。

④ Edward Tomarken, *A History of the Commentary on Selected Writings of Samuel Johnson*, Columbia: Camden House, 1994, pp. 49–50.

主义、婚姻、子女关系、自知之明和观人论世等。① 婚姻和子女问题，都属于家庭问题，这样的文字在《漫步者》中占了很大比例。家庭问题的文章，在主题上有很大的相似性，它们都涉及子女成长问题，而多半为妇女话题。

长辈滥用权威来压制年轻的一代，或者强势集团去欺压弱势群体，也和依附关系相关。依附关系可以分为广义和狭义两种。作家对恩主的依附、文人对文化市场的依附或者女人对父权和夫权的依附，都属于广义的依附关系。所谓狭义的，指的是亲属和邻里的相互依赖的关系，这是本节的重点。本节从家庭关系，尤其父母和子女的关系，入手来探究约翰逊的道德观念。在《漫步者》中，此类文章大约有 20 篇。② 约翰逊经常将家庭和政府并论，他反对任何一种暴虐，无论家庭内的，还是社会上的，这有助于读者全面理解约翰逊保守主义的内涵。从雇用文人到文化哲人，约翰逊的个人发展，很大程度上得益于变化的社会进程，但是他也看到，必要的等级关系是维持社会秩序不可或缺的手段。因此，须多角度深入地探讨约翰逊在家庭问题上的伦理态度及其体现出来的政治含义。

一 年轻人的"挑战"

如前面提到，约翰逊在《漫步者》中一般不涉及政治问题，但是第 148 期的开头段落，略显突兀："歪曲和僭越法律的权力，是最不能让人忍受的。"但是，如果抢掠和烧杀等行径，都以合法的名义而为之，那么人们的智慧和毅力将无可奈何。约翰逊这样说，看似跑题，实际是为了引入父母暴虐的话题，因为父母也是凭借权威的名义来管制子女的。"同样的危险，也在私人家庭里，父母借着自己的合法权威，来对子女威逼利诱。我们一般都尊重和确认这样的权力，因而父母的行为，往往无法约束。"（YE 5：23）为了进一步证明自己的观点，约翰逊举罗马父子关系为例。起初罗马人乐观地相信，子女不可能谋杀父母，因而未创建相关的

---

① Edward Tomarken, *A History of the Commentary on Selected Writings of Samuel Johnson*, Columbia: Camden House, 1994, p. 52.

② 除了下面提到的篇章，读者还可以参见第 12、109、111、116、123、132、153、174、179、182、192、197、198 等篇章。统计时，笔者尽量避开重复，比如第 3 节讨论妇女的篇章不计算在此处。

法律。同样，罗马法律也认为，没有父母会虐待自己的骨肉，因而父亲的权力很大，可以完全支配子女。经过大量的实践，他们逐渐认识到，先人关于人性的看法太幼稚、太理想了，人的贪婪和恶意，总是超乎本能和习俗，权力总是被滥用。于是罗马人调整了法律，将死刑的判定从父母手中转到了法官手中。(YE 5: 23)

约翰逊提醒读者，家庭专制和政府专制，颇有相似的一面，比如家长和国王都拥有权力，一意孤行，不采纳别人的建议和批评。亚里士多德（Aristotle, 384—322）曾言，"家庭的治理，自然也是专制的"；约翰逊引用这样的说法，来说明为什么将家庭和政府并置一处。在《漫步者》第148期中，约翰逊不仅谈到专制的社会原因，而且指明其中的心理动机。如果国王的暴虐还算可以理解，那么父亲对子女专制的理由何在呢？看到襁褓中的婴儿嗷嗷待哺，或者咿呀求救，父母应该从施与帮助中获得心理满足。但是权威者恰恰不是这样做，而是寻找另一种自我满足的方式："通过给别人带去痛苦而得到满足。"(YE 5: 24)家长比国王更加暴虐，更加不可理喻："胆小者采取预防措施来对付敌人，但是为人父母，又何必恐惧子女呢？"(YE 5: 25)国王的专制对象，往往不在他的视野内，而家长的专制目标，则常常摆在眼前，这是施虐以自娱自乐。约翰逊指出，幸福的本质在于人与人之间的关系，在于是否为别人带去幸福。但是父母的行为不可以理喻，他们不仅不给别人带去幸福，也不给自己送来任何幸福，这是心理学上所谓的自虐。贝特认为，在许多方面，约翰逊的分析同后来弗洛伊德（Sigmund Freud, 1856—1939）所开创的心理分析，有着极为相似的认识。值得一提的是，斯通的专著《英国的家庭、性和婚姻》也是借用弗洛伊德心理分析的范式来分析英国家庭。①

对老年心理，约翰逊也有类似的分析。② 讨论老年乃是西方文化的传统，从西塞罗（Marcus Tullius Cicero, 106—43 B. C.）的《论老年》到培根的《论说文集》，这样的话题，频频出现于笔端。《漫步者》第50期提到，老年人总是自以为阅历丰富，看不惯年轻人。他们埋怨当下社会混乱不堪，青年人无视等级界限和文明礼仪。(YE3: 269) 当然，年轻人也会

---

① Lawrence Stone, *The Family, Sex and Marriage in England* 1500 – 1800, New York City: Harper & Row Publishers, 1977, pp. 16 – 18.

② 关于老人的话题，还可以参见第74、162等篇章。

忍无可忍，反唇相讥。在这样的冲突中，约翰逊倾向于站在年轻人的立场上。弗朗西斯·伯尼（Frances Burney，1752—1840）在日记中记载，约翰逊鼓励她趁着年轻挑战权威。① 约翰逊16岁时，客居表兄家，表兄曾经给他同样的教导。如果长者不能赢得少年的尊敬，就会用手中的权力挫败后者的锐气和梦想。毕竟，"长者把持着足够的权威，可以教育和管辖这些年轻的心灵；毕竟他们执掌足够的财富，可以威风凛凛地下最后的通牒"。（YE3：270）约翰逊写道："纵观人类的历史，只要秉公办事、力避玩忽职守，民众从不反对合法的权力或者权威。但是，一旦权威者糜烂腐败或者愚蠢透顶，那么民众不必像以前那样遵从。"（YE3：270）在这里，约翰逊又一次将家庭问题和政治专制并置一处。

约翰逊并不是简单地讨论道德问题。17世纪的英国社会，在菲尔默（Robert Filmer，1590—1653）的《父权论》（Patriacha, or the Natural Power of Kings，1680）和洛克的《政府论》（Two Treatises of Government，1690）之间，发生了一场著名的争论，家庭的政治意义暴露无遗。② 菲尔默认为，由于没有人是生而自由的，所以一切政府都是绝对君主制。洛克在《政府论》上篇，主要借助菲尔默的观点，来批驳君权神授和王位继承。但洛克认为，必须在菲尔默的说法之外，另外寻求一种关于政府产生、政治权力起源和运用的言辞。现代早期英国的"父权制"和家庭紧紧联系在一起，家庭内部丈夫对妻子、父亲对子女的支配地位，由此而推衍出臣民对国王的忠诚和服从。17世纪上半叶，这样的说法，可以用来维护国家的政治秩序。但是到了17世纪末，随着核心家庭内部个人情感因素的上升，随着复辟以后社会秩序的稳定和公众行为的日趋世俗化，论者开始批评父权制，如洛克对菲尔默的批评。③ 洛克反对把政治理论和家庭中的权力分配联系起来，他认为父母的权威和君主的权威无关。这样的说法，可能导致家庭内部父权制和个人权利之间的冲突，至少18世纪期刊和小说中经常出现父子冲突的场景。约翰逊的家庭关注，乃是由英国具体历史语境中生发出来的，他的历史想象和道德箴言也都有一定的针对

---

① M. H. Abrams and Stephen Greenblatt, ed., The Norton Anthology of English Literature, 7th edition, Vol. 1, New York: W. W. Norton & Company, 2000, p. 2789.

② ［英］约翰·洛克：《政府论》（上篇），瞿菊农、叶启芳译，商务印书馆2004年版，第5—12页。

③ 许洁明：《十七世纪的英国社会》，中国社会科学出版社2004年版，第136页。

性。在《漫步者》第148期中，约翰逊穿梭于家庭和国家政府之间，难怪有学者认为，这篇文章暗含政治指涉。1751年，也就是约翰逊正在写作《漫步者》时，詹姆士党人的叛乱早已平息，但民众一直在讨论詹姆士党人的再次入侵及如何来处理叛乱分子。克西恩（Paul J. Korshin）认为，约翰逊的文章有可能暗指詹姆士党人，这和英国国内正在讨论摄政的问题有关，如果乔治二世死去，威尔士王子当时只有18岁。①

洛克的自由主义传统，被"保守"的约翰逊阐发；而且更加耐人寻味的是，洛克本人关于父权的说法，后来也有变化。具体说，在后来的《论教育》（*Some Thoughts Concerning Education*，1693）中，洛克进一步加强了父权的作用。② 约翰逊不支持信仰天主教的詹姆士二世和斯图亚特王室的复辟，同时，他也不相信天赋王权。他认为，如果君主本人暴虐不堪，民众就可以推翻他，在《政府论》中，洛克也谈到推翻政府的限制条件。③ 读者或许会惊讶，在鲍斯维尔的传记中，约翰逊经常为了等级制度或者权威而辩护，何以在《漫步者》中他会鼓励年轻人"造反"呢？

这里有两点值得注意。第一，约翰逊的态度，同他早年的经历有关。约翰逊跟父母的关系比较紧张，尤其母亲对父亲家社会地位的歧视，使得母子的关系更加紧张。此外，年幼的约翰逊饱受疾病的折磨，加上他生性独立好强，这些使得早年甚至中年约翰逊对父母抱有敌意。母亲在世的最后20年，约翰逊从未回家探视她，伦敦相距家乡不过100英里。且在母亲死前不久，约翰逊曾经两次造访牛津大学，如果愿意的话，一次马车之旅，就可以回家探望。母亲弥留之际，约翰逊也没有回去，甚至没有参加母亲的葬礼。④ 如心理研究学者所言，《漫步者》似乎若隐若现地透露了某些私人信息，约翰逊的文字往往基于他本人的生活经验，有时，不由自

---

① Paul J. Korshin, "Johnson, the Essay, and *The Rambler*", in Greg Clingham, ed., *The Cambridge Companion to Samuel Johnson*, Cambridge: Cambridge University Press, 1997, pp. 58 – 59.

② [美] 纳坦·塔科夫：《为了自由：洛克的教育思想》，邓文正译，生活·读书·新知三联书店2001年版，第10页。

③ Robert Folkenflik, "Johnson's Politics", in Greg Clingham, ed., *The Cambridge Companion to Samuel Johnson*, Cambridge: Cambridge University Press, 1997, p. 59.

④ George Irwin, *Samuel Johnson: A Personality in Conflict*, Oxford: Oxford University Press, 1971, pp. 4 – 5.

主地流露出心迹,只不过,以前的读者没有当真对待。① 《塞维奇传》(*The Account of the Life of Mr. Richard Savage*, 1743) 中也潜隐着约翰逊内心的苦闷和压抑,他借写传记的机会宣泄情感。当然,揭示父子冲突,只是一个方面,约翰逊更鼓励年轻人独立发展,不仅争取自己的权利,更要担当应有的责任。

第二,研究者的阐释,不应该超越相应的历史背景。格林的《约翰逊政治观念》写于"第二次世界大战"后,那时,英美高校中,频频发生反战的学生抗议或者其他激进运动。在这样的背景下,对约翰逊的重新阐释或多或少要受到某种意识形态的左右。② 研究不能矫枉过正,反叛父辈或者标榜个人主义,并不是约翰逊的全部观点。在《约翰逊传》中,即便在《漫步者》中,他也强调对家庭关系的维持和对长者的尊重。比如第50期,约翰逊希望长者和少年相互体谅。年长以后,约翰逊尤其能理解父母的宽容,不免悔恨以前的所作所为。《约翰逊传》的读者不会忘记一个感人的场面:为了惩罚自己早年反抗父亲的命令,年迈的约翰逊长时间站在雨中以示忏悔。阐释者的当下语境,有时会歪曲对约翰逊的理解。比如,约翰逊要求加强政府和宗教地位,这样的观点20世纪的读者难以接受,但他的本意是,唯其如此才能巩固社会的稳定。"保守的"约翰逊印象,其实来自晚期政论,本书第二章详细讨论这些文字的历史背景。约翰逊的家庭观念,同他的政治观念紧紧相关,不仅体现在《漫步者》的社会话题散文中,也体现在后期政论中。

二 绅士的美德

下面来考察一下《漫步者》的"读者",或者说约翰逊期待中的"理想读者"。③ 约翰逊的道德观有一个最大的特点:考虑文字对读者的影响。在谈到"小说"这种新兴文体的困难时,约翰逊相信,它是否同生活完全一致,还不是最为重要的,作家必须考虑"小说"的读者。

---

① George Irwin, *Samuel Johnson: A Personality in Conflict*, Oxford: Oxford University Press, 1971, p. 39.

② Nicholas Hudson, *Samuel Johnson and the Making of Modern England*, Cambridge: Cambridge University Press, 2003, pp. 2 – 3.

③ Robert DeMaria, Jr., "The Ideal Reader: A Critical Fiction", *PMLA*, Vol. 93, No. 3 (May, 1978).

在约翰逊看来，这些读者多是"年轻人、无知者和闲散者"（YE3：21）。他们涉世不深、行无定则，易受外物习染。作家要成为读者生活中的启蒙老师，就必须确保在文章中屏蔽一切虚假的建议。唯其如此，约翰逊对"小说"的要求更高：一定要表现美德，哪怕人类难以企及的美德；同样，罪恶也要表现得淋漓尽致，让人们无比痛恨。（YE3：21）在古典作家的文字中，由于事件、场面同读者的日常生活迥异，读者不会、也无法模仿；而"小说"中，人物同读者的生活情景息息相关，读者情不自禁地以身试之。只要想一想英国18世纪女仆模仿《帕梅拉》（*Pamela, or Virtue Rewarded*, 1740）中女主人公的狂热，就知道约翰逊并非杞人忧天。

"小说"的读者，自然也是《漫步者》的读者，通观《漫步者》，约翰逊心中的读者多数或者相当一部分，应该是年轻的绅士和淑女。具体而言，是中产阶级的子女。斯通的家庭研究，尤其涉及个案时，只以贵族家庭为主要研究对象，而约翰逊的关注很具体，主要是对中产阶级子弟的考察。近来，史学界兴起"中产阶级"研究，有助于我们看清约翰逊的历史作用。在一般读者的心中，约翰逊认可神设的"众生序列"（Great Chain of Being），为社会等级辩护。实际上，约翰逊的前瞻性超乎某些历史学者的假定，他的意义在于界定了后来被称之为中产阶级的价值观念和社会角色。

我们知道，自西欧近代早期的"中等阶层"（the middling orders）到近现代的"中产阶级"（the middle class），其成员构成和社会属性经历了一个复杂的演变过程。因而，中产阶级起源和发展演变的历史，成为近年来西方史学界研究的热点问题，而且已经出版了一定数量的专著。[①] 若探讨在公共领域和私人领域中逐步形成的阶级认同感，必然要涉及多方面的考察，中产阶级的产生，不仅仅由经济和政治活动所支持，还必须凭借文化和意识形态来认同。

在英国16、17世纪的论者看来，阶层的划分并不取决于财富。财富历来只是等级的外在标志；等级的划分实际上主要基于遗传、教育和社会角色等。当然，到了17世纪末和18世纪初期，由经商而带来的财

[①] ［美］约翰·斯梅尔：《中产阶级文化的起源》，陈勇译，上海人民出版社2006年版，"前言"。

富大量涌入国家,原来等级划分的标准受到了挑战,人们开始质疑这些标准的合理性和充分性。菲尔丁曾言,"没有任何事像商业引入那样根本改变人们的关系,国民从此面目一新"。① 其实,巨变并不发生在社会的顶层,而是发生在"中等阶层"中。菲尔丁发现人们不再以出身和血统来确认乡绅,相反却以财富和奢侈品来为乡绅定位。在他看来,这些新兴的阶层都因为"经商"而发家致富,等级错位和混乱已经腐蚀了整个社会秩序。

笛福的著述屡屡提到,出身世家望族的乡绅未能成为社会的楷模,反倒出身卑微,但家境富裕、德才兼备的人来承担这一社会责任。虽然笛福没有使用"阶级"这样的字眼,但在他的想象中社会等级应该基于财富。当然,他的思考中也存在着模棱两可之处。一方面,他试图从经济方面来定义绅士这一社会角色;另一方面,他又极其羡慕乡绅阶层所独具的荣誉和徽章。一个明显的例子:其家庭的姓氏当为"福"(Foe),但他在这一姓氏之前加上一个堂而皇之的诺曼名字"笛"(De)。这一暧昧态度说明以商业为本的中等阶层渴望融入传统的乡绅精英之中。②

将约翰逊同英国18世纪以及此后的历史发展联系起来,有助于认识他的历史作用。当时小说、道德期刊以及行为指南之类的书籍,主要是针对刚刚发家致富的商人们而编写的。这些书的目的,就是以财富和行为举止为中介,来改造正在形成中的中产阶级。③ 哈德逊认为,约翰逊的文字进一步确认了18世纪英国社会成分重构的一个特点:社会地位理应附属于财富,这样商人就可以加入到乡绅精英中。土地贵族与富商之间通婚便是一个绝好的例子。能够与殷实之家联姻对贵族而言不失为弥补家运的途径之一;而英国实施长子继承制,这就迫使贵族家庭的幼子不得不进入城市经商谋生。可以说,这种贵族和商人相互渗透构成英国社会生活的一大

---

① Nicholas Hudson, *Samuel Johnson and the Making of Modern England*, Cambridge: Cambridge University Press, 2003, p. 13.

② Ibid., p. 15.

③ 提到中产阶级,也不能不提贵族命运的迁变。黄梅在《推敲"自我"》中提到,土地贵族的命运也是18世纪中常见话题,曾经一度宣扬的"贵族的堕落"现在已经被"贵族阶级的持续存在"的说法所代替。参见黄梅《推敲"自我"》,生活·读书·新知三联书店2003年版,第190页。的确,在《伊夫琳娜》(*Evelina*, 1778)中读者看到两代贵族的和解;到了世纪末,柏克为了贵族(其实是为了中产阶级,或者有产阶级)的辩护清晰地回荡在耳边。

特点。①

熟悉《约翰逊传》的读者都知道，约翰逊屡屡赞美财富和奢侈，但是在《漫步者》中，约翰逊对财富的负面作用耿耿于怀。家长将自己的想法，特别是金钱观念，强加给未成年的子女，这样的做法为约翰逊所不齿。《漫步者》中有大量的例子，比如第197期和第198期，讨论金钱对绅士的腐化作用。凯普特从小就接受父母的金钱观念，最后遗恨终生："当别的孩子在奔跑嬉闹时，我却在算计自己如何继承别人的财产。"原来，凯普特的父亲是一名律师，匆匆和自己老师的女儿结婚，本以为可以继承一笔财产，但是妻子家同样入不敷出。凯普特父亲不知真相，上当受骗才跟老师的女儿结婚。凯普特感叹："在这样相互欺骗的家庭中，我一出生就没有任何尊严，而且也不可能从教育中获得益处。"（YE 5：262）《漫步者》第172期讨论骤然致富给日常生活带来的问题，一开始约翰逊写道：

> 一旦财运亨通，人的言谈举止，也会为之一变，此乃观察已久得出的结论。碌碌无为者，不期然而暴富或攫取权力，其将如何行事，断难想象。不过，一般认为，财富或者荣耀带来的影响，不尽如人意者十之八九。心之感荡，情之驰骋，骤然间无拘无束地沐浴在幸运的阳光下，往往会变得愚蠢不可及，而非结出仁义的果实。（YE 5：146）

有时，由于财富的骤然而至，"忽然置身于一个缤纷绚烂的世界，光彩琉璃、目不暇接、珍馐美味、垂涎三尺"，人们会变得忘乎所以、旁若无人。但"随着时间的流逝，毕竟要从陶醉中醒来，疯狂的喜悦，也会不知不觉消失，人们依然会有一种不满足的感觉"。（YE5：149）幸福观与财富交织在一起，并不奇怪，18世纪英国财富增长极大刺激了民众的各种欲望。财富和女人的命运，更是生死攸关，这是18世纪小说的一个重要话题。在《克拉丽莎》（*Clarissa*, 1741—1748）中，父亲、叔叔和哥

---

① Nicholas Hudson, *Samuel Johnson and the Making of Modern England*, Cambridge: Cambridge University Press, 2003, p.15. 约翰逊曾经讥讽贵族长子的平庸，"长子继承制使一个家庭只出了一个傻子"。

哥将祖父的遗产看在眼里，想尽一切办法弄到手，最终导致了克拉丽莎的悲剧。小说一开始，在第一次给朋友的回信中，女主人公讲出了自己所面临的困境。而在《伊夫琳娜》中，伊芙琳娜不仅财产寥寥，连起码的名分都没有，只能被称为安维尔小姐，其遭遇可想而知。讨论《拉塞拉斯》时，黄梅从一个不起眼的"东方故事"入手，来阐释英国18世纪文化思想的矛盾和策略，即如何来制约和引导"扩张的欲望"。① 约翰逊认为，"同别人的和谐关系，是获得幸福所必需的"。（YE 5：149）理查森也认为，小说的目的不在于愉悦读者，而在于教育他们，从而保障"人类社会的纽带"。

无论中产阶级商人，还是绅士，都应该对社会负有责任。"财富总是给它的所有者带来权力"，一旦这样的权力落入败坏的绅士手中，这将意味着什么呢？《漫步者》第142期中的布拉斯特很能说明问题，这不仅涉及绅士的教育问题，而且直接同乡村的专制相关。由于父母双双去世，布拉斯特儿时被托付给祖母照料。祖母不能忍受孩子啼哭，对孩子百般溺爱、不加管束。布拉斯特从很小就学会了家庭管理的伎俩：查收账本，跟踪下人等。总之，"18岁的时候，他已经成为一个名副其实的主子，曾经开除了19个家庭雇工"。（YE 4：391）布拉斯特每天绞尽脑汁想办法来折磨别人：夜间偷偷将自家篱笆拆毁，第二天要求邻居来赔偿；用卑劣的手段逼迫老妇人将牛低价出卖；邻居到他的领地采摘野果，被他送进监狱；他百般侮辱长辈、调戏人家的女儿。约翰逊感慨道："命运之神将获得幸福的手段，慷慨地赋予他，但他却扭曲了自己的心灵，滥用了命运女神的馈赠。"（YE 4：393）

学者认为，英国18世纪，中产阶级经历了一个上升发展的过程，但在《漫步者》中，读者经常见证的是，中产阶级的子女家道中落、背井离乡到伦敦谋生。这反映了约翰逊自己的担忧，也是约翰逊家庭的实际情况。约翰逊的父亲出身低贱，靠当地的慈善捐助才完成教育，后学徒于地方出版商。24岁还乡，他也曾经营图书装订和买卖，其实是受雇于伦敦的某书商，所开设的书店不过是大户书商的地方销售渠道。他有时也从事

---

① 黄梅：《推敲"自我"》，生活·读书·新知三联书店2003年版，第285页。

图书出版，甚至资助当地的作家。① 1695 年，他从事羊皮和牛皮纸张生产，意欲拓展生意，结果经营不善，损失了部分资产。1706 年，他又高价收购德比勋爵的图书馆，为此而负债终生。约翰逊不得不靠亲戚的资助到牛津大学读书，而且由于亲戚爽约，只得依依不舍地辍学。

　　约翰逊从小目睹父亲的惨淡经营，自己又在伦敦的文化市场挣扎和奋斗。约翰逊把经历和担忧投射到《漫步者》的文字中，是不足奇怪的。中产阶级商人和土地贵族的命运，牵动着 18 世纪英国小说家和思想家的心魂，他们经常在作品中，将自己的历史想象投射到小说的主人公身上。菲尔丁和理查森在文字背后所透露出的态度，只图看热闹的读者，往往视而不见。吕大年从《约瑟夫传》（*Joseph Andrews*，1742）情节和人物上的两处漏洞入手，分析菲尔丁的创作意图，深刻地指出他的社会偏见：紧紧抱住过去不放，对抗"中产阶级敬业奋斗，以求进身的理想"。② 这里所谓的"中产阶级敬业奋斗，以求进身的理想"，是指通过德行操守的修炼来改变自己的社会地位。理查森出身低微，兢兢业业学徒 7 年，最后成为一个印刷商。不同于约翰逊的父亲，理查森的经营很成功，最后甚至成为伦敦印刷商和书商同行业会的会长。但当时中产阶级并没有多高的地位，理查森对于自己的位置并不满足，仍旧向往作坊之外的生活和文化。③

　　在约翰逊的文字中，美德和学识，也是改造中产阶级意识的主要工具，《漫步者》中常常以学识和美德来教育中产阶级，积极为中产阶级的子弟出谋划策。这样的做法很有代表性，有学者指出，18 世纪的小说家，甚至有些 19 世纪的小说家，其重大主题就是绅士身份和美德的关系。④ 什么资源可以对抗社会转型中拜金主义的腐蚀作用呢？作为文艺复兴的最后继承人，约翰逊始终不渝地为古典教育和美德辩护，提倡心灵的教育和医治。⑤ 不过，他的目的在于改造中产阶级，而不是像菲尔丁那样较多留恋贵族社会。《漫步者》宣扬古典知识和美德，比如自

---

① Robert DeMaria, *The Life of Samuel Johnson: A Critical Biography*, Oxford: Blackwell, 1993, pp. 2 – 3.

② 吕大年：《18 世纪英国文化风习考》，《外国文学评论》2006 年第 1 期，第 35—48 页。

③ 吕大年：《理查森和帕梅拉的隐私》，《外国文学评论》2003 年第 1 期，第 93—95 页。

④ Nicholas Hudson, *Samuel Johnson and the Making of Modern England*, Cambridge: Cambridge University Press, 2003, p. 143.

⑤ Adam Porkay, *The Passion for Happiness*, Ithaca: Cornell University Press, 2000, p. 12.

尊、自我约束、谦虚等。每篇文章都是以关乎某一话题的拉丁文或者希腊文引文开始，接下来概括传统上关于这一话题的说法，然后谈自己的切身经验。据耶鲁版的编者统计，《漫步者》中引文或者文学典故共计669条，其中406条为希腊和罗马作者。而在后者中，贺拉斯一人就占103条。（YE 3：xxxii.）

这些美德原来所依附的社会条件，已经发生了变化，对此约翰逊心知肚明，他从来不会简单地"追求美德"。约翰逊的文章决不是空洞的说教，而是浸透着亲身的经验、敏锐的洞察并体现了某种自相矛盾的复杂性。在《漫步者》中，约翰逊总是先提出一个看似普遍接受的论断，然后从不同方面入手，对这一论断详细加以检验和评断，限制它的适用范围，从而形成一个值得推广的新结论。他本人可以算是个坚忍的个人奋斗者，却尖锐地指出了人欲的"虚妄"；他是最早具有鲜明现代自我意识的人之一，却深刻体认并反复揭露"自我"的陷阱和牢笼。约翰逊总是辩证地看待"古典知识"和"美德"，并将其适当地历史化。这些道德文字透露出的信息是，英国经过了文艺复兴、清教革命和王政复辟等百余年动荡，又正处于大规模原始积累的时期，由此引发了时人的道德追问和出谋划策。"也许正因为十分贴近芸芸众生的生活和困惑，因为某种程度上直面回答了时代的焦点问题，约翰逊这样学识渊博的自觉说教者才如此地打动了同时代人的心，才在世界上头一个开始了工业化进程的商业国家里获得那么众多的读者和听众。"①

哈德逊认为，约翰逊和理查森等人没有白费心机和功夫，他们全力所辩护的理想，恰恰是后来的中产阶级自我意识不可或缺的内容。② 古典知识对中产阶级发挥着惊人的魔力。英国18世纪流传着伊丽莎白·卡特（Elizabeth Carter，1717—1806）用冷水将自己浇醒，刻苦学习古典知识的故事。③ 约翰逊本人曾经担当伯尼的古典语言教师；就是因为约翰逊住在伦敦富有的酒商史雷尔夫妇家里，大量的文化人和政客，如

---

① 黄梅：《双重迷宫》，北京大学出版社2006年版，第78页。

② Nicholas Hudson, *Samuel Johnson and the Making of Modern England*, Cambridge：Cambridge University Press, 2003, p. 28.

③ 卡特也曾为《漫步者》撰文，参见 Felicity A. Nussbaum, "Women Novelist 1740s – 1780s", in John Richetti, ed., *English Literature*, 1660 – 1780, Cambridge University Press, 2005。

柏克、雷诺斯（Sir Joshua Reynolds，1723—1792）才频频出入于这个典型的中产阶级家庭，从而使史雷尔夫人摆脱了早年寂寞孤单的婚姻生活。① 英国18世纪中期，曾经兴起中产阶级创办学校的运动，这些学校都以实用教育为主。但在18世纪最后的二三十年里，教育者认识到，仅施以实用教育远远不够，又重新强调古典教育的重要性：以文学作品培养中产阶级子女的道德情操，使他们充满想象力和责任感。约翰逊对古典人文教育的强调，不是要对抗中产阶级观念的"实用性"，而是以古典知识的"理想性"来补充或者纠正前者。这样的教育理念，最终导致19世纪英国公学中古典教育的兴起，乃至20世纪依然广泛存在着对于文学价值的深信不疑。②

三 期刊和小说的"唱和"

在《英国的家庭、性和婚姻》中，斯通特别赞赏18世纪父母和子女关系的改善，父母和子女的关系变得越来越平等，他们之间的情感性因素越来越多地呈现出来。尤其，在职业阶层、上层资产阶级和乡绅家庭中，父母对子女的关爱，比以前取得了很大的进步，有的家庭甚至对子女采取娇生惯养的做法。③ 但在同时期的小说中，读者屡屡见证两代人紧张的关系，情感并没有成为一个主导的因素，而是同财产问题紧紧纠缠。另外，历史学者也证明，18世纪的英国社会中，不乏主人对仆人的性侵犯，或者对寄人篱下亲戚的凌辱行为。④ 上述两个问题，同时出现在《漫步者》第170期和第171期中，这两期的故事同小说《克拉丽莎》的情节参差似之。女主人公米塞拉先是寄人篱下，继而和表兄情感突起，实际是受到表兄的利诱，接以始乱终弃和枉费诸种独善其身的努力，最后沦为妓女。这两篇期刊文字，一如情节跌宕起伏的小说，又加

---

① James L. Clifford, *Hester Lynch Piozzi*, 2nd ed., Columbia: Columbia University Press, 1987, pp. 88 – 110.

② Terry Eagleton, *Literary Theory: An introduction*, Minneapolis: University of Minnesota Press, 1983, pp. 30 – 33.

③ Lawrence Stone, *The Family, Sex and Marriage in England* 1500 – 1800, New York City: Harper & Row Publishers, 1977, pp. 405 – 423.

④ Anthony Fletcher, *Gender, Sex and Subordination in England* 1500 – 1800, Yale University Press, 1995, p. 405.

入了大量的道德批评,从个案上升到对社会现象的一般批评。读者未必有耐心去阅读长达 1500 页的《克拉丽莎》,诚如约翰逊所说,若阅读理查森以求故事情节,就会不耐烦到想要上吊,但是阅读《漫步者》的这两个篇什,不费个把小时。

不仅在内容上,而且在写作技巧方面,英国 18 世纪期刊散文和虚构小说都保持着直接血缘关系。小说叙事的虚构性对早期读者的影响,特别值得关注。早在 18 世纪,理查森和菲尔丁就构建了两种小说创作的模式,其实,也是两种不同的阅读或者阐释模式。菲尔丁的《色梅拉》(*An Apology for the Life of Mrs. Shamela Andrews*, 1741),可以看作是对理查森《帕梅拉》的戏拟和嘲讽。菲尔丁被认为继承了斯威夫特的讽刺文字,读者一定不会忘记,斯威夫特(Jonathan Swift, 1667—1745)在《仆人指南》(*Directions to Servants*)中对女仆的百般挖苦。《色梅拉》显然极大地推进了菲尔丁小说艺术的发展,此后,菲尔丁从剧本创作转向小说创作,并且找到了一个独特的叙事风格。在理查森的第一人称书信小说中,读者可以进入到主人公的心灵深处,与之共同呼吸,暂时忘却了文学艺术和现实的距离;在菲尔丁的艺术世界里,作者刻意控制文本,不断插入自己的评论,读者总意识到两者之间的距离。早期读者已经面临着文学阐释的困境:理查森费尽心机营造了一个反面人物拉夫雷斯,然而,许多读者喜爱拉夫雷斯的健谈幽默和风流倜傥,这让理查森感到很不安。

如果说小说的艺术特色,尤其虚构性,是复杂的,那么道德期刊的布局行文,是否相应粗疏呢?《帕梅拉》和《色梅拉》不仅使用第一人称的书信体,理查森和菲尔丁还都充当了编辑者的角色。早期期刊的确刊登读者来信,多数是真实的来信,而不是像后来笛福、斯威夫特、菲尔丁或者理查森为了与读者"互动"而增加的"读者来信"或者"编者赘言"等。读者或许可以看透小说家"此地无银三百两"的伎俩,却未必拿得准,《漫步者》中的"读者来信"或者"编者赘言"究竟出自谁之手笔。在《漫步者》中,约翰逊可谓一举两得。第一,《漫步者》中的读者来信,几乎都是出自约翰逊一人之手;第二,约翰逊成为了真正的编者。如此一来,读者和作者、读者和期刊中人物的关系同样复杂。亨特(J. P. Hunter)等学者从小说文化史的角度,来探求小说的起源,小说的"前文本"也进入到这些学者的视野之内。道德期刊、行为指南、游记和自传等文字，就是所谓的"前小说"，诸多的文学形式交织一处，共同推动了小说的发展。①

小说中的想象性关系，其实早在报刊文字中实现了，更由于报刊文化的繁荣而进一步得到发展。近来文化研究者往往聚焦于报刊文化的社会意义："口头文学"或者剧院的参与者，听众也好，观众也罢，都必然受到空间和社会关系的限制，而当报刊文化替代了"口头文学"和剧院时，这就极大地改变了读者、作者和虚构人物之间的想象性关系。报刊文字神奇而又不知不觉地将传统的社会空间变形成为新的"话语空间"，从而使读者摆脱了社会关系和物质财富对文学欣赏的限制。② 虚构人物毕竟不是生活中的真人，其内心世界更容易被读者认同。唯其不同现实读者发生任何关系，虚构人物的主体性，反倒更加具有吸引力，他们渐渐变成了一系列"乌托邦的公共财富"，成为公众想象的潜在对象。③ 如果说，艾迪生曾经借助这些想象之物，建构了英国18世纪早期的"文化主体"，那约翰逊何尝不是借助同样的手段，塑造了18世纪中期的"道德主体"。

当然，约翰逊深知想象性认同的危险，因而强调选材的重要性。约翰逊并不贬低"小说的兴起"，相反，他承认，这对作家是一个更大的挑战。约翰逊打了一个比方：小说写作仿佛绘画，由于普通人对画家的题材了如指掌，后者稍有疏忽，就会被前者指认出来。《漫步者》第4期指出，劝诫的文字不应该以反面例子来教育读者，约翰逊强烈反对小说中纯粹自然主义的选材做法。作家不可以任意模仿自然，要从自然中区分精华与糟粕，要将宜于模仿的事务，合情合理地呈现给读者。如果良莠不分、鱼龙混杂，还不如省去阅读这些材料。约翰逊将这样的文字比作一面哈哈镜，读者与其使用这样的镜子，不如直接面对自然。（YE 3：22）约翰逊熟知菲尔丁和理查森的作品，且同理查森有私交，他对理查森的道德和艺术成就赞赏有加。菲尔丁虽然对《帕梅拉》大加贬低，但在《克拉丽莎》之后，也不得不表示赞赏理查森的艺术成就。

---

① 亨特详细地分析了《雅典信使》（*Athenian Mercury*），参见 Paul Hunter, *Before Novels*, New York: W. W. Norton & Company, 1990, pp. 12 – 16。

② Martin Wechselblatt, *Bad Behavior: Samuel Johnson and Modern Cultural Authority*, Lewisburg: Bucknell University Press, 1998, p. 39.

③ Ibid., p. 36.

在最后一部小说《艾米利亚》（*Amelia*，1751）中，菲尔丁似乎回到了理查逊的写作方法。换言之，无论从主人公塑造，还是从家庭背景的选择来看，《艾米利亚》越来越靠近理查森的小说模式，也就是说，认同了约翰逊的判断。①

约翰逊的伦理性，尤其体现在对读者的关注上。黄梅在《推敲"自我"》中指出，18世纪上半叶，在英国掀起了改良运动的高潮，伦敦坊间充斥着大量的道德说教和行为指南类的文字，有些专门针对学徒和仆人。难怪，约翰逊将小说的读者认定为"年轻人，无知者和闲散者"。同样由于经济的快速持续发展，中产阶级家庭的女人也从家庭劳动中摆脱出来，可以体会一下"想象的快乐"。不独中产阶级儿女，学徒、仆人和妇女们，对社会治安和风俗道德状况，也产生很大的影响，因而受到18世纪文人和舆论的广泛重视。在约翰逊看来，这些"平易近人的历史故事"，也就是早期的小说，其发挥的教化作用远远超乎想象。艺术的任务必须是宣传和倡导美德，作品的艺术性，要服从教化的目的。在文章结尾处他总结道："必须坚持不懈地谆谆劝导读者，令其认识到美德是认知的最高表现，是伟大的坚实基础；而邪恶是思想狭隘的后果，它以错误为起始，以毁誉为告终。"② 如法塞尔所说，约翰逊的观念和文字，可以触动18世纪读者的"神经中枢"。约翰逊自信，读者不必直接面对自然，可以相信他所擎起的一面反映自然的镜子。

谈到报刊文化，不要忘记，写作《漫步者》的约翰逊，还不是后来的"哲人"（sage），只不过是个刚刚起步的"雇用文人"（hack）。约翰逊关于"依附关系"的看法，在家庭问题上已经有所流露，不过，另一种更加逼人、更加让他感同身受的"依附关系"，幽灵一般潜行其中、挥之不去。他不得不诉说，而且诉说对象不是别人，正是自己的"恩主"。作家约翰逊不得不依附于自己的读者，或者依附于当时的文化市场，这样的冲突，从《漫步者》首期就开始了，而且一直持续到最后。

---

① Peter Sabor, "Richarson, Henry Feilding, and Sarah Feilding", in Thomas Keymer and Jon Mee, eds., *The Cambridge Companion to English Literature* 1740 – 1830, Cambridge University Press, 2004, p. 147.

② 刘意青：《英国18世纪文学史》，外语教学与研究出版社2005年版，第134页。

第二节 雇用文人，抑或时代哲人？

写作《漫步者》时的约翰逊，还是一个"雇用文人"，而非后来的"哲人"。在《漫步者》中，约翰逊并非只采用一个明智的道德论者腔调，而他的读者也并非总是"普通的读者"。两者之间存在着复杂的关系，有时，约翰逊将自己的担忧通过"漫步者先生"投射到读者身上，如第2期；间或，约翰逊营造虚构的"普通的读者"，是为了激发实际读者的想象，以便他们"公平"地参与报刊阅读和想象；或者，同时对两种角色流露出深刻的认同，将读者和作者或者"漫步者先生"合而为一。① 本节关注雇用文人的约翰逊，他怎样笔力雄健地为作家辩护、争面子，如第145期。另外，约翰逊在讨论"追求名誉"或者"展望未来"等话题时，常常以作家为例，始于日常生活的讨论，最终过渡到写作生涯，如第184期。② 将上述情况加起来统计，《漫步者》中讨论作家状况的文字应该不少于十篇。③ 18世纪的英国正在经历较大的社会转型，由此而生成了一种新社会角色，新型知识分子或者新型的文化人。他们的命运如何，他们担当怎样的社会责任？对这些问题的思考，同样体现了约翰逊的伦理关怀。

最值得认真研究的，是第1、2期，第145、146期，这两组文章在结构上十分相似。约翰逊在第1期谈论作家如何初次"进入社会"；而第145期则讨论写作的经济意义，尤其作品进入市场后的价值认可。第2、146期，表面上讨论"展望未来"或者"追求名誉"，其实依然同前面的两期暗通声气。具体而言，第2期着重谈读者的种种不足，而第146期则估量作家本人的诸多局限。这两个方面的因素，都影响作家"进入社会"。从恩主写作到市场写作，作家并未获得"写作的自由"。

---

① Mary M. Van Tassel, "Johnson's Elephant: The Reader of The Rambler", *Studies in English Literature*, 1500 – 1900, Vol. 28, No. 3, Restoration and Eighteenth Century (Summer, 1988), pp. 461 – 469.

② Steven Lynn, "Johnson's Rambler and Eighteenth – Century Rhetoric", *Eighteenth – Century Studies*, Vol. 19, No. 4 (Summer, 1986), p. 472.

③ 除了下文提到的几期，还有第9、16、21、27、91、106、163、169期等篇章。

本节以约翰逊的《漫步者》为个案，考察英国 18 世纪中期作家写作的困境。如同前面讨论家庭中的依附关系，约翰逊对写作市场中的依附关系，也同样深有体会。另外，约翰逊的道德写作，还面临着一个更大的现实冲突：世俗化和宗教的冲突，这尤其体现在《漫步者》最后一期的告别说明中。

一 "进入社会"的踌躇

许多学者都从《漫步者》前两期来探讨约翰逊，不过他们更加关注其论证逻辑或者文章的修辞结构。① 不应该忽略一个事实，约翰逊在第 1 期面临一个艰巨任务：初次"进入社会"（enter the world）。这里的"社会"，有具体的、不同的含义：狭义理解的话，专指文学圈子（the lettered world），不过，这已经不是 16、17 世纪贵族社会内部相互标榜的文化圈子；另外，"社会"也可以是以阅读公众为主体、印刷文字为媒介的文化市场。换言之，必须同读者见面，"进入社会"也就意味着进入市场。1660—1714 年被认为是英国现代作家诞生的最初时期，他们逐渐从依附恩主的著述，过渡到依附市场、依附阅读公众的写作。18 世纪中期，默默无名的约翰逊，对这两种"依附"不乏深刻的体会。

《漫步者》第 1 期由三部分构成。第一部分指出作家"进入社会"的困难，也就是初出茅庐的作家同读者打个招呼见一面。古典作家，比如史诗的作者，已经为诗歌写作确立了"开篇"的先例，可是像《漫步者》这样的文类，似乎难以借用此类成规。期刊是低一等的文字（lower orders of literature），这是约翰逊自谦的说法，也是无可奈何的事情。虽然只有四五十年的间隔，约翰逊的时代已经不同于德莱顿，更不必提古典时代。"作者不妨想一想自己的才具，难以做到的事情，最好不要令读者期望太高"（YE 3：4），由此可见约翰逊如履薄冰的感受。当然，才能不应该被埋没，"难免有人毛遂自荐，认为自己作品的价值不同一般，应该得到彰显"。"漫步者先生"倾向摆出公允的态度，文章一开始，他就衡量并且

---

① Leopold Damrosch, Jr., "Johnson's Manner of Proceeding in the Rambler", *ELH*, Vol. 40, No. 1 (Spring, 1973), pp. 70 – 89. 作者谈到《漫步者》段落展开的两种方法；Lynn, "Johnson's Rambler and Eighteenth – Century Rhetoric", *Eighteenth – Century Studies*, Vol. 19, No. 4 (Summer, 1986), pp. 461 – 479. 作者认为，约翰逊的修辞手法介于新旧之间。上述作家都是从修辞或者篇章结构的角度来论述。

剔除了两种极端情况：或者自以为是，或者妄自菲薄。

在第二部分，约翰逊以爱情为比喻，来说明作家和读者的情形：作者犹如求婚者，而读者犹如意中人。① 菲尔丁在《汤姆·琼斯》第一章，将作家比为开设饭馆的老板，应一律招待花钱的惠顾者读者。求婚者的意思，未可过早言明，必须默默赢得意中人的芳心。理想的话，作者可以不知不觉地被引荐给读者，从而免去读者的苛责和抱怨，或者文艺批评者的挖苦讽刺。（YE 3：6）但在读者看来，作者的意图不外乎赢得喝彩，一似求婚者的倾诉衷肠，无非赢得意中人。因而稍有属词运思之闪失，就会被读者耻笑。处在这样危险的境地中，作者的文笔不仅由于野心、更由于恐惧，会变得华丽不实、不知所云。仿佛前面的比喻不足以说明问题，约翰逊又运用了第二组比喻：法官—读者；犯人—作家。在两难的困境下，作者面对法官—读者时，哪里敢虚情假意，以言不由衷的赞颂来赢得好感，或者假装承认莫须有的谬误以引起同情。（YE 3：6）

毕竟，作者要直面读者，否则无法进入文化市场。约翰逊的做法值得深思，他看似讥笑"雇用文人"（diurnal writers），批评他们不知廉耻向公众自我炫耀，随即又不得不承认，"雇用文人虽谨慎不足，但诚实有余"。（YE3：6）在第 1 期，"漫步者先生"故意同"雇用文人"拉开距离，这实际反映了约翰逊缺乏自信。从创作的角度看，约翰逊要为自己确立一个叙述的声音，这显然不同于以前的诗歌《伦敦》，也不同于几年前的《议会辩论》。这是焦虑的第一层原因。此外，还有一个更加重要的考量：约翰逊不想让读者识破自己的社会地位。《漫步者》刚出版不久，某勋爵前往凯夫家欲见刊物作者一面，此时约翰逊正在凯夫家厨房用餐，但是穿着寒酸、举止狼狈，只能在门帘后默默听着而不便露面。约翰逊的担心并非无中生有，此时他只是一个"雇用文人"，只有圈内的人知道他是《伦敦》的作者，而读者对此一无所知。比较而言，后来在第 145 期中，约翰逊居然雄赳赳、气昂昂地为期刊作家辩护，仿佛获得了文化的权威，而不像第一期的含蓄委婉，甚至遮遮掩掩、唯唯诺诺。随着"漫步者先

---

① 约翰逊善于使用各种比喻，尤其平行的联想类比，参见 John Cabell Riely, "The Pattern of Imagery in Johnson's Periodical Essays", *Eighteenth–Century Studies*, Vol. 3, No. 3 (Spring, 1970), pp. 384–397。

生"逐渐被接受和认可,约翰逊的信心也略有增加。

进入第三部分,约翰逊为阅读《漫步者》列举了诸多理由:首先文章短小,不必耗时太多;虽然没有文笔之美,至少简洁明快。此外,期刊别具优点,可以紧跟社会风俗的变化,牢牢抓住读者的兴趣,而不像大部头的作品,还没有付梓刊印,民众的兴趣早已转移。期刊可以缓解作者的忧虑,打消他们的胆怯。如果作者发现自己不能胜任,可以随时放弃写作;如果看法不够开明,从读者的反馈中,提高见识和才略,也未尝不可。18世纪早期,艾迪生的期刊写作实践,赢得了许多读者认同,已经为报刊树立了极高的标准。艾迪生行文简洁明快,奠定了英国散文的基本风格,奥斯丁时代的广告,也都竞相模仿。① 要想超越前辈,约翰逊心里当然有压力。写作《漫步者》时,伦敦文化市场上期刊的竞争更为激烈。大牌作家菲尔丁曾创办《斗士》(The Champion,1739—1740)和《考文特花园杂志》(The Covent Garden Journal,1752—1753),斯摩莱特创办并主编《批评评论》(The Critical Review,1756—1763),哥尔德斯密曾为十几种杂志撰文,专为稻粱谋。此外,还有职业报人办的各种杂志,如《每月评论》(The Monthly Review)等。更不必提许多二三流文人办的期刊。如何赢得读者,是一个不可忽视的问题。②

第2期也显示出约翰逊对"进入社会"的担忧,不过,并非从作家的角度,而是从读者的角度。文章的开场,是约翰逊热衷的话题:展望未来的必要性和危险性。这篇文章的行文结构,极能体现约翰逊散文风格的特点:先立后破,进而将一般的箴言具体化和复杂化。③ 不要耽于空想,这是一般公众所首肯的箴言,为了遥远的快乐而放弃了当下的悠闲逍遥,必然得不偿失。约翰逊立刻指出另一方面,对未来的打算,也是不可避免的。因为人生毕竟是逐渐展开的,"因而,眼前我们努力的目标,不过是长远目标的组成部分"。(YE 3:11)

即便这样,约翰逊还是告诫作者,他们对美名的期望,容易落空。其实告诫的对象,何尝不是自己:"现在已经感受到,渴望成名的念头,正

---

① Elizabeth Jenkins, *Jane Austen*: *A Biography*, London: Victor Gollancz, 1938, pp. 30 - 31.

② Roy McKeen Wiles, "The Contemporary Distribution of Johnson's *Rambler*", *Eighteenth - Century Studies*, Vol. 2, No. 2 (Dec., 1968).

③ Leopold Damrosch, "Johnson's Manner of Proceeding in the *Rambler*", *ELH*, Vol. 40, No. 1 (Spring, 1973).

在左右我，不妨加固自己心灵的城池。"（YE 3：12）这是化用《圣经》中的"制服己心的，强如取城"。《漫步者》的意象研究者已经指出，约翰逊经常在文中使用战争、旅途等意象，这些均是人生之喻。① 为了战胜敌人，就要加固自己的堡垒（fortify myself against the infection）。在《漫步者》中，世人的心灵经常受到伤害，需要精神疗养。在第 2 期中，约翰逊借助斯多葛派"居安思危才能有备无患"的教义，来治愈作家的心灵疾病②：

对作者而言，最大的危险不外乎被读者忽视，相较之下，"谴责、仇恨等等，不过是幸福的别名而已"。（YE 3：13）作家不该太乐观，自认为帮助读者扯掉无知的幕布，因为这些"判官"③，

> 沉浸在快乐和事务当中，根本没有时间领会思想的愉快；这些判官经常为情感左右，被偏见困惑，他们不愿认可新作。有些读者无所事事、根本不读书，除非作者大名鼎鼎；有些读者妒嫉新秀，别人名誉日隆，他们备受煎熬。凡是新颖的，都要遭反对，因为没有人愿意听从教导；同样，老生常谈的，也要受到斥责，因为考虑得不够周全。④ 提醒读者，尚可接受，教导读者，万万不可。学者不敢预先将观点公诸于世，害怕招来批评、名声扫地。⑤（YE 3：14）

第 2 期如是结论："那些企图通过写作获得名声的人，面临着种种阻碍，如果成功的话，决非自己努力的结果，而应归于其它因素。"（YE 3：14）虽然约翰逊提到种种外在因素，但在前两期只涉及作者和读者，还没有深入讨论市场、书商等。

第 3 期讨论如何来断定作品价值。这是一个重要的话题，约翰逊还要

---

① John Cabell Riely, "The Pattern of Imagery in Johnson's Periodical Essays", *Eighteenth - Century Studies*, Vol. 3, No. 3 (Spring, 1970), pp. 384 - 397.

② 原文是：her physick of the mind, her catharticks of vice, or lenitives of passion。

③ 第 1 期中曾经使用的比喻。

④ 约翰逊也认为，有些道理不妨换个新颖的表达方式，参见蒲柏的 *An Assay on Criticism*, L298。本书引用的蒲柏诗歌，均出自 Pat Rogers, ed., *Alexander Pope: Selected Poetry*, Oxford: Oxford University Press, 1996。以后不再说明，只标注行数。

⑤ 休谟就是一个例子，参见 [英] 休谟《人类理解研究》，关文运译，商务印书馆 1995 年版，"休谟自传"。

回来讨论,如第 145 期。此处,他暂时以寓言的方式将这个问题解决:批评女神将她的判断交付给时间。① 文章的"起",确实挺难写。心中有千言万语,却不知如何说起。通过《漫步者》前三期的费尽心机,约翰逊基本摆脱了初出茅庐的困扰:进入社会同读者谋面;将自己对读者的担忧合盘托出;甚至作品的价值,也不成问题。一旦没有这些担忧,也就算解决了文章的"起",下来的"承、转、合"便爽快了。果然,在第 4 期"论现实小说"中,约翰逊的文字如行云流水,酣畅淋漓,遂成为英美文选中的名篇。

二 从依附恩主到市场写作

《漫步者》的句法和语气,同约翰逊晚年的《诗人传》形成了鲜明的对比。《诗人传》是约翰逊比较成熟的作品,也许因为彼时养家糊口的压力大大缓解,似乎在写作中能更浑浩流转、挥洒自如,将道德家的经验、哲学家的凝思和诗人的慧心冶于一炉。在《诗人传》中,德莱顿是作者最心仪的诗人,研究者普遍认为,德莱顿和约翰逊可谓"现代作家诞生"的标志性人物。但是德莱顿时代的写作,同政治、社会关系有着千丝万缕的联系,还不同于《漫步者》,更不同于巴特尔标榜的"零度的写作"。仅从前言就可以看出德莱顿和约翰逊间明显的差异:德莱顿在献辞中,频频表明自己对恩主的忠诚;而约翰逊的《漫步者》则屡屡将读者称为"判官"。从德莱顿的"献词"到约翰逊的"开场白",可以看出作者地位和报刊文化的变迁。

研究者认为,相较于 1660—1714 年,英国 18 世纪中期的写作文化,已经发生了实质性的变化。作家不需要讨好恩主,而必须面对一个范围极广的"阅读公众";聚会不必只是贵族圈子内讨论文学的活动,一般民众在咖啡馆或者小酒店里的闲谈,社会等级性并不十分重要,具有文学品味,就可拉近贵族和平民的距离;17 世纪的文化权威,主要掌握在业余爱好的绅士和贵族手中,18 世纪中期以降,则由专业的作家群体来操控;此前的作品主要以手稿的形式在朋友中流通,此后,则可以依靠印刷技术

---

① 蒲柏的《论批评》第 1—8 行讨论文学创作和批评的关系。此外,《漫步者》中大约有 10 篇寓言故事。

等手段而广泛传播。①

不过上面这样的对比变化，也并非泾渭分明，可以说，《漫步者》和约翰逊本人的经历足以说明，恩主写作和市场写作同时存在。《漫步者》第26、27期涉及依附关系的方方面面，尤伯勒斯告诉读者：

> 我的自由精神消磨殆尽，而且越来越担心被人嫌弃排挤。直到后来，我发现自己总是言不由衷、情不得已。要知道，由于取悦别人的心情越来越强烈，取悦于人的能力也大不如前了。本来，可以不费吹灰之力就脱颖而出、出奇制胜，现在却垂头丧气、委靡不振。……我将在下面的书信中，交代自己的挫折和失望。我要告诉读者，没有自由，也就谈不上幸福，任何人生憧憬，都将化为泡影。(YE3：146)

在这两期中，"漫步者先生"通过尤伯勒斯的来信，表达了对恩主耿耿于怀的情结，难怪耶鲁版的编者给这两期定名为"一个作家的六个恩主"。尤伯勒斯出身普通家庭，父亲早逝，由伯父抚养成人。后来，他自以为可以摆脱伯父的监督和指使，随着朋友去了伦敦。一旦丧失了财产，尤伯勒斯才晓得，无法继续同朋友交往，除非自己"愿意低人一等，陪人说笑，混得残羹冷饭"。从此，他忙于结交新朋友，希望谋得一个职位。在德莱顿的时代，文人不得不依赖恩主，甚至违心参加党派团体。那些拒绝染指政治的作家，也往往维持复杂的个人关系网络。处于这些复杂交际中的作家，一定会赞同尤伯勒斯感叹："如果拥有一个恩主已经如此不幸，拥有许多恩主的结果，也就可想而知了。"有一次，尤伯勒斯无法忍让，对"恩主"反唇相讥。而"恩主"从未受此待遇，气急败坏地告诉尤伯勒斯，"恩主的目的在于帮助委屈求生的人，而不是鼓励提携对手"。(YE 2：149)

约翰逊的愤怒，更见于后来的《致切斯特菲尔德伯爵书》，"难道一个恩主，我的爵爷，应该毫无所动地望着一个即将溺死的人在水中挣扎，直到他够及岸边时才多余地伸出救援之手吗？您对我劳作的关怀如果是早

---

① Dustin Griffin, "The Social World of Authorship 1660–1714", in John Richetti, ed., *English Literature*, 1660–1780, Cambridge University Press, 2005, pp. 37–40.

些时候表现出来,那就非常仁慈了。但是它却迟迟不来,直到我已经对此无所谓,也不为拥有它而高兴;直到我变成孤身一个,也没有人与我分享快乐;直到我已成名,再不需要这份关怀。我希望这不是我过分苛严,不承受别人的好意。但是我认为,没有受过恩惠就谈不到报答,更不愿让公众以为我的成果应归功于某个恩主。是上天给了我独立完成它的能力"。① 哈贝马斯以为,18世纪的英国民众可以公平理性地讨论文学和政治,其实,蒲柏讽刺艾迪生笑里藏刀、暗含杀机,并非夸大其词,实在是深得其中三昧。②

在一段时期内,尤伯勒斯成了一个作家。恩主经常改动他的文字,稍有不从就认定是忘恩负义的反抗。尤伯勒斯写道,"我是个作家,尊严使我无法忍受这样的改动,也许其它的专制和欺凌还可以忍受,这样的文字专制,我万万不能忍让"。(YE 3:150)约翰逊此处的控诉,同前一节为"子女的反抗"辩护相呼应,况且,这里"漫步者先生"的身份,更加清晰可见。子女的"独立"和"自尊"要争取,作为一种新型的知识分子,作家的尊严和人格也必须坚守和维护。

在18世纪初的英国,作家的地位较低,没有绅士会甘心将作家当成一种职业,所以菲尔丁从事写作,其实是对他贵族出身的一个极大讽刺。为了谋生而写文章,就不得不受到恩主和市场的双重影响,蒲柏、菲尔丁、约翰逊等人莫不如此。蒲柏的诗歌创作,为他赢得了经济上的独立,其诗歌前言或者诗行中,总是念念不忘标举自己的朋友,目的也是推销自己作品。最初,约翰逊并不想完全加入到作家的行列,而宁可做一个教书匠。约翰逊最大的理想是成为一名律师,同样的理想,菲尔丁则容易实现。按霍金斯的说法,"就天生的资质而言,约翰逊可以成为一个出色的律师"。③ 但是,约翰逊的家资不允许,只能在别的行当,谋一条出人头地的生路。

难道作家没有任何反击的手段么?从《漫步者》第163期可知,作家在一定程度上也可以掣肘恩主。约翰逊借来信人道出了此中的玄机,

---

① 刘意青:《英国18世纪文学史》,外语教学与研究出版社2005年版,第133页。
② 参见蒲柏的诗歌 Epistle to Dr. Arbuthnot, ll. 193—215。
③ 霍金斯本人就是一个律师。克拉克猜测,约翰逊之所以未能成为律师,一个重要的原因是拒绝宣誓,参见 J. C. D. Clark, *Samuel Johnson: Literature, Religion, and English Cultural Politics from the Restoration to Romanticism*, Cambridge: Cambridge University Press, 1994, pp. 117–119。

"恩主对我表示不满，我则向他暗示，他的宿敌有意款待了我"。恩主大吃一惊，连忙对尤伯勒斯信誓旦旦的说，到哪儿也不会找到像他那样慷慨大方的恩主。"漫步者先生，您知道，这样的语言，足以打动我，从此以后下定决心：跟随恩主，不再见异思迁。"（YE 5：103）德莱顿就曾借助几个恩主的仇怨而谋求自己的职业发展。早年，德莱顿试图进入罗切斯特（John Wilmot, Second Earl of Rochester, 1647—1680）的圈子，几次殷勤献辞给这位风流才子，却屡不见用。1676 年，德莱顿另谋恩主，投靠罗切斯特的对手，也就是大名鼎鼎的穆尔格雷夫子爵。① 仰仗这样的"恩主"，德莱顿写了大量文字来讥讽罗切斯特。《麦克·弗莱克诺》是一首戏仿英雄史诗的滑稽史诗，诗歌描写了笨蛋国的闹剧，国王在垂暮之年要挑选一个接班人。诗歌中对沙德威尔（Thamos Shadwell, 1642—1692）的嘲讽，实际指向德莱顿的早期恩主罗切斯特。② 值得一提的是，德莱顿的这首诗歌可以算作是蒲柏《群愚史诗》（*The Dunciad*, 1743）的先导。

当然，这样的做法，未有显著成效，而且很危险，毕竟，主动权在恩主手里。果然，恩主"已经看出我在经济上捉襟见肘，料定我只能依附他。于是，他不再邀请我，要我主动找他。明明无所事事，他也要我无端等待"。《约翰逊传》中记载，约翰逊为了见到切斯特菲尔德伯爵，在其宅第门厅等了一上午，结果发现，某二流诗人从中走出来，大伤自尊心。恰如尤伯勒斯尾随恩主接见朋友，"仿佛一个表演杂技的动物"。（YE 5：105）

无奈之下，尤伯勒斯投奔一个政客，以为"此人前途不可限量，足以长久依赖"。（YE 3：150）18 世纪以前的作家，主要从贵族或者封建上层人士那里得到赞助或者庇护。但到了 18 世纪初期，由于党派的争论，两党纷纷雇用文人为自己摇旗呐喊。许多文人纷纷卷入政治斗争的旋涡。因而，他们的作品也就纷纷沾染政治色彩，"18 世纪的文人，没有不从事政治文字写作的"，这样的感叹，绝不是无缘无故的。斯威夫特命运的起伏，总是同政治斗争交织在一起，他深受党派争执的影响，不得不依赖于权贵和党阀，蒲柏深为惋惜。③

---

① John Sheffield, Earl of Mulgrave, 1648—1721，此人在《诗人传》中占有一席之地。
② Dustin Griffin, "The Social World of Authorship 1660 – 1714", in John Richetti, ed., *English Literature*, 1660 – 1780, Cambridge: Cambridge University Press, 2005.
③ Maynard Mack, *Alexander Pope: A Life*, New Haven: Yale University Press, 1985, p. 196.

约翰逊笔下的尤伯勒斯感叹:

> 他[恩主]的要求,绝非美德所愿意侍奉的。但是,仰仗政客提携、疲于谋生的人,哪里还顾得上拷问自己的美德。当他遭到批评的时候,我就撰文为其辩护。相应地,他就提拔我,但是这样的薪水,总让我内心不安,这仿佛是罪恶的奖赏。若不是为生活所逼迫,我一定会把这样的奖赏,扔还给邪恶的恩主。(YE 3:150)

后来,尤伯勒斯的伯父死了,他得到了一笔遗产。尤伯勒斯决心放弃荣华富贵,"这样的生活,总是拷问我的良心,我决心回归平凡之中,恢复美德的尊严;我希望清算和弥补自己屈辱和愚蠢的生活"。(YE 3:151)第27期的结尾,不乏嘲讽意义:只有继承了伯父的财产,尤伯勒斯才最终摆脱依附关系,可以看出家庭总是同社会问题交织一处。《漫步者》以春秋笔法刻画了诸多绅士和淑女坎坷命运,如同第一节提到的米塞拉,尤伯勒斯的生活遭遇,也像一个漫长的旅程,读者跟随着他也经历了一个道德探讨的过程。①

《漫步者》第163期讲述了同样的故事:恩主鼓舞潦倒文人动笔,却不实现许诺,由此带来了种种恶果。1746年,约翰逊同切斯特菲尔德伯爵相识,并且将"《英语词典》的计划"(The Plan of a Dictionary of the English Language)献给这位伯爵,希望得到他的资助。写作《漫步者》的同时,约翰逊正在为《英语词典》奔忙,尚不知伯爵的许诺能否实现。幸运的是,约翰逊已经得到了书商的提前支付款,否则《英语词典》的编写,简直难以想象。在这期间,伯爵早已经将这件事情抛之脑后。1755年,词典即将刊行之际,约翰逊得知,伯爵在《寰宇》(The World)上发表了两篇赞颂《英语词典》的文章。一怒之下,约翰逊写就了流芳百世的《致伯爵书》(Letter to Lord Chesterfield)。切斯特菲尔德伯爵极力赞扬这部辞典,甚至奉约翰逊为语言学界的权威。约翰逊毫不领情,"把这样的奖赏,扔还给邪恶的恩主"。

以前,人们只是简单地认为,《致伯爵书》标志着现代作家的出现,

---

① John Cabell Riely, "The Pattern of Imagery in Johnson's Periodical Essays", *Eighteenth-Century Studies*, Vol. 3, No. 3 (Spring, 1970), pp. 384–397.

如克里夫德早就指出，如果纯粹为了经济利益，接受伯爵的赞助，显然更加有利可图。也有学者指出，早年约翰逊认可伯爵的语言观，比如创造或者引入新的词汇来规范日常语言，所以在"《英语词典》计划"中提到伯爵，且标榜其语言规范。但是随着字典编纂的进展，约翰逊认识到"固定语言"（fixing the language）是不可能的。而伯爵的两篇"赞颂"文章，依旧坚信可以"固定语言"，这实际违背了约翰逊的语言观。① 克西恩则从政治角度来解释约翰逊给伯爵的答复。初到伦敦时，约翰逊曾经赞誉甚至模仿伯爵的讽刺文字，约翰逊早期政论的确是典型的讽刺文章，但是写作《议会辩论》使约翰逊学会了保持客观的立场，他逐渐开始批评伯爵的讽刺文。② 也就是说，约翰逊在《致伯爵书》中也表现出对伯爵政治立场的批评，因而情绪比较激动。当然，众所周知，约翰逊后来接受了国王的恩俸，而且，越到晚年，他对恩主的批评越少。约翰逊为自己的朋友撰写了大量的捉刀文字，尤以前言为多，其中不乏赞美恩主的说辞。③

三 格拉布街的作家们

如前所说，18世纪中期，英国社会一直处于快速变化之中，就文化市场而言，印刷技术广泛传播，行为指南、小说和期刊等纷纷涌现，专业作家群体也开始形成。看上去，作家仿佛摆脱了各种各样的依附关系，赢得了经济的独立。似乎可以说，作家越来越职业化，越来越自由。约翰逊当然知道，"零度的写作"乃是一个幻想。就约翰逊的经历而言，从雇用文人到文化哲人的转变，乃是一个实实在在的悖论。约翰逊最初到伦敦时，本想成为一个古典学者。④ 他满怀希望觅得一个开明的恩主，但现实迫使他不得不投奔于书商的庇护下。当他放弃最初的理想，打算安于雇用

---

① Elizabeth Hedrick, "Fixing the Language: Johnson, Chesterfield, and the Plan of a Dictionary", *ELH*, Vol. 55, No. 2 (Summer, 1988), pp. 438–440.

② Paul J. Korshin, "The Johnson–Chesterfield Relationship: A New Hypothesis", *PMLA*, Vol. 85, No. 2 (Mar., 1970), pp. 247–259. 克拉克也认为，约翰逊对伯爵的政治背叛行为很厌恶。

③ Freya Johnston, *Samuel Johnson and the Art of Sinking*, Oxford: Oxford University Press, 2005, pp. 12–22.

④ Paul J. Korshin, "The Johnson–Chesterfield Relationship: A New Hypothesis", *PMLA*, Vol. 85, No. 2 (Mar., 1970), pp. 247–259. 克拉克也有类似的说法，不过他认为约翰逊忠于"詹姆士主义"。

文人位置的时候，却在文化市场的沉浮中意外地获得了某种权威地位，最终被塑造成了耀眼的文化明星。乍一看，约翰逊是从时代风云中走上历史前台的平民知识分子代表。其实，约翰逊对自身角色的选择，并不是自觉的。著作权在法律上的确立、经典作品的编辑、民族国家的形成、民族性的塑造等，都促成了作家约翰逊地位的平步青云。可以说，约翰逊人生事业同上面的转变过程完全同步，从某种意义上讲，约翰逊是被社会需要和市场机制联合塑造成"文化哲人"的。①

作家虽然可以摆脱恩主，却无法摆脱对市场的依附关系。且作家的地位远没有巩固下来，不要说约翰逊写作《漫步者》的18世纪50年代，即便到了18世纪晚期，作家也得不到应有的尊重。而且，当基于手稿的文雅之作，逐渐被以市场为导向的印刷品所取代，写作的商品化初露端倪之际，一般民众鄙薄格拉布街的写者，认定他们要么图攫取名声、要么为谋得实利。相较而言，纯粹为钱写作，更没脸面。民众尤其不能容忍女性抛头露面挣"稿费"，无怪乎，萨拉·菲尔汀、法兰西斯·伯尼以及安·拉德克里夫等，都是获得了声誉之后才敢署名。已婚女性没有法律地位，既不能拥有财产，也不能签署合同，若想以自己的名字出版作品，还可能面临法律上的障碍。丈夫因债务入狱后，夏洛特·史密斯不得已靠码字来养活孩子，其作品的签署出版合同，不得不借用别人的名字。

谁来为格拉布街的写者辩护呢？

在《漫步者》第145期中，约翰逊认为，一般工匠的贡献都大于学者或者思辨的理论家。"如果没有了哲学家，日常生活不受任何影响，但是没有了工匠，人们将无法度日。"应该重新考虑"真正的正义"：最能造福于人类的，应该获得最高的奖赏。比较而言，还有什么行业比给家庭和社会提供食品更重要的呢？在稍后出版的《国富论》中，斯密专辟一节来讨论生产性和非生产性劳动。斯密说，有一种劳动，加在物上，能增加物的价值；另一种劳动则不能，前者是生产性劳动，后者称非生产性劳动。如制造业工人的劳动，通常会把维持自身生活所需的价值与提供雇主利润的价值，加在所加工的原材料的价值上。反之，像家仆的劳动，虽然

---

① 现代批评和学者苦心孤诣地塑造约翰逊，当然也为自己寻找"存在的理由"，也就是说，他们试图来确立现代文人和文学批评的地位，参见 Martin Wechselblatt, *Bad Behavior*: *Samuel Johnson and Modern Cultural Authorit*, Lewisburg: Bucknell University Press, 1998, pp. 7-8。

也应得到报酬，但不像制造业工人的劳动，可以固定并实现在特殊的商品上，并经历一段时间，而是随生随灭，故制造业工人的劳动为生产性的，家仆的劳动，是非生产性的。按照这样的标准，君主、官吏、牧师、医生、文人、演员、歌手、舞蹈家等人的劳动也都是非生产性的。①

按说，农业应该是最重要的，但农业恰恰受到了忽视。斯密在《国富论》中也试图回答这个问题。这个问题看上去矛盾，其实并非如此：因为在理性的人类看来，脑力劳动和体力劳动的计算方式不同。（YE 5：8）像农业这样的技艺，一旦被教授，榆木疙瘩也可以熟练掌握。约翰逊在这里谈劳动力价值的计算，具体说，体力劳动和脑力劳动计算方式有所不同。乍看上去，这才是第 145 期的论点，其实，约翰逊又一次采用"明修栈道、暗度陈仓"的写作路数："诋毁农民、工匠等，并不是明智的，也不是公正的。我并非说体力劳动不重要，我请看官留意，在社会中还有一部分人，他们的地位不高，且贫困潦倒。他们的价值，一般不为人所知，他们经常受指责，却没人为之辩护。"（YE 5：10）至此，我们知道，约翰逊正在为像自己一样的期刊作家辩护。约翰逊深知，这些人中，只有少数富有洞见，大多数人不管怎样努力，只能被认为是"苦工"。虽然，将这些人美其名曰"作者"，实际上，他们的操劳同工匠没有区别。第 145 期最初将工匠和码字者比较的真实意图，这才浮现出来："日常生活中，没有人愿意跟农民往来，不过，正是这些人支撑整个社会的文明和显赫。"（YE 5：9）

在《群愚史诗》中，格拉布街雇用文人，如笛福、海伍德（Eliza Haywood，1693—1756）之流，均被看作"怪兽"。相反，约翰逊同情这些作家的命运："他们往往走投无路，只能从事写作来养家糊口。"他们不关心未来，其作品一个礼拜不到就销声匿迹。"可以肯定，这样的作家不会赢得赞美，但是，他们也不该被遗忘，他们应该属于那类虽然不被尊敬但值得眷顾的人。"（YE 5：10）

如果说，农业的实用价值可以理解，那么"雇用文人"的使用价值，又体现在哪里呢？

>他们的文字，虽然不能同煌煌大作相提并论，显然也自有价值。

---

① Adam Smith, *The Wealth of Nations*, New York：The Modern Library, 1937, pp. 316-320.

如果我们渴求日常生活的知识，就必须承认这些作家的意义。普通人应该对影响自己命运的事情有所了解，而不是天体的运行，这些才与我们的生活不相关。如果政客生死、淑女婚嫁这样的事情，也是我们应该知道的，那么必须感谢作家。正是这些作家为我们提供了有用的知识。(YE 5：10)

约翰逊接着写道：甚至编者、缩编者等，纵然不能同一般作家比较，也不该被忘记。读者各有各的需求：有些读者只需要概括和提要，有些读者只关注终局和结果。（YE 5：12）约翰逊此时正在编写《英语词典》，当然知晓，雇用文人的"使用价值"在于满足读者的消费需求。

一般读者猜想，"一流的才智和努力，足可将贫穷拒之门外"。约翰逊晚年在《德莱顿传》中替读者来解答这个疑惑。《诗人传》中《德莱顿传》第 14—86 段——介绍了德莱顿的 27 个剧本。当时，诗剧是作家逃避困顿的最好的文类。来自约翰逊家乡的艾迪生，曾以《卡图》（*Cato*,1713）赚足了银子，最终在文坛上稳稳立足。德莱顿一生写了这么多剧本，何以不能解决贫穷的问题呢？德莱顿在诗歌艺术和语言锤炼上，不够精益求精，约翰逊大为不满，同时，他也煞费苦心来解释德莱顿在经济上的窘况。为了替德莱顿开脱，约翰逊详尽介绍了当时的文化市场。德莱顿时代，剧院并不像后来那样被民众认可，清教徒不必说，连一般的品行端正的人，比如律师和商人，也不敢光顾剧院。剧院经营也没有太多的利润，而剧作家只允许获得一夜演出的票房。另外，读者以为德莱顿是桂冠诗人，领取的恩俸足以支撑日常开支。当时英国的财政部之周转，并不健全有序，恩俸经常不能及时发放。德莱顿在前言中提到，管理者故意拖延推诿，而接受恩俸者在穷困潦倒中度日如年。（*LP* 2：117）

无奈之下，德莱顿只能求助于书商。约翰逊甚至将书商的支付票据摆出来，用以证明德莱顿的收入菲薄。约翰逊推想，当时的书商一定很专横，举了许多例子。（*LP* 2：117—118）读者当然不会忘记，约翰逊本人拳打书商的故事。（*Life* I：154）正是看到了作家和书商的对立，约翰逊才在《漫步者》中呼吁："既然各类作家自有用处，不同的作家，都可以有自己的恩主。没有哪个作家可以确保自己稳固的地位，作家内部更不必内讧，或者相互贬低。相反，他们应该联合起来对抗敌人。"（YE 5：12）这里提到作家之间不要相互排挤，要联合起来，读者一定想起"约翰逊的女儿"简·奥斯丁。后者在《诺桑觉寺》中同样为女小说家辩护。① 约翰逊的《诗人传》同蒲柏的《群愚史诗》恰成对比。出于伦理道德的考虑，约翰逊在《诗人传》中抬高了一些诗人的地位，而这些诗人是蒲柏所贬低的。② 尽管蒲柏攻击格拉布街文人，他对诗歌出版的运作和对书商的操纵，极为老道稳妥。近来研究者证明，蒲柏和一般雇用文人之间，也存在着相互依存的关系。③

第 146 期又回到了老话题：追求名誉。约翰逊描述了一个渴望成名的作家，他自我感觉不错，一厢情愿地认为，读者对自己的作品如雷贯耳，结果发现，没有人知道自己。约翰逊感叹道："个人的存在，相对于整个人类而言，不算什么，有谁会对个人的命运表示关心。竟然要博得众人的注目，多么虚荣。……即便最耀眼的才能，也会淹没在世事的烟云中，转瞬间，新鲜的事物就会取而代之。"（YE 5：1）不要说一般的读者，就算作家或者学者，也往往局限于自己的研究领域，"将与自己无关的书本抛入历史的垃圾箱里"。约翰逊深知，欲望和激情乃是人生不可或缺的组成部分，但是，无限制地、盲目地扩张情欲，必然会带来灾难。这是《人生愿望多虚妄》的主题，也是许多《漫步者》期刊的主题，难怪，在鲍斯威尔看来，《漫步者》是一个散文版的《人生愿望多虚妄》。

讨论市场后又来讨论作家的欲望，很有启示意义。《漫步者》中大量

---

① "我不想采取小说家通常采取的那种卑鄙而愚蠢的行径，明明自己也在写小说，却以轻蔑的态度去诋毁小说。他们同自己不共戴天的敌人串通一气，对这些作品进行恶语中伤，从不允许自己作品中的女主角看小说。如果有位女主角偶尔拾起了一本书，这本书一定乏味至极，女主角一定怀着憎恶的心情在翻阅着。天哪！如果一部小说的女主角不从另一部小说的女主角那里得到庇护，那她又能指望从何处得到保护和尊重呢？我可不赞成这样做。让那些评论家穷极无聊地去咒骂那些洋溢着丰富想象力的作品吧，让他们使用那些目今充斥在报章上的种种陈词滥调去谈论每本新小说吧。我们可不要互相背弃，我们是个受到残害的整体。虽然我们的作品比其他任何文学形式给人们提供了更广泛、更真挚的乐趣，但是还没有任何一种作品遭到如此多的诋毁。由于傲慢、无知或赶时髦的缘故，我们的敌人几乎和我们的读者一样多。有人把《英国史》缩写成百分之九，有人把弥尔顿、蒲柏和普赖尔的几十行诗，《旁观者》的一篇杂文，以及斯特恩作品里的某一章，拼凑成一个集子加以出版，诸如此般的才干受到了上千人的赞颂；然而人们几乎总是愿意诋毁小说家的才能，贬损小说家的劳动，蔑视那些只以天才、智慧和情趣见长的作品。"［英］简·奥斯丁：《诺桑觉寺》，孙致礼译，译林出版社 2009 年版，第五章，第 33 页。

② Freya Johnston, *Samuel Johnson and the Art of Sinking*, Oxford: Oxford University Press, 2005, pp. 215-218.

③ Ibid., p. 37.

的篇幅，都在讨论激情和欲望以及如何管束激情和欲望从而获得幸福。①光荣革命之后的英国社会，正处于大规模原始积累的时期，由此引发的伦理道德问题得到空前的广泛关注。"人的欲望或人对'幸福'的追求，成为新登场的现代英国小说一脉相传的中心主题。而18世纪20年代以来雨后春笋般涌现的报刊散文和各种各样的'指南'书籍，更是直接地印证着大众对于重建道德规范和行为准则的迫切需要。《拉塞拉斯》出版不久，亚当·斯密的大部头著作《道德情操论》也接踵问世，说明了当时思想家们不约而同的关怀。"②

麦金泰尔认为，脱胎于新教和资本主义的个人主义之兴起，瓦解了传统的社会生活方式，人们需要对道德词汇的含义重新界说。幸福不再是传统准则所理解的幸福，而应依据个人心理学来重新界定和阐释。但是，当时尚未发展出这样一种心理学，思想精英们就不得不把它创造出来。因此，在18世纪的每一个道德哲学家著述中，都可找到欲望、情欲、爱好、原则等全套理论说辞。③

英国18世纪伦理道德思想的关注和所用的术语，绝大多数来自希腊文化，或者更确切地说，来自西塞罗的斯多葛主义。④ 道德哲学的目标，依然是指引个人获得幸福，幸福乃是伦理研究的鹄的。约翰逊也将哲学看作医疗的工具，把自己当作读者的"心灵医生"。（YE 3：12）不过，就像麦金泰尔所说，英国18世纪的社会生活，已经远离了传统词汇中的准则。⑤ 横亘在希腊、罗马社会和18世纪英国之间的历史阶段，绝非通过"追求美德"就能超越或者弥合。西方社会的16、17世纪，被称为"现代早期"。它已经不是中世纪"信仰的时代"，现代社会以世俗化为其特点，世俗化几乎是现代化的同义词。没有人，更不用说约翰逊，可以无视这样的社会转型。

---

① 管束欲望获得幸福的篇章，可以参见第47、58、66、97、104、120、131、151期等。
② 黄梅：《推敲"自我"》，生活·读书·新知三联书店2003年版，第78页。
③ Alasdair MacIntyre, *A Short History of Ethics*, 2nd ed., Notre Dame: University of Notre Dame Press, 1998, p. 167.
④ Adam Porkay, *The Passion for Happiness*, Ithaca: Cornell University Press, 2000, pp. 12 – 15.
⑤ Alasdair MacIntyre, *A Short History of Ethics*, 2nd ed., Notre Dame: University of Notre Dame Press, 1998, p. 167.

四 宗教和世俗化

除了上面提到的希腊、罗马文化，英国 18 世纪的道德论者，还可以从另一个思想传统寻找有用的资源：洛克的经验心理主义，霍布斯和曼德威尔关于社会自私自利性质的自然主义描述，沙夫茨伯里独创的"道德感"以及哈奇森阐发的"仁爱"思想。① 在上述这些道德作家的讨论中，存在着一个情感主义的倾向，这在约翰逊的《漫步者》中也是十分明显的，比如上面所列出的文章，在一定程度上都肯定欲望和激情的必要性。但是情感主义并非不讲究理性，恰恰相反，约翰逊思想中所包容的一般道德准则和道德评价的共同标准，都以理性主义为基础，从而避免情感主义滑向道德判断的相对主义。英国古典政治哲学颇具创造性，在人性的认识方面，它偏重情感，而非理性，这同非主流的古希腊思想，比如古代的智者学派和伊壁鸠鲁主义，一脉相承。但是这种基于人性情感的道德理论，通过休谟的人为德性和斯密的看不见的手的提升和转型，竟成为关注公共社会、讲究政治德性和积极构建政治社会的理论，反而与以柏拉图和亚里士多德为其代表的理性主义政治理论相一致。②

约翰逊伦理观念的某些倾向，同斯密的《道德情操论》（*The Thoery of Moral Sentiments*）蕴含着同样的旨趣，而斯密的联想主义方法，也常为约翰逊所运用③，《道德情操论》阐述的基础，尤其斯密的"同情说"，也是约翰逊深深认可的。《漫步者》就是建立在读者和作者，或者读者和"人物"相互认同基础上的道德漫谈。斯密的"公正旁观者"说和"良心论"，以及以审慎、仁慈、正义、自制为主的德性论，更是《漫步者》中常见的道德说辞。④ 当然，约翰逊不属于理论型的学者。休谟将伦理学和实用道德学加以区分：伦理学在于对人性抽象的思辨，是关于人性的理论

---

① 难怪，在《人性论》的"前言"，休谟夸赞英国人性研究之丰富。
② 高全喜：《休谟的政治哲学》，北京大学出版社 2004 年版，第 3 页。
③ 约翰逊善于使用平行的联想类比，参见 John Cabell Riely, "The Pattern of Imagery in Johnson's Periodical Essays", *Eighteenth-Century Studies*, Vol. 3, No. 3 (Spring, 1970), pp. 384-397.
④ [英] 亚当·斯密：《道德情操论》，蒋自强等译，商务印书馆 2004 年版。斯密非常认可约翰逊的才能，参见 Katherine Witek, "The Rhetoric of Smith, Boswell and Johnson: Creating the Modern Icon", *Rhetoric Society Quarterly*, Vol. 24, No. 3/4 (Summer-Autumn, 1994), pp. 53-70.

科学；实用道德学则是关于实际行为规则和生活方式的学问。约翰逊显然属于后者。

《漫步者》中充满了世俗化的场景，但是，最后一期却又点明宗教关怀："这些文字同样关乎基督教箴言。"（YE 5：320）可以说，这一期透露出的宗教情怀比其他任何篇章都明显。① 作为一个基督教作家，约翰逊的道德目的是毫无疑问的，但面对着世俗化的读者，约翰逊的宗教关注显得比较含蓄隐蔽，不愿意显山露水。这可以解释为什么《漫步者》中，《圣经》的引文只有 7 处，而贺拉斯的则有 103 处，朱文纳尔（Juvenal, 60—136）的引用，竟有 37 处之多。林恩认为《漫步者》真正的目的在于宗教，只不过约翰逊不想惊扰了已经世俗化的读者。② 这样的看法很有见地，而他强调，《漫步者》真正的目的在于宗教，这是值得商榷的。

约翰逊并非只是基督教作家，更为世俗市场中的作家。情感主义伦理学突起，本身就是宗教性和世俗化冲突的产物。麦金泰尔在《伦理简史》中指出，从 16 世纪开始，西方就面临着现代性的问题，随着市场经济和民族国家的出现，宗教问题越来越让位于国家的政治和经济需要。在这样的情势下，宗教或者说神学同伦理道德论证之间的关系很复杂，很多时候往往成为环境的牺牲品。③ 18 世纪初，自然神论及相关的宗教争论，使得宗教的地位发生变化，国教徒面临着各种各样的责难。此外，由于辉格党对各种宗教思想流派的纵容政策，国教的地位也并不稳定。④ 商业、金融和工业的发展创造了巨额的财富，社会的流动性剧增，这些必然要影响原来的宗教制度和观念，社会的世俗化倾向越来越明显。⑤ 正是由于人们缺乏信仰以及宗教人士的腐化，才导致了 18 世纪中后期福音主义的兴起。在奥斯丁的小说《曼斯菲尔德庄园》中，读者可以瞥见英国 18、19 世纪

---

① 涉及宗教的文字还可以参见第 6、44、110、126、178、184 等篇章。不过，在这些文章里约翰逊并没有全篇谈论宗教，只是偶尔涉及宗教观念或者感觉等。比如，第 44 期讨论宗教不同于迷信，禁欲同样不是宗教等。

② Steven Lynn, *Samuel Johnson after Deconstruction*：*Rhetoric and "The Rambler"*, Carbondale：Southern Illinois University Press, 1992, "Introduction".

③ Alasdair MacIntyre, *A Short History of Ethics*, 2nd ed., Notre Dame：University of Notre Dame Press, 1998, pp. 167 – 168.

④ Paul Langford, *A Polite and Commercial People*：*England* 1727 – 1783, Oxford：Clarendon Press, 1989, p. 236.

⑤ Ibid., pp. 256 – 257.

之交的宗教变迁：严肃教派面临的紧要问题，如牧师俸禄和兼职、牧师道德和行为改进、庇护制度下的裙带关系、城市中牧师的失职、福音主义的挑战等，均出现在小说中。

约翰逊的时人，早已看到了世俗化的端倪及其带来的恶果。菲尔丁18世纪中期任治安官时，曾撰文批评民众道德腐化堕落、缺乏宗教信仰。在传记中，霍金斯谈到《漫步者》的背景：自艾迪生的《旁观者》以后，英国社会取得了很大的进步，民众的趣味开始变化，且不断提高，英国的国民都变成了绅士和淑女。社会越来越富裕，教会人士过着两栖的生活，经常遭到各方的批评。[①] 俸禄（Living）和兼职（Pluralism）都是普遍存在的问题。不同牧师，收入有差异，多数乡间牧师，一年可获取几百英镑的俸禄。以奥斯丁父亲为例，扣除了付给两位助理牧师的薪水，他每年可领210英镑的俸禄。《理智与情感》中，爱德华·费拉斯在德拉福德教区的俸禄恰为200英镑，而《曼斯菲尔德庄园》中格兰特博士，一年不少于1000英镑。当然，牧师还有其他渠道来增加收入，比如，其所管辖的土地，可以用来种植作物和果蔬。奥斯丁家养了5头乳牛，为了贴补家用，其父还收留寄宿生。助理牧师（Curate）负责料理教区事务，工作量绝不亚于牧师，但每年只有50英镑的收入。奥斯丁的二哥亨利，当合伙经营的银行倒闭之后，不得已重新入教会，在乔顿担任助理牧师，年薪60英镑。当时，选择牧师职业，未必受了神的感召，而是世俗的收入问题。

为了得到俸禄，牧师要寻求一些权势人物的庇护。皇室、大教堂、牛津和剑桥大学，都可以安插支配俸禄，但多数控制在当地的乡绅手中。世纪之交，全英国11600份圣职，其中2500份由主教定夺，牛津和剑桥大学可以支配600份，其余的均由地主个人掌控。主教和地主一般将其授予子女和亲戚，当然也分配给依附于自己的牧师。由于普通牧师俸禄不高，兼职成为当时普遍的风习。奥斯丁父亲兼了两个教职，其兄詹姆斯占了三份俸禄，年薪1100英镑。受福音主义运动的影响，詹姆斯拒绝了第四份薪俸。18世纪末，英国三分之一的牧师领取多份俸禄。1783年，某主教呼吁调节分配，而他自己拥有16份俸禄。兼职就意味着，牧师实际上并不住在教区，日常事务完全由被雇的助理牧师代劳。

---

① John Hawkins, *The Life of Samuel Johnson*, LL. D., London, 1787, pp. 261–263.

《曼斯菲尔德庄园》中的玛丽如此奚落，"牧师邋邋遢遢，自私自利，读读报纸，看看天气，和妻子吵架拌嘴，除此之外，无事可做。一切活都归助理牧师，他自己的日常事务，便是应邀吃饭"。① 玛丽的姐夫格兰特博士，就是这样的人，一个自私自利的饕餮之徒，"每周三次、照例不误纵饮大嚼"，最后中风而亡。据统计，1809 年的英国，11194 名在职牧师中，有 7358 名不居住在当地教区。1812 年议会调查表明：约 1000 多个教区根本没有任何牧师；4813 名牧师，不在本教区定居。② 除了基本俸禄外，一些牧师还有其他个人所得，过着轻闲的绅士生活，沉湎于打猎、种地、醉酒、赌博。

不管约翰逊本人是多么真诚的国教徒，他必须面对已经世俗化并且分属不同宗教派别的读者。如何来解决世俗化和宗教之间的冲突呢？马克斯·韦伯关于天职观念的说法，值得读者深思。天职把完成世俗事务的义务，尊为一个人道德行为能力所能达到的最高形式，这无疑具有一定的解释力。正是这一点使日常的世俗行为具有了宗教意义，并引出了所有新教教派的核心教义。上帝应许的唯一生活方式，是要每个人完成自己在世俗生活中应尽的职责和义务，而不是要人们以苦修的禁欲主义超越世俗道德。③ 从理论上说，韦伯的说法，或许可以解决一般教徒的信仰危机，但约翰逊的宗教信仰，仍要进一步细究。

约翰逊在年轻时曾经对宗教冷嘲热讽，但在牛津大学受到劳（William Law，1686—1761）的影响后，他的宗教虔诚从此未有减弱。劳的观念，并非 18 世纪的主流，可以说，只有 17 世纪虔诚的基督徒如泰勒（Jeremy Taylor，1613—1667）可以与之相比。劳布道的听众，都是自认为恪尽职守的基督教徒；晚年劳更强调信仰的作用。1774 年《英语词典》修订版本中，约翰逊大量引用劳的文字。④ 约翰逊将诸多日常行为升华为

---

① Jane Austen, *Mansfield Park*, Claudia L. Johnson, ed., New York and London: W. W. Norton Company, 1998, p. 78.
② Laura Mooneyham White, *Jane Austen's Anglicanism*, Farham: Ashgate, 2011, p. 15.
③ ［德］马克斯·韦伯：《新教伦理与资本主义精神》（修订版），于晓、陈维纲等译，陕西师范大学出版社 2006 年版，第 36—38 页。
④ Katharine C. Balderston, "Doctor Johnson and William Law", *PMLA*, Vol. 75, No. 4 (Sep., 1960), pp. 382–394.

宗教律令，他关于死亡和罚入地狱的担忧，都是宗教情绪的表现。① 20 世纪心理分析兴起以后，学者纷纷从这一角度来解读约翰逊的恐惧，但是这样的分析，实际忽略了英国 18 世纪的宗教背景。在其专著《约翰逊的宗教思想》中，查平纠正了心理分析的偏差，当时虔诚教徒的确关注生命的终结以及未来的命运，约翰逊并非像 20 世纪心理分析学认为的，是一个性压抑造成的变态者。② 约翰逊的宗教痛苦，或许同他不能达到劳所标举的信仰标准有关，因为强烈的信仰同约翰逊的经验主义气质和唯理主义思想相冲突，或者可以说，这是信仰和理性之间的冲突。③

讨论信仰和理性的冲突，读者自然想起休谟，正是他才解决了两者的冲突。休谟在 18 世纪以"无神论"而著称，但不能因此而质疑其道德态度。麦金泰尔认为，休谟是道德上的保守主义者。④ 休谟对自然神论的攻击最终证明，宗教信仰不能以理性为基础。像康德一样，这并不是反对宗教，而是为信仰留出空间。素以"怀疑主义"闻名的休谟并没有走向虚无，他在价值层面上维护传统的习惯和美德，承认世俗社会的普遍标准，尊重人们习以为常的道德原则。

约翰逊对休谟有种种批评，和鲍斯威尔的"精心设计"有关，其实，休谟本人对约翰逊的态度，比较大方宽容。不妨听听他"临终"前的自我估价："我的为人，和平而能自制，坦白而又和蔼，愉快而善与人亲昵，最不易发生仇恨，而且一切感情都是十分中和的。……总而言之，许多人虽然在别的方面都超卓，可是也往往遇到人的诽谤，致使自己不悦。至于我，则不曾被诽谤的毒齿所啮、所触。我虽然置身于各政党和各教派的狂怒之下，可是因为我对他们平素的忿怨处之泰然，他们反似乎失掉了武器。我的朋友们从来没有遇见任何机会，来给我的品格和行为的某些地方辩护。热狂的信徒们非不愿意捏造并传播不利于我的故事，但是他们从

---

① J. H. Hagstrum, "On Dr. Johnson's Fear of Death", *ELH*, Vol. 14, No. 4 (Dec., 1947).

② Chester Chapin, *The Religious Thought of Samuel Johnson*, Michigan: University of Michigan Press, 1968, p. 101.

③ Max Byrd, "Johnson's Spiritual Anxiety", *Modern Philology*, Vol. 78, No. 4 (May, 1981), pp. 368–378. 另外参见 Pierce, "The Conflict of Faith and Fear in Johnson's Moral Writing", *Eighteenth–Century Studies*, Vol. 15, No. 3 (Spring, 1982), pp. 317–338。

④ Alasdair MacIntyre, *A Short History of Ethics*, 2nd ed., Notre Dame: University of Notre Dame Press, 1998, p. 167.

来找不出令人可以有几分相信的事实来。我并不是说，我对我自己所写的这种安葬演说中没有任何虚荣心在内，不过我希望，我这种虚荣心并没有错置了。这是一件容易弄明，容易稽查的事实。"① 据说，休谟提到《漫步者》时，充满敬意，认为此书"才气冲天，博学广闻，品位极高"。②

这里提到休谟解决理性和信仰的关系，是因为许多学者讨论约翰逊晚年日记中提到的"最近的皈依"（forgive and accept my late conversion）。福音主义者和天主教徒断言，约翰逊皈依成为他们的信徒。查平已经指出，18世纪而非19世纪的福音主义者和国教徒间，并没有本质的区别。③或许在疾病中，约翰逊屡屡感到死亡的逼近，"最近的皈依"是他在信仰和理性之间做出对前者的选择。他更加坚定地理解且接受了"因信称义"（justification by faith）的真谛。④ 约翰逊原先也相信这个教义，但信仰和理性的冲突让他备感困扰。对休谟思辨理论的痛恨，何尝不是约翰逊内心焦虑的表现。作为公众目光下的道德论者，当宗教越来越成为私人的事务而不必在公众场合讨论时，约翰逊不愿提及宗教的慰藉作用，更不想讨论，如何将来世作为医治心灵的手段。在道德文章和哲理故事中，约翰逊尽可能避开宗教信仰，只谈道德问题。⑤

第三节　淑女命运的沉浮*

讨论约翰逊关于妇女的看法之前，有必要交代当时的思想背景。从生理学理论看，两性研究经历了一个范式的变化，也就是从一性模式演变为两性模式。一性模式的说法，最早来自亚里士多德和盖仑（Claudius Galen, 130—200）的体液说，晚至17世纪，这样的说辞依然保持一定的影

---

　① ［英］休谟：《人类理解研究》，关文运译，商务印书馆1995年版，第9页。
　② Adam Porkay, *The Passion for Happiness*, Ithaca: Cornell University Press, 2000, p. 1.
　③ Chester Chapin, *The Religious Thought of Samuel Johnson*, Michigan: University of Michigan Press, 1968, p. 167.
　④ 鲍斯威尔见证了休谟临终前的言行，可以同约翰逊"最近的皈依"比较。
　⑤ 当然，在日记中则有所不同，有必要区分这些不同的文类。
　* 本节曾以"约翰逊道德期刊中的女性想象"为题目，发表于2012年第2期《中华女子学院学报》，内容略有调整。

响。女性的体液偏于潮湿和阴冷，而男性恰恰相反，甚至她们的生殖器官，也没有像男人那样完全发育出来，因而，女人被认为是"不完善的男人"。特殊体质构造导致女人性欲更强烈，她们希望通过和男人交媾来达到自身完满。女人往往受子宫支配，而不像男人由大脑指引，女人被男人管辖，自然是合理的。女人经常受到各种各样的疾病，尤其精神病、贪欲和不理性行为的折磨。① 英国 18 世纪的医学认为，由于生理上的不同，女人在不同的阶段要经受身体上的疼痛，《漫步者》第 39 期也提到这一点。

比较而言，17 世纪后的论者看重神经系统对女人的影响，甚至提出，女人的神经敏感有助于道德感的形成。② 基督教不乏歧视妇女的例子，论者从《圣经》中寻找文字依据，比如夏娃的姿色和贪欲对于男人的腐蚀作用。文艺复兴和宗教改革，也无助于改变女人的命运。18 世纪英国的神经病学研究，取得了一定的进步，当时的著名医生切恩（George Cheyne）写了一本医学专著《英国的抑郁症》（*The English Malady*），基本观点如下：神经虽是天生的，但也可以改进；神经系统同情感状况紧密相关。③ 约翰逊对此书的内容深有研究，有时以这本书为参考来治疗自己的抑郁症。④

随着生理解释的变化，性别角色的解释模式也经历了变化。简单地说，18 世纪以前的舆论强调两性之间的等级关系（hierarchical），而不是对立关系（oppositional）。⑤ 自 17 世纪末以降，培根和洛克等人的理论，都促成了一个较为功利的解释模式。女人可以教化，男人不必压迫和控制女人，应设法让她们主动接受男人为之划定的角色，这同上面关

---

① Marea Mitchell and Dianne Osland, *Representing Women and Female Desire*, London: Palgrave Macmillan, 2005, pp. 3–5.

② Anthony Fletcher, *Gender, Sex and Subordination in England* 1500–1800, New Haven: Yale University Press, 1995, p. 289.

③ Robert DeMaria, *The Life of Samuel Johnson: A Critical Biography*, Oxford: Blackwell, 1993, p. 25.

④ 小说家理查森和此人的关系甚笃，《帕梅拉》和《克拉丽莎》等小说中对于情感的解释基本来自他的朋友。

⑤ Marea Mitchell and Dianne Osland, *Representing Women and Female Desire*, London: Palgrave Macmillan, 2005, p. 5.

于神经系统的说法基本一致。① 对现代早期妇女的教导，最早可以见于1631 年面世的《英国的淑女》（*English Gentlewoman*），此后的行为指南书籍，比如《妇女的职业》（*The Ladies Calling*，1673）、《给女儿的建议》（*Advice to a Daughter*，1688）等，都是沿着改造妇女的方向发展下去。这些说法看上去以《圣经》为基础，但潜在的世俗化解释倾向，也颇值得研究。②

一 约翰逊的"偏见"

在这样的背景下，认真探究道德期刊作家约翰逊的说法，是很有必要的。从某种意义上讲，道德作家对女性的看法，很可能是社会价值观念的"晴雨表"。很多读者可能知道约翰逊曾说过："女人无非是妓女而已，不必多言"，并以为这代表了约翰逊对妇女的偏见。这说法来自《约翰逊传》，鲍斯威尔称，当时自己为某一个不幸女士的离婚辩护，结果遭到约翰逊的指责。（*Life* ii：246 - 7.）格林提醒读者，尤其是学者，引用鲍斯威尔的文字时，一定要谨慎，最好将《约翰逊传》和鲍斯威尔的日记加以比较，两者的出入很大。约翰逊离奇古怪的行为和愤世嫉俗的言辞，常给读者留下深刻的印象。他曾言："爱国主义是流氓无赖最后的藏身所。"脱离了上下文，此说常引来争议，其实，约翰逊挖苦别有用心的商人，这些人以"爱国主义"为幌子，迫使政府对外宣战，从战争中获得巨额利润。另外，约翰逊的观点和言辞在辩论时趋向极端，常常超乎本意。有时为了驳倒对手，他会不顾说话内容。在约翰逊看来，争论的目的在于影响对方，改变其处事的态度，至于征引什么样的言辞，倒是次要的。

上面提到的女士，是约翰逊好朋友伯尤克勒克（Topham Beauclerk，1739—1780）之妻，出嫁前的名字叫戴安娜·斯宾塞。她最初嫁给大名鼎鼎的博林布鲁克子爵（Henry St. John Bolingbroke，1678—1751），离婚后改嫁伯尤克勒克。③ 鲍斯威尔在传记中并没有交代事情的前因后果，他

---

① Anthony Fletcher, *Gender, Sex and Subordination in England* 1500 - 1800, New Haven：Yale University Press, 1995, p. 292.

② Marea Mitchell and Dianne Osland, *Representing Women and Female Desire*, London：Palgrave Macmillan, 2005, p. 9.

③ 子爵对妻子的虐待，本应该引起读者对这位女士的同情。按柏克的说法，伯尤克勒克同样虐待妻子。

看似为女士辩护，又说被其姿色所惑，且自知辩解有失公允。其实，约翰逊和伯尤克勒友谊甚笃，且对朋友妻子也多有赞赏，朋友死后，伯尤克勒克夫人仍旧细心照料家务和子女。①

至于约翰逊对妓女的态度，不妨看一看他本人的文字。《漫步者》第170、171期，无家可归的米塞拉第一次遇到男人的经历，恰似伯尼笔下伊芙琳娜离开剧院后的遭遇，只不过米塞拉运气不佳，没遇到一个年轻贵族出手相救。米塞拉屡屡受挫，结果沦为娼妓。约翰逊并非危言耸听，朗福德在《温文尔雅的经商之民》中也提到，18世纪伦敦街头的妓女，许多来自中产阶级的家庭。②约翰逊在行文中义愤填膺，用了大段文字谴责花花公子：

> 我不知道，吓唬一个女孩子，或者摧挫她的决心，如此把戏有什么值得夸耀的。花花公子吹嘘自己百般糟践清纯少女，……这决不是凭着智慧或者殷勤来赢得心仪女人的芳心……他们没有克服困难和阻碍，也没有打败情敌和对手。只不过欺凌那些没有反抗之力的人，满足于占有了对方的身体，却没有征服她们的心灵。（YE4：138—9）

在《漫步者》第107期，妓女为养家糊口被迫卖淫，最终死在街头。嫖客们从不怜悯这些衣衫褴褛的女人，一味嫖娼狎妓。在真实生活中，约翰逊曾将某妓女带到家里，将这个烟花女子当作家里成员供养。如果仅从鲍斯威尔的传记中了解约翰逊，难免被某些说法误导。上文的分歧，恰恰反映了鲍斯威尔对女人的态度，在他看来女人只是男人的玩物。如果读者浏览《英国的家庭、性和婚姻》中的相关章节，一定会对鲍斯威尔的纵欲行为惊讶不已。③

同情女人之态度，也散见于约翰逊对独身女人的文字中。对于英国18世纪的女人来说，最重要的事情莫过于婚姻，这是她们的全部生活

---

① Greene, "The Myth of Johnson's Misogyny: Some Addenda", *South Central Review*, Vol. 9, No. 4, Johnson and Gender (Winter, 1992), pp. 6 – 17.

② 吕大年：《理查森和帕梅拉的隐私》，《外国文学评论》2003年第1期，第90页。

③ Lawrence Stone, *The Family, Sex and Marriage in England* 1500 – 1800, New York City: Harper & Row Publishers, 1977, pp. 572 – 577.

目的。① 《冒险者》第 33 期提到，"女人教育的目的，就是觅得一个好的丈夫"。（YE 2：105）不过，当时的婚姻市场对女人不利，《漫步者》第 35 期中，一个行将结婚的财产继承人来到乡下，发现不论走到哪里，都有女人搔首弄姿、急于表现才华，仿佛要出卖自己。② 独身女人的情况更糟糕。在《漫步者》第 39 期，读者可以一瞥社会对独身女人的偏见。独身可以摆脱日常生活的羁绊，但大多女人都不愿接受这样的选择。已婚女人严厉批评某些试图表现尊严而不结婚的女人。（YE3：222）"各国的风俗仿佛沆瀣一气，将女人置于一个糟糕的境况，且女人本身也参与其中。"（YE3：211）约翰逊认为，无论选择独身还是结婚，女人都难免经历种种不幸。

近来学者努力探究约翰逊本人对女人的态度和行为，取得了瞩目的成就。比如，约翰逊鼓励许多女作家进行文学创作，如伯尼、萨拉·菲尔丁（Sarah Fielding，1710—1768）、夏洛特·伦诺克斯（Charlotte Lennox，1720—1804）。有学者从女性主义批评的视角来阐释《拉塞拉斯》，小说体现出约翰逊平等对待男女的态度，读者当然不会忘记，公主在辩论方面往往技压王子一筹，而约翰逊对于妇女教育的看法，更具现代性。③ 也有学者重新来研究约翰逊同三个女人的关系：约翰逊的母亲、妻子和史雷尔夫人。④

对女人的关注，是 18 世纪道德刊物的传统。约翰逊的前辈艾迪生也在报刊上讨论妇女的话题。《旁观者》中一系列散文，常评议 18 世纪的时尚生活，比如男人的假发太蓬松，或者举止太粗鲁；关于女人的话题更多：女子的胭脂涂得太重，美人痣打得太多，女人热衷穿戴各种各样稀奇古怪的头饰等。当然也不乏严肃的评论，比如《旁观者》第 155 期批评花花公子穿梭在伦敦的街头，百般骚扰妇女。在第 158 期中，可以听到女

---

① Paul Langford, *A Polite and Commercial People*: *England* 1727 – 1783, Oxford: Clarendon Press, 1989, p. 113.

② 瓦特在《小说的兴起》中也提到婚姻市场对女性不利，参见 Ian Watt, *The Rise of Novel*, Berkeley and Los Angeles: University of California Press, 1957, p. 142。

③ Nicholas Hudson, *Samuel Johnson and the Making of Modern England*, Cambridge: Cambridge University Press, 2003, pp. 59 – 61.

④ Bonnie Hain and Carole McAllister, "James Boswell's Ms. Perceptions and Samuel Johnson's Ms. Placed Friends", *South Central Review*, Vol. 9, No. 4, Johnson and Gender (Winter, 1992), pp. 59 – 70.

人对男性道德论者的抱怨：如果这些作家放下一本正经的面孔，在文字中增加一些愉快和幽默，女人会更加听从这些道理。《旁观者》第142期，斯蒂尔在情书中信誓旦旦："美人一旦被拥有，她们的容颜也就黯然失色；所以，亲爱的，我更加热爱你的心灵。"不过，读者难免有一种印象，在《旁观者》中，妇女毕恭毕敬地聆听男人的教导。伍尔夫（Virginia Woolf，1882—1941）不禁要问：为什么艾迪生总要嘲讽女人的瑕疵？[1]

《漫步者》第23期，读者来信抗议，该刊物疏慢了女人，未能给她们如何涂脂抹粉的建议，或者批评女人打牌时戴眼镜等。（YE 3：129）"漫步者先生"为自己辩护："作者处理某个主题，一定要考虑自己的经历和学识，是否能够应对自如。有些话题已经多有谈及，又何必多此一举。作家要想赢得多数读者，就须经常更新手法。"（YE 3：129）

其实，约翰逊花费了大量的笔墨讨论女人。若从《漫步者》、《冒险者》和《闲逸者》三个期刊来看，最少有60篇文字关注女人的命运。仅就《漫步者》而论，27篇文章直接讨论女人，其中15篇用女人的口气来讲述。在《漫步者》第34期中，约翰逊还提到一个重要原因，"家庭幸福完全掌握在女人手中，可对她们的道德关注却寥寥无几。女人对儿童早期教育的影响很大，应该确保她们对自己的职责有所了解"。（YE 3：185）就总体来看，约翰逊的语气不同于艾迪生，往往涉及十分严肃的妇女话题。新版《剑桥文学史》挑剔《漫步者》的抽象性，但不得不承认，约翰逊对女人的同情，是前辈艾迪生所没有的。[2]

约翰逊同情的背后，是对女性命运的深切了解。早期诗剧《艾琳》表明，女人是社会和文化塑造出来的。多数论者认为《艾琳》是失败之作，但《艾琳》推崇美德，颇受当时观众欢迎。[3] 约翰逊笔下的艾琳，脱胎于《土耳其通史》（*Generall Historie of the Turkes*，1603）中的相关轶事，但不同于历史中的艾琳，她完全是作者的艺术想象，更加突现道德意义。在《土耳其通史》中，艾琳被穆罕默德二世所俘获，却以美貌征服了他

---

[1] N. Catherine Parke, "Negotiating the Past, Examining Ourselves Johnson, Women, and Gender", *South Central Review*, Vol. 9, No. 4, Johnson and Gender (Winter, 1992), pp. 71 – 80.

[2] Robert Demaria, "The Eighteenth – Century Periodical Essay", in John Richetti, ed., *English Literature*, 1660 – 1780, Cambridge: Cambridge University Press, 2005.

[3] James L. Clifford, *Young Sam Johnson*, New York: McGraw – Hill, 1955, pp. 3 – 5.

的心。穆罕默德二世情陷其中，几废政业，而他的属下蠢蠢欲动，欲夺大权。不得已，他将艾琳斩首示众。（参见 YE 6：267—69。）在约翰逊的剧本中，艾琳受荣耀和权力等诱惑，当然，她也想来拯救自己的同胞，最终放弃基督教信仰。剧中另一个女主人公阿斯帕莎，比艾琳更具英雄气概，学识渊博、果断干练，推崇斯多葛派的哲学精神，反对背信弃义。从现存的草稿来看，《艾琳》的对话不够连贯，场次之间也缺少连缀，仿佛罗列一些仅供争辩的论点。① 当两个主人公谈论女人天性胆怯时，阿斯帕莎慨然陈词：

      我们所埋怨的软弱，由自己造成，
      从小就被教导（Instructed）
      假装胆怯，乞求男人帮助。
      每听到索索风响，便故作（Learned）颤抖，
      看见亮光就吃惊，遇到黑夜便害怕。
      最后，这样的虚情变成了我们的信仰
      一贯的胆小最终占据了灵魂。（II，i，ll. 26—33）

约翰逊在文中使用了 learned，instructed 等词汇，说明女人的"天性胆怯"是如何形成的。波伏娃（Simone de Beauvoir, 1908—1986）在开山力作《第二性》的开篇曾言："一个人之为女人，与其说是天生的，不如说是形成的。"② 作者在第二卷第四部"女性形成"章节，使用了大量的例子来证明，父母对男孩和女孩的不同的态度，最终导致了两种不同的性别角色。约翰逊认为，女人只为女人纯粹是教育的产物，而非自然本性使然，这同女权主义者的说法完全相同。社会学者普遍认为，从幼儿时代起，社会制度和习俗倾向于将男女置于分离的领域进行熏陶和训练。通过同性之间的模仿、社会的奖励和惩罚等手段，个体的行为方式与性别定型观念取得认同，从而完成了性别角色的社会化。这样的过程往往在家庭、

---

① Robert DeMaria, *The Life of Samuel Johnson: A Critical Biography*, Oxford: Blackwell, 1993, pp. 35 - 36.
② 《第二性》，第 3 页。这个说法在书中出现过两次，另一次在第 289 页。［法］西蒙娜·德·波伏娃：《第二性》，陶铁柱译，中国书籍出版社 2004 年第 2 版。

学校和社会的共同影响下完成。①

约翰逊曾论及"偶然性"塑造不同的民族特性，文中"偶然性"指国家所处的具体文化背景。约翰逊以三种女人的命运为例展开论述：仇视男人的"女勇士"、殉葬自焚的印度妻子和纤弱温柔的欧洲女人。约翰逊没有贬低前两种女人，并指出她们并非"自然"形成的，而是具体文化环境的产物。"女勇士"最不可思议，"在某些国家，男人被排除在公众事务之外，只有女人参与战争、耕耘、跳舞和娱乐"。（YE 2：271）她们的力量和勇气，得自于环境恶劣和战争残暴。

约翰逊笔下的艾琳曾大声疾呼：

> 难道我们女人没有广阔的思想，
> 没有启人的机智，没有深邃的理智？
> 难道我们女人的胸膛不为激情怦然而动，
> 难道女人不是同样急切渴望帝国，
> 同样为了追求荣誉？（III，i，ll. 55—58）

艾琳虽然背叛了自己的宗教，但是她为女人潜能辩护的言辞，始终回荡在读者的心中。《艾琳》中男人争权夺利、钩心斗角，导致国家的衰落，反倒女人做出拯救国家的各种努力。② 在英国18世纪初期的文本中，"女勇士"的说法频频出现，并无贬义，但中期以后，语义发生了明显的变化，常与暴力相关。现代女性主义学者直截了当地指出，后来"女勇士"成为欧洲帝国主义扩张和资本主义掠夺的替罪羊。③

性别社会化的例子，在《漫步者》中随处可见。第130、133期，父母将美貌灌输到女孩价值观中，一旦因病毁容，她们无所适从；第84期，父母教导女孩，家务是她们生活的全部。在这些文章里，女孩凭由生活经验，或者借助新得知识，摆脱了最初的不良教育，逐渐形成对生活的正确理解。这恰是教育小说的模式，英国18世纪中后期的女性小说家都沿用此等套路，比如伦诺克斯（Charlotte Lennox）的《女吉诃德》和伯

---

① 王晓焰：《18—19世纪英国妇女地位研究》，人民出版社2007年版，"前言"，第7页。
② 从整个剧本来看，两个女主人公的塑造很成功，而男性则比较呆板。
③ Dror Wahrman, *The Making of the Modern Self*, New Haven: Yale University Press, 2004, p. 8.

尼的《伊夫琳娜》，更不必说奥斯丁的小说。①

《漫步者》第42、46期，尤菲利亚厌倦了伦敦生活的喧闹，且受到田园诗的影响，把乡村幻想为极乐世界，但在一次乡居生活后，体会了乡村无聊的生活。尤菲利亚开始攻击男性田园诗人，说他们并不了解真实生活，一味从古代的作者那里剽窃词句；她甚至认为古代作家也是装腔作势。认识必须来自生活经验，这也是约翰逊本人的观点。在《漫步者》和《诗人传》中，约翰逊多次指出田园生活的虚伪。《漫步者》第121期批评斯宾塞（Edmund Spenser, 1552—1599）的模仿者，第158期批评希腊颂歌的模仿者，均为极好的例子。

社会学家使用"性别角色"来强调性别的社会和心理差异，而不是生理的差异。他们认为，男女生活在具体的社会文化中，这些文化对于男女的性别角色有一定的期待和规定，男女在日常行为中都会有意识或者无意识地遵循某种行为规则。《漫步者》中4篇相关联的文字（第113、115、119、167期）持续讨论理想的婚姻②，更体现了约翰逊对于性别角色的态度。哈蒙涅斯和谭奎丽拉寻找意中人，屡屡受挫，最后两人终成眷属。在第113期中，哈蒙涅斯遇到两个女人，第一个像男人一样的机智、勇敢、自信、果断，用哈蒙涅斯的话说，"由于自然的惠顾，她不像一般女人的那样感情脆弱和胆小怕事"。哈蒙涅斯震惊于这个女人不顾阻挠、坚持己见的精神，一度决定跟她结为连理。另一个颇似学究，饱读诗书、能言善辩，哈蒙涅斯曾经为之倾倒。这些不够"自然"的品质，如勇敢、固执、思辨和学识，反倒成为吸引人的魅力。

第119期中，谭奎丽拉已经变成了老处女，却不后悔自己的选择，因为年轻时也经历了30多次花前月下的约会。仿佛是对哈蒙涅斯的做法以牙还牙，谭奎丽拉拒绝了许多男性征婚者。第一个恋人仪表堂堂、风度翩翩，谭奎丽拉一度为之倾倒，不久发现他不仅娘娘腔，而且胆小怕事，甚至一个小老鼠都会让他魂飞魄散。谭奎丽拉也曾同一个花花公子相识，此人甜言蜜语、殷勤周到，顿时打动她的芳心。不久谭奎丽拉发现，他在服饰上太挑剔，并不是真正地爱慕自己。此外，谭奎丽拉描绘了一些财迷心

---

① Felicity A. Nussbaum, "Women Novelists 1740s – 1780s", in John Richetti, ed., *English Literature*, 1660 – 1780, Cambridge University Press, 2005.

② 四期连续讲述一个故事，这是《漫步者》唯一的例子。

窍，耽于美食的饕餮之徒。

上文的哈蒙涅斯和谭奎丽拉都很挑剔，但约翰逊并没有贬低他们，相反，一直标榜他们不抱偏见。男女间存在一些性别角色差异，但他们拒绝伴侣的理由，不外乎做作、自私、贪婪或者缺乏同情和慷慨，这些缺点不仅属于女人，同样也属于男人。当然，约翰逊反对完全跨越性别角色的行为举止。《漫步者》第115期，哈蒙涅斯的另一个追求者卡米利亚，鄙视女人的琐碎和无知，大肆贬低女人，刻意成为一个绅士。她"背叛了女人，逃到男人那里寻找庇护"。甚至连正在寻找妻子的哈蒙涅斯也感叹："很快，任何新意都消失得无影无踪，有谁能够忍受这样的不自然呢？"约翰逊显然也不能认可卡米利亚，"像男人般粗鲁，但不具男人的力气；一似女人的无知，却丧失女人的温存"。（YE 4：249—250）

诚如哈德逊所说，约翰逊认可某些女性特有的性别角色，这一点不同于激进的女权主义者，后者主张，男女没有任何性别差异。[①] 如前面《漫步者》第170、171期中，约翰逊动情赞美和感叹女性特有的品质：同情和温柔，虽然这些导致了悲剧。《漫步者》第18期，当女人论证自己的合理性时，她们"不求助于古代的作家，而是求助于情感，这样的做法更加有效。无论苏格拉底或者欧里庇得斯，他们如何能战胜女人温柔的叹息，或者美人的泪珠。哪怕最严厉、最不通情达理的法官也要暂时停下判决"。（YE 3：98）只要不是极端的女性主义者，谁能否认男女间存在生理和心理差异，而这些差异也许会相应地影响社会、政治和经济等方面的事务。

二 女性的悖论：欲望和奢侈

1757年，英国的道德论者约翰·布朗（John Brown）出版了《社会风尚和原则的思考》一书，民众中传诵甚广。布朗谴责社会的暴虐压迫和钻营苟安，其中弥漫着"一种虚伪的、奢侈的和自私的女流气"（A vain, luxurious, and selfish effeminacy）。[②] 原文三个形容词（虚伪的、奢

[①] Nicholas Hudson, *Samuel Johnson and the Making of Modern England*, Cambridge: Cambridge University Press, 2003, pp. 71–75.

[②] John Brown, *Estimates of the Manners and Principles of the Times*, London, 1757, p. 29.

侈的和自私的）都用来修饰女流气。在他看来，除了身体和服饰外，当时的男女已经没有区别，男人越来越像女人一样堕落。布朗的真正目标并非女人，其时正值"七年战争"初期，英国屡遭军事挫折。民众已习惯于富足欢娱的生活，面对战争失利，听到大难将至的悲呼，感触颇深。布朗将个人担忧投射到两性角色的混同中，这凸显出一个奇特逻辑：奢侈、欲望和女性。

请看约翰逊的解释："写作是男人的天赋，他们将生活不幸转嫁到女人头上。不论严肃者或轻浮者，都不假思索地谴责或者嘲讽女人的愚蠢和轻浮，野心和残酷，奢侈和欲望。"（YE3：98）所谓"奢侈"，其实是市场繁荣所引发的消费热。《漫步者》第66期，舆论指责妇女追求服饰等琐碎玩意儿，约翰逊认为，这是社会对女人的不公。文章一开始就点明，根除人们的激情是荒谬的，世俗快乐并非微不足道。约翰逊倡言，激情乃是人生不可或缺的，并入手来证明欲望的合理性。他告诫道德说教者，"不要苛责他人，我们自己未尝没有虚荣心。无限夸大某种区区美德，或者别有用心地鼓吹一些无谓操守，这是扭曲事实、滥用理性。每个人都有义务追求美德和幸福，不要将莫须有的道德观念强加于人，蛊惑涉世未深的心灵"。（YE3：353）据史雷尔夫人回忆，约翰逊爱护穷人，他热切地希望，穷人也得到快乐，有人说，掷给一个叫花子半便士，有什么意思？他还不是立刻拿去换成烟酒，吃喝完事。约翰逊说："他们为什么要放弃生存唯一的乐趣呢？禁止他们追求快乐，实在是非常野蛮的行为，以我们自己的标准去衡量别人，也太粗鲁。"①

约翰逊肯定本能和欲望，这体现了英国思想界的一股潮流。此种观点始自霍布斯（Thomas Hobbes）的欲望理论，中间经曼德威尔（Bernard Mandeville）大肆宣扬，最终被亚当·斯密上升到政治经济学高度。洛克从人性论出发，认为幸福即是个人欲望的满足。约翰逊的说法与之颇为相似："幸福是从一个欲望到另一个的过程，而非从一个满足到另一个满足。"休谟认为，在指导人的意志和行为方面，情感是主人，理性总要服从情感。他断言，仁爱的本性永远不能胜过和克服自私本性。18世纪的道德论者，无法摆脱激烈竞争的资本主义现实，不得不肯定

---

① 转引自［英］包斯威尔《约翰逊传》，罗珞珈、莫洛夫译，中国社会科学出版社2004年版，第74页。

利己本性。

18世纪英国社会富足安逸，妇女，至少部分中等阶层的妇女，可以从生产中解脱出来。《漫步者》里的女人不停地穿梭在舞会和剧院间，逍遥地生活于购物和打牌中，仿佛这些是她们生活的全部。实际上，女人的处境也很尴尬。一方面社会鼓励她们消费，另一方面，道德家谴责她们追逐奢侈。女性作家的道德立场同样矛盾，她们尽可能置身所谓的"女性堕落"之外，而其收入又得益于市场带来的小说、期刊行业之繁荣。既要让妇女参与公共生活，同时又不要让她们"堕落"，复杂的道德境况使得女性作者不敢做出简单的道德判断，有时大力提倡女性修养和持身会引起批评，难脱虚伪之嫌。

欲望问题是当代18世纪文学研究的重要话题。一般认为，在18世纪初期以前作品中较少掩饰欲望的话题。但中期以后，这些欲望成分逐渐被剔除，替而代之的是道德问题的讨论。以英国小说为例，17世纪末到18世纪40年代之间，作家经常表达性欲的话题，诚如黄梅在《推敲"自我"》中所说，"贝恩的后继者"的共同点是，"不论是写讽刺性秘史，还是写爱情罗曼司，都聚焦于越轨的情爱和女性激情，致使当代学者讨论她们的创作也往往着眼于'情爱'问题"。[①] 此后，人们似乎不再担心女人的欲望问题。且不说理查森的《帕梅拉》和《克拉丽莎》，也不说大量的行为指南类的书籍，就连此前热衷写"越轨的情爱和女性激情"小说的海伍德也发生了巨大的变化，她甚至在后来的小说中不再使用自己以前的名字，这是很有象征意义的。[②] 学者对于海伍德的变化有着各种各样的说法，黄梅在其专著中的两点看法很有见地。第一，海伍德后来的作品与其说是社会、政治和道德表态，不如说是为了迎合市场的需要；第二，这也体现出理查森、菲尔丁等小说家的写作实践对于女性作家的影响，所谓的"锻造之功"。[③] 的确，18世纪男性小说家秉承18世纪以降道德教化的传统，进一步奠定了此后文学创作中的道德倾向。

不过，欲望无法完全被道德教化取代，有时被掩饰起来，家庭内的渴

---

① 黄梅：《推敲"自我"》，生活·读书·新知三联书店2003年版，第35页。

② Felicity A. Nussbaum, "Women Novelist 1740s – 1780s", in John Richetti, ed., *English Literature*, 1660 – 1780, Cambridge: Cambridge University Press, 2005.

③ 黄梅：《推敲"自我"》，生活·读书·新知三联书店2003年版，第158—59页。

求和欲望也许是社会、经济和政治话语的委婉表达。① 从这个意义上讲，不再担心女人的欲望，其实是对这一问题的转化，以家庭道德讨论来置换欲望。《漫步者》经常表现女人日常生活中琐碎的欲求，比如服饰、家务、父母和子女的情感纠葛等；父母的建议和外在世界之间的冲突，其实也是教育风俗和女性经验世界的冲突。从社会习俗中、从女性身边琐碎的需求中，比如服饰、家务、知识和情感等因素，约翰逊考察了家庭琐事中所隐藏的欲望含义。

《漫步者》中的来信者，大多被设置为一些刚刚踏入社会的女孩，她们以自己的教育经历同社会现实比照，发现父辈的经验教训往往误导人生。在这样的文字中，约翰逊准确地把握住了女孩的心理需要。《漫步者》第 191 期，贝拉蕾娅一开始就抱怨：

> 漫步者先生，当别的女孩在舞会上同绅士翩翩起舞，姑妈却让我阅读您的文字解忧。我如何来度过这样的时光。我的姑妈说您是一位哲学家，懂得如何清心寡欲，冷眼看世界。但是，我可不想清心寡欲，更不想冷眼看世界，除非整个世界对我不理不睬。（YE 5：234）

在贝拉蕾娅看来，年长者自认为保护年轻人，实际上扼杀了年轻人的心灵。"漫步者先生，她们管了我 16 年，但是，她们的说法同我的观察恰恰相反。我不知道她们究竟是不是撒谎，也许这些年情况已经发生了变化。"（YE 5：234）两代人之间到底有哪些冲突呢？妈妈和姑妈给贝拉蕾娅灌输知识，"掌握了知识，就可以赢得博学绅士的赞赏，能够分清是与非、浅薄与深刻。而且，知识可以使我们女孩打发无聊的时光，远离低下的时尚，不会被引诱做出后悔的事情"。后来贝拉蕾娅获得自由，可以参加舞会、造访剧院、拥有自己的包厢时，读者自然想起伊夫琳娜第一次到伦敦的感受，尤其对剧院和加里克的赞美。② "漫步者先生，您可以想一想，姑妈和妈妈真是一派胡言。"学识对她一无用处，如果不是贝拉蕾娅

---

① 近来批评者认为，只关注家庭生活的道德讨论，其实是一种逃避，甚至有学者认为，这是用中产阶级的意识形态取代女人的欲望，参见 Marea Mitchell and Dianne Osland, *Representing Women and Female Desire*, Basingstoke：Palgrave Macmillan, 2005, pp. 9 – 11。

② Frances Burney, *Evelina*, Stewart J. Cooke, ed., New York：W. W. Norton & Company, 1998, p. 20.

及时放弃斯文,也许会失去一个好的舞伴。"记得有一次因为我谈论德莱顿的悲剧理论,他躲到另一个包厢里。"(YE 5:236)

在获得自由之前,妈妈和姑妈教导贝拉蕾娅躲避男人,而且这样的教育一度起作用:"我不敢正视男人的脸。她们灌输给我一种印象:男人最危险,一旦被他们盯住,就要大难临头,或者身败名裂。"除了自己身边的佣人或者裁缝,贝拉蕾娅很少听到别人赞美她的美貌。"妈妈也从来不说类似的话。只是偶尔讲一句,然后就谈论手工或者学习。"(YE 5:235)后来她才知道,自己受到男人的宠爱,都得益于美貌,"我以前从来不知道美貌居然有这样的作用。她们隐瞒真相,难道不是居心叵测么?……她们所谓现实的世界,在我看来仿佛一个虚构的世界"。(YE 5:238)约翰逊也批评过女人对美貌的依赖,比如《人间愿望多虚妄》。(参见 YE 6,本诗第 319—330 行)比较而言,这两期中他并没有讽刺贝拉蕾娅。贝拉蕾娅的"抗议"或许有偏激之处,但是读者很容易认同贝拉蕾娅,而不是她的监护人。

贝拉蕾娅的个性张扬,同 18 世纪中期的道德文字恰成对比。当时民众对妇女的公共行为忧心忡忡,布鲁克(Frances Brooke,1724—1789)的小说《旅行》(*The Excusion*,1777)和谢里丹(Richard Sheridan,1751—1816)的剧本《造谣学校》(*The School for Scandal*)都嘲讽上层甚至中等阶层妇女的奢侈行为。流行的行为指南要求女性刻意表现出天生的沉默和胆怯,或者本能地回避性行为等。较之男性作家,女性作家在道德操守规劝上更加谨慎,她们多赞颂某种女性特有品质,比如谨慎和谦虚。① 然而,谦虚的意义变得越来越狭窄,专指个人品行上的脆弱,它使得女人避开自我主张。行为指南书籍在英国 18 世纪泛滥一时,同当时的文学读物、道德期刊等文字共同塑造并且规定了现代妇女的形象。

三 淑女的教育

女性形象的变迁值得思考。论者认为 18、19 世纪女人的文学形象呈现一个变化趋势:由贪婪和固执变成贞洁、沉默和顺从的女人,直到最后

---

① Frances Burney, *Evelina*, Stewart J. Cooke, ed., New York: W. W. Norton & Company, 1998, pp. 341–345.

定格为维多利亚时期典范的"家庭天使"。① 不独文学形象,甚至连女性作家都"淑女"气十足。英国 18 世纪早期,文化名流谩骂女作家贝恩(Aphra Behn)或者小说家海伍德,称之为"女浪子",而中后期的作家,从伯尼(Francis Burney)到奥斯丁,都是文坛淑女或者笔墨闺秀,均得到社会的广泛认可和称赞。

18 世纪初,笛福笔下的女主人公,摩尔也好,罗克萨娜也罢,都来自社会中下层,有的甚至出身不详。她们拥有一个共同的人生追求,成为"淑女"。为了聚敛钱财和地位升迁,她们常常被迫或者有意委身男人,顾不得说教讲理,或者其说教和临终忏悔多少让人怀疑。女主角的粗糙率直和沧桑经历,一定会引起早起读者的同感,尤其那些有"抱负"的中下层人士,比如她们的创造者笛福。到了 40 年代,理查森笔下的帕梅拉和克拉丽莎们,均来自本分人家,同样追求"淑女"身份,她们不乏一整套理论说辞,如社会秩序、美德、个人尊严和价值。或许这是小说作者的夫子自道。理查森出身低微,兢兢业业学徒 7 年,先经营印刷厂,最后成为伦敦印刷商和书商同行业会的会长。

黄梅指出,理查森洞察到笛福所面临的道德困境,改写和修正了中等阶层女性的奋斗历程:她们不必不择手段来实现欲望和野心,而要通过克服欲望和道德说教来赢得一切;也不必破坏旧的等级关系,而是调整和重建现有的社会秩序。② 18 世纪末,奥斯丁的女主人公清一色是中等阶层闺秀,如《傲慢与偏见》中伊丽莎白所说,都是"绅士的女儿"。本阶层内的人际交往和婚恋关系构成她们全部的生活内容,如何以美德和财产继承来维持社会秩序自然成为小说的关注焦点。

同理查森一样,约翰逊也聚焦中等阶层女儿的命运,他的尝试性解答是教育。不过,当时的教育观念和"两分领域"紧紧联系。传统史学认为,工业革命引起了许多社会变革,其中之一就是产生了公私的"两分领域",即家庭和工作的分割,生产与消费和再生产的分割。男性以及男性活动的相关领域(如国家、市场)等被视为公共领域而受到重视,而女性以及女性领域(如家庭、情感)被视为私人领域而遭到轻视。两分

---

① Marea Mitchell and Dianne Osland, *Representing Women and Female Desire*, Basingstoke: Palgrave Macmillan, 2005, pp. 9 – 10.

② 黄梅:《起居室的写者》,南京大学出版社 2013 年版,第 265 页。

领域与男女角色的分离相对应,形成了关于社会、劳动分工以及家庭的传统意识形态。① 当然近来的史学研究,对这样的划分法表示怀疑,但这些批评并不否认"两分领域"的存在,只是在它出现的时间上看法不同。有学者将其锁定在 16、17 世纪,实际是强调两分说法的普遍性和连续性。将男人和女人划分为截然不同的两个世界,女人的任务就是成为贤妻良母。这样的理念在英国 18 世纪并不新鲜,至少到了 18 世纪 90 年代,激进的女权主义者沃尔斯通克拉夫特(Mary Wollstonecraft,1759—1797)还以同样的理念来教育读者。②

约翰逊如何看待家务呢?在《漫步者》第 51 期,知识渊博的高奈雷娅到乡下旅游,偶然遇到了巴塞尔夫人(Lady Bustle)③,她正在腌蘑菇做蜜饯。置身在田园风景画中,高奈雷娅感叹道:"巴塞尔夫人的女儿们只会做家务。早期的生活和大好时光就这样消耗了,要知道,这样的时间一去不复返。"巴塞尔夫人鄙视书本,它只会教给女孩子稀奇古怪的文字;而她则告之以持家之道。高奈雷娅内心自然有了冲突:要不要打消好奇、放弃精神追求,而学习家庭主妇如何保存大自然的果实。巴塞尔夫人并不是一个反面的人物,她显然履行了女人的家庭职责。相对而言,在《漫步者》第 138 期中,绅士的遗孀变成了普通农妇,忘记了自己教育子女的责任,只会像商人一样挣钱,这些才是约翰逊批评的目标。

约翰逊深知社会习俗给女人强加了许多限制,因而他主张对女性教育,他常对"两分领域"的说法提出质疑,我们必须认真对待他的评论,不能过于简单化理解。上面关于贝拉蕾娅的故事,或者嘲讽知识女人,或者宣扬知识对女人的戕害,但实际生活中约翰逊并非如此。约翰逊的周围,活跃着一批女作家。读者一般只知道鲍斯威尔笔下的约翰逊,其实,许多女作家也留下诸多约翰逊的传记,尤以史雷尔夫人的传记最重要。鲍斯威尔关注男人的生活,要想知道约翰逊如何同女人交往,不妨阅读史雷尔夫人、雷诺兹小姐,也就是画家雷诺兹的妹妹,另外还有莫尔(Han-

---

① 王晓焰:《18—19 世纪英国妇女地位研究》,人民出版社 2007 年版,"前言",第 23 页。
② 米利特在《性政治》中提到,以罗斯金(John Ruskin,1819—1900)为代表的骑士派依然坚持认为,女人的任务就是用"女子特有的引导方法"为男人和家庭服务,潜移默化地对每个社会成员施以良好的影响。[美] 凯特·米利特:《性政治》,宋文伟译,江苏人民出版社 2000 年版。
③ Bustle 有"忙碌"的意思。

nah More，1745—1833）和伯尼等关于约翰逊的生活记录。

雷诺兹小姐告诉读者，约翰逊比大多数男人更加同情女人。① 蒙塔古夫人（Mrs. Elizabeth Montagu，1720—1800）是"蓝袜子"圈子里的名人，约翰逊不时出入其家，同当时重要的知识女性保持往来。对于蒙塔古夫人本人，约翰逊始终都持较高的评价："她比任何我认识的女人都了不起，因为她传播了更多的知识。"② 约翰逊同卡特夫人相识更早，他们相互敬佩对方的才华。约翰逊不仅看重其人，而且看重她的诗歌，邀请她为《漫步者》撰稿。约翰逊非常喜欢伯尼小姐，教她学习拉丁文，而且鼓励她向权威挑战，希望与之畅游苏格兰。③ 约翰逊同伦诺克斯也不是一般的朋友，他们共同从事写作和翻译。约翰逊死后，许多知名的女作家纷纷认可约翰逊对女人的态度，比如奥斯丁和伍尔夫，甚至《女权辩护》（A Vindication of Rights of Woman，1792）的作者也从《漫步者》中选文教育女性读者。④ 18世纪英国社会的性别角色很复杂，社会规范和义务的差异也很大。公共领域并非完全属于男人，咖啡馆和俱乐部属于男人，但是女人同样可以进入某些社团、集会和图书馆。

约翰逊认为，知识女性未必不是一个好妻子，这让鲍斯威尔大吃一惊。在《漫步者》第167期中，哈蒙涅斯和谭奎丽拉经历了择偶上的挫折和磨炼，都希望和配偶共同读书作文，他们相信，不同意见可以提高双方的思想情趣。"婚姻双方在智力上是平等的，他们当坦诚交流，抛开一切虚伪和掩饰，成为严肃和永久的朋友。"（YE 5：124）知识的实用性尚在其次，关键是它能丰富妇女的精神世界，来弥补婚姻生活的单调乏味。

《拉塞拉斯》是约翰逊唯一的一部小说，结尾时，纳卡娅公主打算投身教育事业。在公主看来，世俗万物之中，知识最可取；她立志掌握各门知识，将来成立一个女学者构成的研究学院。（YE 15：175）。精通各类

---

① N. Catherine Parke, "Negotiating the Past, Examining Ourselves Johnson, Women, and Gender", *South Central Review*, Vol. 9, No. 4, Johnson and Gender (Winter, 1992), pp. 71–80.

② 转引自 Paul J. Korshin, "The Johnson–Chesterfield Relationship: A New Hypothesis", *PMLA*, Vol. 85, No. 2 (Mar., 1970), pp. 247–259。

③ Bonnie Hain and Carole McAllister, "James Boswell's Ms. Perceptions and Samuel Johnson's Ms. Placed Friends", *South Central Review*, Vol. 9, No. 4, Johnson and Gender (Winter, 1992), pp. 59–70.

④ Nicholas Hudson, *Samuel Johnson and the Making of Modern England*, Cambridge: Cambridge University Press, 2003, p. 73.

知识的愿望,在英国18世纪很难实现,不过在小说中,约翰逊并没有贬抑这样的想法。《闲逸者》第26、29期描述了一个从慈善学校出来的学生贝蒂。在故事中,一些专制女人讨厌博学女士,她们鄙视并且屡屡阻挠贝蒂,或许从中可以看到18世纪50年代知识女性的遭遇。幸好贝蒂获得了500英镑遗产,成立了一个女子学校,专门提高女性的学识。某些史学家过于相信"两分领域"的提法,以为18世纪女人完全从生产领域退出。这并非历史的真实面目。且不说下层的妇女一直从事生产,就是中产阶级的妻子和女儿,也没完全从生产领域退出。她们可以从事某些职业,比如印刷、教育和作家。① 当然,实用性并不是知识或者女性教育的全部,在约翰逊看来,知识可以丰富妇女的生活,来弥补婚姻生活或者其他社会生活的单调。

　　本节的讨论主要基于《漫步者》中的篇章,如果参见鲍斯威尔的传记,约翰逊对妇女的某些说法的确值得商榷,比如关于妇女的贞节观念(*Life* ii:55.),对妇女通奸行为的谴责,以及妇女在教会中的作用等。鲍斯威尔问约翰逊:是否一次性行为上的不慎就可以决定女人的命运?约翰逊的回答斩钉截铁:女人的道德尊严全部体现在贞洁观念中。约翰逊认为通奸行为会导致财产继承上的混乱,这样的解释在英国18世纪很通行。(*Life* i:463.)② 洛克和休谟是英国论述财产权的两个重要的思想家。在洛克的分析中,妻子和女仆只不过是男性公民财产的延伸,因为"有必要使最终决定权有所归属,也就是使最终的统治者有所归属,这一责任自然落在男人的肩上,因为他们是能者,也是强者"。③ 在《人性论》中,休谟提出以财产权为中心的正义规则,这些规则被看作是现代市民社会赖以存在的元规则。④ 论述财产权时,休谟十分严肃地讨论了妇女通奸行为

---

① Anthony Fletcher, *Gender, Sex and Subordination in England* 1500–1800, New Haven: Yale University Press, 1995, p.289.

② 约翰逊时代对财产的关注,参见 Kevin Hart, *Samuel Johnson and the Culture of Property*, Cambridge: Cambridge University Press, 1999, "Introduction"。

③ 转引自[加]巴巴拉·阿内尔《政治学与女性主义》,郭夏娟译,东方出版社2005年版,第45页。

④ 麦金泰尔认为《人性论》与其说是一部哲学著作,不如说是一部政治著作。休谟在《道德原则研究》中把原来《人性论》第二、三卷所包含的政治哲学、法哲学和政治经济学等大部分重要的理论淡化和消减了,从而仅仅变成了一部狭义道德学意义上的书。参见高全喜《休谟的政治哲学》,北京大学出版社2004年版,第17页。

导致财产继承上的混乱，这同约翰逊的说法并无二致。① 约翰逊毕竟处在18世纪的英国，传统的男性中心论在他身上依然起作用，很难想象他会像当代人一样追求两性平等，激进的沃尔斯通克拉夫特也未必。在不伤害现有社会秩序的前提下谋求局部的调整，这比较符合他整体的道德理想，尤其考虑约翰逊后来的言论。不过也要看到，在性别平等上持有保守看法，比如承认性别差异的存在，甚至承认差异可以带来积极的意义，这也是谨慎合理的。在抽象的平等名义下制造许多不平等，现实生活中并不少见。极端的女性主义和男性主义实际遵循着同样的逻辑，或者说极端的女性主义不过是颠倒了的男性主义，他们拘泥于性别的二元对立和分裂。法国哲学家德里达一贯以解构闻名于世，但在性别平等问题上却很谨慎。②

---

① 休谟在讨论完政府和国际法以后转而论述"论贞操与淑德"。参见《人性论》第三卷第二章第12节。[英] 休谟：《人性论》，关文运译，商务印书馆1980年版。
② 汪堂家：《德里达》，北京大学出版社2008年版，第158—159页。

第二章

政论中的道德意涵

20世纪约翰逊研究最大的突破,就是为其"政治成分"平反。这当然得力于格林的力作《约翰逊的政治观念》,不过,格林的观点又引发了更多的争论。约翰逊写了许多政论篇什,或者说同政治密切相关的文字,可惜,一直没有引起研究者的注意。格林的专著十分详细地梳理了约翰逊在各个时期的政治评论,但涉及《议会辩论》时,也无法面面俱到地加以分析,只能选取一两个典型的例子。中国读者对约翰逊的政治评论,更是知之甚少。本章分前期和后期两个时段,分别探讨约翰逊政治观念和道德关怀。这两个时期涉及英国历史上最重要的事件,比如"沃尔波尔的统治"(Robert Walpole, First Earl of Orford, 1676—1745)、皮特(William Pitt, First Earl of Chatham, 1708—1778)和"七年战争"(1756—1763)以及18世纪后半叶的社会、政治动荡,比如"威尔克斯与自由"、美洲独立等。对这些事件的看法,不仅关乎政治观念,就文人约翰逊而言,更关乎市民社会成员的道德感,以及知识分子的良知和社会责任感。

在分期讨论之前,有必要先来厘定约翰逊的"党派"归属,这始终是一个争论不休的热点问题。约翰逊的早期传记作者称其为"詹姆士党人",史雷尔夫人和鲍斯威尔在传记中都有这样的说法,或者顽固的托利党人;维多利亚时期的学者多将约翰逊看作托利分子。维多利亚时期托利党分子如迪斯雷利和吉卜林者视约翰逊为本党的精英,对约翰逊赞不绝口,所谓"托利主义可称誉的一切都可以冠之于约翰逊"。随着约翰逊研究深入,也有学者谈及约翰逊的自由主义倾向,或者实用主义,甚至"骑墙"的态度。① 约翰逊的"托利主义",不仅关乎后两节的理解,也

---

① Donald J. Greene, *The Politics of Samuel Johnson*, 2nd ed., New Haven and London: Yale University press, 1990, p.42. 另外参见 John Cannon, *Samuel Johnson and the Politics of Hanoverian England*, Oxford: Clarendon Press, 1994, p.113。

是英国现代化进程的独特之处,值得详细讨论。

第一节 约翰逊和"托利主义"*

对约翰逊的"党派归属"产生分歧,不外乎两个原因。第一,以前人们多以鲍斯威尔的《约翰逊传》来了解这位历史人物,而不是通过约翰逊本人的作品。约翰逊和鲍斯威尔的年龄相差甚大,更不用说,他们的社会和思想背景迥异。《约翰逊传》的内容很不平衡,其记载的大多是约翰逊晚年的言谈,对约翰逊早期的经历常常语焉不详,或者转借别人的说法。难怪自 20 世纪以来,英美学界出版了大量的约翰逊传记,尤其着重介绍早年的约翰逊。另外,《约翰逊传》诸多版本之间,也存在较大出入,读者一不经意就会产生误解。① 第二,历史学家对 18 世纪常常持相互抵触甚至针锋相对的看法,这必然会影响文学研究,尤其像约翰逊这样涉及多种文类的作家。本节先介绍两种对立的史学观,然后以其为参照来界定约翰逊的"托利主义"及其道德内涵。约翰逊的"托利主义",或者说他晚年的保守立场,不尽然是纯粹的政治态度,宁可说它是针对社会转型所表现出来的一种文化或者思想态度,其伦理价值超过了政治意义。但是,19 世纪以降的"辉格史观"更多从政治"进步"的角度来阐释 18 世纪历史,将约翰逊理解为一个政治上反动保守的文人。

一 两种史学观之争

英国 18 世纪政治史争论中最重要的、最激烈的,是所谓的"辉格史观"和"纳米尔学派"的争论。"辉格史观"起源于柏克和麦考利等辉格党人的政治宣传,后来经过辉格党历史学者的阐发,已经载入英美大学的教科书,广为人知。② "辉格史观"可以简略解释如下:英国 18 世纪为两

---

* 本节曾以相同题目发表于 2011 年第 2 期《国外文学》,内容略有调整。

① Donald J. Greene, *The Politics of Samuel Johnson*, 2nd ed., New Haven and London: Yale University press, 1990, p. 42.

② 参见 YE 10: 14,编者"导论"。麦考利对鲍斯威尔《约翰逊传》的批评文章,可以参见 T. B. Macaulay, *Critical and Historical Essays*, 2 Vols., London, 1848, Vol. 1., pp. 353 – 407。麦考利本人写作的"约翰逊生平"参见 *The Miscellaneous Writings of Lord Macaulay*, 2 Vols., London, 1860, Vol. 2., pp. 262 – 303。

党争斗的时代，两党分别有自己的纲领，轮流入主政府。乔治一世和二世时期，辉格党执政，其间确立了行政权归于议会多数党领袖的原则。1760年可以算是一个"分水岭"，自小受博林布鲁克①著作《爱国君王论》(The Idea of Patriotic King)熏陶的乔治三世登基，托利党得宠，国王一意孤行推进自己的政策，结果导致威尔克斯事件和美洲独立等一系列的问题。当然这些政策及其后果，也促进了辉格党的重新兴起，这一政治派别以罗金汉姆侯爵（Charles Watson - Wentworth, Second Marquess of Rockingham, 1730 - 1782）为首，柏克乃是其代言人。柏克揭露了乔治三世的个人独裁，保证了政治重新回到君主立宪的轨道上来。辉格派的史学家以此认为，托利党代表"反动"，是后来保守党的前身，而辉格党代表"进步"，是后来自由党的前身。

但是，到了20世纪30年代，英国史学家纳米尔猛烈地攻击这样的历史观念，从而影响了以后的史学发展。有学者认为，西方史学界的1930—1970年，可以算作"纳米尔时代"，自80年代以降，纳米尔的影响才开始减弱。② 纳米尔的方法十分独特，他将研究重点锁定在1761年的下院，详尽地调查了几乎每个议员的政治状况：他们如何得到议员的位置；他们的家族究竟是托利党还是辉格党；他们所忠诚的党派是哪些，宫廷，辉格党世家，或者托利党领袖。结果证明，乔治三世并没有接受博林布鲁克的观念，他的行为合乎法律，托利党也没有重振旗鼓，乔治三世的大臣多属于辉格党一派，议会的席位也主要被辉格党把持；党派原则并不重要，两党之间可以相互通融。总之，"辉格史观"纯粹胡言乱语，当时的政客尽是浅薄之徒，一心中饱私囊，决不会为党派的意识形态所左右。③ 18世纪英国政界的党派意识，远没有今天这样深刻，所谓的"党派纪律"，也远不像今天这样严格。左右18世纪英国政客的，主要是个人和家族以往的恩怨和眼前的利益。

当然，也有学者挑战纳米尔的观点，他们认为，直到1760年乔治三世登基，托利党应该算作一个"政党"。比如，纳米尔的传记作者兼历

---

① 博林布鲁克（Henry St. John Bolingbroke, 1678—1751），英国18世纪政治家兼风流才子。

② Conor Cruise O'Brien, *The Great Melody*, Chicago: Univeristy of Chicago Press, 1992, "Introduction", p. 41.

③ J. H. Plumb, *The Making of An Historian*, Georgia: University of Georgia Press, 1988, pp. 14 - 16.

学者科利（Linda Colley）试图证明，18世纪三四十年代，托利分子在组织和政策上具有连贯性。另外，克拉克和克鲁汉克斯（Eveline Cruikshanks）将这样的连贯性，归因于托利分子对流亡在外的斯图亚特家族和"君权神授"观念的忠诚。①

这些学者对纳米尔的反击，并未击中要害，纳米尔并不否认当时存在着不同的政治团体。他强调的是，这些团体和组织，不像今天的政党界限分明、讲究原则。至少自1714年辉格党执政，到18世纪60年代初乔治三世上台，英国的政治斗争同两党的原则关系不大，宁可说是"在朝"和"在野"势力之间的较量，亦即服务于国王之内阁的辉格党权贵和那些内阁之外自谋利益的反对派之间的争执。在这段时期，如果说沃尔波尔和他的后继者，可以通过政府委任或者恩俸等手段，对辉格党分子加以控制，当时的托利党连这样的权力和威势都不具备。不妨以英国的第一任"首相"沃尔波尔为例来稍加说明。一般读者不加思索就将之归为辉格党人，因为他在1721—1742年把持英国的政坛。但由于托利党已经退出政府，辉格党内部分为若干派别，相互攻讦。沃尔波尔所依靠的力量中，除了几个辉格党团体外，大多数是代表乡绅利益的非党派议员。当他遭到弹劾时，恰恰得到这些非党派议员的帮助，其中多为托利党分子，才保住自己的位置。许多学者认为，沃尔波尔并非纯粹的党人，在某些场合他以辉格党人自称，只是为了把自己同那些忠诚于斯图亚特王朝的托利党人分开，从而赢得王室和辉格党"老帮派"的支持。②

那么，如何来看待约翰逊的"党派"归属呢？上面提到的"辉格史观"和"纳米尔学派"之争，必然影响了此后的约翰逊研究。克拉克和鄂斯伽恩－希尔（Erskine－Hill）试图证明约翰逊是一个保守的托利党人，甚至是一个"詹姆士党人"。③ 两位学者都假设，18世纪前半期，在托利党和辉格党之间，的确存在着一条政治分界线，其肇始于是否承认汉诺威王朝的合法性。因而，在他们看来，直到1745年，也就是最后一次

---

① Nicholas Hudson, *Samuel Johnson and the Making of Modern England*, Cambridge：Cambridge University Press, 2003, p. 80.

②．Lewis Bernstein Namier, *The Structure of Politics at the Accession of George III*, London：Macmillan, 1957, p. x. 另外参见阎照祥《英国政治制度史》，人民出版社1999年版，第219页。

③ J. C. D. Clark and Howard Erskine－Hill, eds., *Samuel Johnson in Historical Context*, London：Palgrave Publishers, 2002, pp. 79－145.

詹姆士党人叛乱,"托利党人"一词始终有詹姆士主义的内涵。格林站在纳米尔的立场上,反对笼统地将托利党,更不用说詹姆士党人,的说法加到约翰逊的身上。他认为,约翰逊所谓的"托利党人"所指较为明确,具体说,这一称呼用来指代"乡村绅士"(country gentleman)中的反对派。同时,约翰逊与许多辉格党分子过往甚密,也认同他们的某些政治观念。① 约翰逊是一个独立的文人,本来不必依附于任何一个标签。但当时,政客和知识分子内部分裂为不同的派别,比如以沃尔波尔为首的官方辉格派,鼓吹自由主义的辉格党反对派;另外,还有一些慷慨陈词但言不由衷的无党派主义者。约翰逊自称为"托利党人",这样可以同这些派别区分开来,畅快地表达自己的观点。当然,也不能否认,约翰逊言谈举止中经常流露出"托利主义"的情愫。

"詹姆士党人"的称呼,应根据约翰逊的时代和他自己的言行来理解。后来的学者对斯威夫特和蒲柏也冠以类似的称呼,但他们仅仅是情感意义上的"詹姆士党人"。这样的说法,倒也算是可以接受的,至少,约翰逊在谈话中的确这样称呼自己。② 约翰逊不支持信仰天主教的詹姆士二世,不相信天赋王权,也不拥护斯图亚特王室的复辟。中年以后的约翰逊,在政治上是一个极为务实的人。他认为,乔治三世所属的汉诺威王室,在事实上已经获得王位,并且在位多年,同以前的王室一样正统。(*Life* 2∶220)这一点可以同休谟的观点比较,休谟认为,政府的权威和正当,来自于长治久安,政府唯有在持久统治的过程中才逐渐得到人民的认可。③ 1745年,最后一次武装暴动失败以后,"詹姆士党人"的政治影响已经微乎其微,这是不争的事实。到了18世纪七八十年代,也就是约翰逊写作《诗人传》的时候,英国面临着新的政治危机,比如议会改革、美洲冲突和法国的威胁等,"詹姆士党人"的说法,已经失去了任何真实的历史指涉。

如果说"詹姆士党人"的提法相对容易处理,那么"托利党人"的说法则比较棘手。诚如格林所说,托利党人的所指,并非一成不变的,相

---

① Donald J. Greene, *The Politics of Samuel Johnso*, 2nd ed., New Haven and London: Yale University press, 1990, p. 233.

② W. A. Speck, *Literature and Society in Eighteenth – Century England 1680 – 1820*, London: Longman, 1998, pp. 5 – 6.

③ [英]休谟:《休谟政治论文选》,张若衡译,商务印书馆1993年版,第19页。

反，在不同时期它有不同的意涵。格林认为，1714年以后"托利党人"一词，至少蕴含三种不同的语义：其一，指"乡村绅士"中的反对派，也就是约翰逊所认同的托利分子；其二，指1760年后那些支持布特（John Stuart, Third Earl of Bute, 1713—1792）和诺斯（Frederic North, Second Earl of Guilford, 1732—1792）内阁的人；其三，指那些支持小皮特（William Pitt, "the Younger", 1759—1806）及其跟随者，或者说反对法国革命的人。[1] 鲍斯威尔的用法，介于后两者之间，这同约翰逊本人文章言谈里的"托利党人"并非完全一回事。

二 所谓"托利主义"

为了理清"托利党人"内涵的演变，不妨追溯一段英国历史。17世纪70年代中期以来，围绕着宗教和王位继承等问题，议会中的政治分歧正在日益加深，终于导致托利党和辉格党的诞生。大致而言，托利党人代表着乡绅地主的利益，主张扩大王权，限制议会的作用。他们认可英国国教，对清教徒实行镇压。辉格党中既有贵族，也有商人、金融家和自由职业者。他们要求限制王权，增强议会的权力。他们主要是较为激进的国教教徒，主张实行宗教宽容政策，但对天主教满怀仇恨。格林认为，1678—1681年，围绕着"排除法案"等问题，托利党和辉格党的确存在区别：辉格党人希望将詹姆士二世排除在外；而托利党则反对这样的做法。1688年，为了避免天主教的全面复辟，两派的领袖捐弃前嫌，联手发动政变，邀请荷兰执政者威廉来武装干涉英国政局。可是，"光荣革命"历史意义，并非一望而知的，大约100年以后，柏克在《法国革命论》（*Reflections on the Revelution in France*, 1790）中不厌其详地解释这一革命的历史意义。他认为，此后在英国建立的，不是真正意义上的君主立宪制，英国君主依然是权力的中心，政府向君主负责。这其实是洛克的主要政治主张：立法权归议会，行政和联盟权属于君主。在约翰逊、休谟、柏克等人看来，英国的政体，是由国王、上院和下院组成，相互制约和监督，国王是平衡上院贵族和下院平民的力量，既是立法机构的一部分，又是唯一的行政首脑。如果说，洛克的言辞可以代表辉格党的理论阐释，那么也要看

---

[1] Donald J. Greene, *The Politics of Samuel Johnson*, 2nd ed., New Haven and London: Yale University press, 1990, p. 13.

到，洛克的传统也同样为托利分子所接受和发挥，有时很难在两者之间作出简单的区分。①

威廉和安妮女王期间，两党有时合作，有时争吵。安妮女王病危之际，根据《王位继承法》（Act of Settlement, 1701），英国王位应当由汉诺威王室继承。以哈利（Robert Harley, 1661—1724）和博林布鲁克为首的托利党人曾企图政变，邀请流亡国外的觊觎王继承王位，但最终顾全大局，主动放弃了政变。② 所以登基之后，乔治一世痛恨哈利和博林布鲁克，"托利党人"失宠，这一称呼也就贬值。想入主中央政府的政客，被称作辉格党分子，而留在地方政府、不时地批评中央政府的，则被称为托利分子，也就是约翰逊所谓的"乡村绅士"中的反对派。从这个意义上讲，沃尔波尔是辉格党人；他的反对者，如切斯特菲尔德伯爵，或者皮特等，也都是辉格党人。

1714年以前，"乡村绅士"中还包括一些自认为是辉格党分子的人。但后来，随着沃尔波尔等人取得统治地位，"乡村绅士"中比较积极的辉格党分子，也被接纳为政府的跟随者，剩下来的政府反对者，也就是约翰逊所谓的"托利党人"。当然，其中有些"托利党人"也进入下院，但是，他们并不想跻身于高官之列，而只图保持他们在地方上的影响和身份。这些托利党分子，常常孤立不群，对政府的任何政策，都抱有怀疑的眼光。一般的职业政客来来去去，而这些托利党人，则受到选民的欢迎、常常连任。③ 约翰逊和"在野"的托利党人之间，的确存在许多共同的关注，比如要求增加选举的次数、反对消费税、反对常备军、反对腐败和恩俸问题。在议会的辩论中，这些问题常常导致托利党人和辉格党人的分歧。托利党人自以为代表了英格兰人的传统，坚信最小的政府也是最好的政府，反对殖民扩张，主张自足自给的经济模式。1756年，约翰逊曾经写过几篇同农业、民兵法案和对外殖民政策相关的文章，其中的主要观

---

① Donald J. Greene, *The Politics of Samuel Johnso*, 2nd ed., New Haven and London: Yale University press, 1990, p. 246.

② Basil Williams, *The Whig Supremacy* 1714–1760, Oxford: Oxford University Press, 1962, p. 150.

③ Donald J. Greene, *The Politics of Samuel Johnso*, 2nd ed., New Haven and London: Yale University press, 1990, pp. 9–13.

点，同托利主义的一般倾向十分契合。①

这里涉及一个重要的争论：在 18 世纪，英国经济究竟该何去何从？换言之，究竟该成为一个自给自足的国家，还是凭借航海和技术来大力发展贸易？在格林看来，约翰逊和他所谓的"托利党人"认可前一条道路。在基本看法上，官方的辉格主义者，如沃尔波尔、纽卡斯尔公爵（Thomas Pelham – Holles, Duke of Newcastle, 1693—1768)、罗金汉姆侯爵、柏克等，同托利主义者未有显著的出入。不过，应该看到，沃尔波尔等政客同一些大的贸易公司（如东印度公司、南海公司和英格兰银行等）联系颇为紧密，而这些公司都是国王特许的，所以他们也主张由国家来控制经济命脉。

格林认为，伦敦和布里斯托尔的一些独立的商人，主要指皮特，主张自由贸易，大力扩展帝国的范围。凭借着自己在东印度公司的"中间人"身份，皮特的父亲一度发家致富。1739 年，为了将自己的贸易范围扩展到南海区域，皮特又迫使政府同西班牙开战，攻讦当时的首相为"贸易的敌人"。1757 年，又是皮特，从纽卡斯尔公爵的手中，接过战争的指挥权，极大地扩充了战争的范围，并且取得了巨大的利益回报。② 从 1783 年小皮特成为内阁领袖，直到 18 世纪末，他都牢牢地控制着政治权力。而小皮特本人正是亚当·斯密的崇拜者，大肆宣传斯密的自由贸易理论。19 世纪的英国政府，放弃了原来国家控制经济的做法，取得了举世瞩目的社会成就。③ 难怪，在 19 世纪的政客看来，约翰逊和"托利党人"都是目光短浅之辈，他们的保守和固执显然阻碍了历史的进步。

鲍斯威尔推测，约翰逊的政治观念来自其父的习染，甚至有人说，约翰逊受到小学启蒙老师的影响。（*Life* 1：37）格林认为，约翰逊的托利情结，可以追溯到他早年的经历，尤其约翰逊家乡环境，这些使得他对清教徒耿耿于怀。坐落在利奇菲尔德镇的圣玛丽和圣查德教堂，在内战中被清教徒摧毁，而这些曾经是文化和文明的象征，寄寓了人们的宗教情感；利奇菲尔德镇的大户人家以及他们的邻居，也饱受内战之扰攘。64 岁时，同鲍斯威尔游历苏格兰，发现圣安德鲁教堂已经被激进

---

① 这些文章均收入《约翰逊文集》第 10 卷。
② 整个北美洲和印度次大陆都向英国开放。
③ 参见《约翰逊文章》第 10 卷编者引言（YE10：116—117）。

的宗教改革人士搞得残垣断壁、破败不堪，约翰逊"大受感触，义愤填膺"。(YE 9：4)①

不过，约翰逊周围有许多亲戚朋友，也都属于辉格党人，约翰逊同他们交往甚密。比如，16岁时约翰逊到表兄福特家做客，这极大地拓展了约翰逊的社交和思想。约翰逊的表兄年方31岁，风流倜傥，才智过人，任剑桥大学的学监，出没于伦敦，跟切斯特菲尔德伯爵也有私交。约翰逊本来只打算停留一周，结果待了一年多的时间。福特指导约翰逊的学业，并且引领约翰逊出入当地名流的宴会和闲谈。另外，在家乡或者附近地区，还有许多辉格党朋友，约翰逊常常前往参加他们的政治谈论。去伦敦之前，约翰逊已经对辉格党人的观点较为了解。约翰逊后来回忆说，"曾经有一位言辞激烈的辉格党人，我常常与之争论，但是他死后，我的托利主义也就随之淡化"。②这句话中有两点，值得我们注意。首先，约翰逊当时仅18岁，同辉格党人的争论，可以促进他的政治成熟；这些衣食无忧的人，在茶余饭后如何侈谈"自由"和"爱国"，约翰逊也算是有所领教。其次，这也说明，约翰逊的观点在辩论时会更加趋向极端，常常出乎本意。约翰逊好辩论，有时纯粹为了辩论获胜而辩论，不顾说话的内容和措辞。

在牛津大学期间，约翰逊落落寡合、孤芳自赏，对周边环境虎视眈眈、不屑一顾。约翰逊后来反省往事时说："我那时粗鲁而狂暴。别人误以为我在嬉闹，其实我是满怀怨恨。我穷困不堪，想凭借自己的文才和智慧杀出一条路来。"③ 这样的约翰逊就像一个"愤怒的青年"，而同学和朋友，尤其那些同辉格党人交往甚密的，都纷纷飞黄腾达。1737年初到伦敦之际，约翰逊曾跟"宽底派"（Broad-bottom）往来。这一派中既有辉格党人，也有托利党人，领头人物是切斯特菲尔德伯爵和利特尔顿（George Lyttelton, 1709—1773）④ 等辉格党分子。他们不满沃尔波尔政府将托利党排挤出局的做法，一心要弥合政党之间的分歧，自诩为"爱国者"。18世纪30年代，斯威夫特、蒲柏、利特尔顿、盖伊（John Gay，

---

① 现代史学认为，教堂在宗教改革之前已经遭到破坏。这类说法在当时很通行，约翰逊不必因此受指责。

② 转引自 James L. Clifford, *Young Sam Johnson*. New York：McGraw-Hill, 1955, p. 120。

③ 转引自黄梅《双重迷宫》，北京大学出版社2006年版，第69页。

④ 菲尔丁在《汤姆·琼斯》的"献辞"中对利特尔顿大加褒奖。

1685—1732）和塞维奇等诗人，都或多或少卷入到政治活动中，尤其同威尔士王子纠缠在一起，伙同"爱国者"，跟乔治二世势不两立。18 世纪 30 年代末和 40 年代初，约翰逊的争论文字同这一派文人息息相关、暗通声气。比如在《一千七百三十八》中，蒲柏借用贺拉斯来嘲讽当时的政治，而约翰逊在《伦敦》中，则以朱文纳尔为代言人表达自己的愤怒，在这首诗中，约翰逊几乎触及到所有反对派的观点。约翰逊对政府和汉诺威王室最严厉的批评，在其模拟斯威夫特风格的文字中，更是一览无余。① 这些篇什的立意同"爱国者"的观点互通声气，比如，批评政治团体之间的党同伐异，叹惋有德之士的见弃蒙羞等。② 约翰逊本人对这些经历的反思，集中表现在《诗人传》中。七八十年代，也就是《诗人传》的写作时期，约翰逊对这些"爱国"诗人的口号，自由也好，爱国也罢，都不屑一顾，无情加以驳斥。《汤姆森传》（James Thomason，1700—1748）中提到，他只匆匆读过几行《自由》（Liberty），就抛置一边。（LP 4：99）在这些"爱国者"诗人中，约翰逊对利特尔顿尤不以为然，引起当时文学圈子的哗然。

1741—1744 年，约翰逊从事《议会辩论》写作，对政治内幕的了解越来越多，能够更加全面地观察历史并客观地表达自己的观点。凯夫要求自己的《绅士杂志》尽可能如实反映当时的政局，以区别于对手《伦敦杂志》。比如在《议会辩论》中，有一段首相沃尔波尔自辩的文字，其中没有任何诋毁贬损之意。"爱国者"于 1741 年 2 月提出动议，要求国王永远罢黜沃尔波尔。他们没有得到托利党人的支持，后者认为，这样做有失公正、卑鄙下流。事后，辉格党人讥笑托利党人背叛"爱国者"，讥之为"尔等鼠辈"（Sneakers）。③ 在约翰逊看来，沃尔波尔的人品和政治手法，遭到质疑和谩骂，但是这些指控往往缺少证据。当然，那时政府的支

---

① 主要指《诺福克的预言》（Marmor Norfolciense，1739）和《为"剧院审查者"辩论》（A Compleat Vindication of the Licensers of the Stage，1739），参见第二节。

② James L. Clifford, Young Sam Johnson, New York：McGraw‐Hill, 1955, pp. 216‐219. 作者指出，这一时期约翰逊同塞维奇交往密切，两篇猛烈攻击政府的文字显然受到了后者的影响。

③ 转引自 Donald J. Greene, The Politics of Samuel Johnson, 2nd ed., New Haven and London：Yale University press, 1990, pp. 123‐124。

持者和反对者，都是辉格党人，所以很难断定，究竟约翰逊站在哪个立场上。① 沃尔波尔被逐出政坛后，"爱国者"上台，新政客们争名夺利依旧。在约翰逊和他的同时人看来，"爱国者"之所为，同首相的腐败相较，有过之而无不及。所以，当时的英国民众已经抛弃了政治上改革的幻想，对"爱国"的热情和吹捧，也就告一段落。②

约翰逊逐渐摆脱了辉格党反对派的影响，进一步树立起自己的"托利主义"。他在《英语词典》中对"托利党人"的定义强调了两点，即忠于"古有的宪制"（the ancient constitution），从属并效忠于国教。先来说一说国教问题。约翰逊相信国教，欲保持国教在国家政治中的地位，这是他一生不变的信念。约翰逊晚年第 4 次修订《英语词典》时，增加了许多为国教辩护的条目和引文。即使在最极端的文字中，约翰逊也从来不攻击教会人员。如果说字典中的说法尚不足以表明约翰逊的观点，那么在鲍斯威尔的纠缠下，他曾经谈过两党关于宗教问题的区别："在宗教问题上，两党的看法不相同。托利党人不赞成给牧师太多权力，但希望他们将自己的势力建立在民众对其评价的基础上。而辉格党人则出于妒嫉的心理，主张限制教会人员的权力。"（Life 4：117—118）③

约翰逊坚信，国教乃是中道：不像天主教总是充满迷信，也不像不从国教者那样诋毁宗教传统，过度重视个人体验；他尊重国教中的等级制度。（Life 4：197—198）这些恰恰是神职权威和秩序的象征，故不难理解约翰逊对清教徒不屑一顾。社会动荡时，人人都可以宣扬不成熟的思想，不惟举之于口、笔之于书，还随意成立宗教组织，肆意向别人灌输自己的观念。这是约翰逊担心的，恰如他在《布道》中所说："秩序的瓦解，将会给社会带来灾难，使人们陷于恐慌。"（YE 14：245）约翰逊认为，应该由国家来管理宗教和公民的宗教事务，"不仅管理人们的财产，还有宗教事务。市民生活中的缺陷，可以由宗教来弥补"。"所以，管理者的首要任务，就是在民众中传播一种宗教精神。"（YE 14：256—257）约翰逊

---

① Folkenflik, "Johnson's Politics", in Greg Clingham, ed., *The Cambridge Companion to Samuel Johnson*, Cambridge: Cambridge University Press, 1997, p. 105.

② Paul Langford, *A Polite and Commercial People: England 1727 - 1783*, Oxford: Clarendon Press, 1989, pp. 222 - 234.

③ 译文参考［英］鲍斯威尔《约翰逊博士传》，王增澄、史美骅译，上海三联书店 2006 年版。

曾经对鲍斯威尔说过,自己会奋不顾身地恢复国教大会(Convocation)的地位。(Life 1: 464)在约翰逊看来,国教大会的作用,一点也不亚于上院和下院。当时,辉格党故意阻挠国教大会,以此防止极端的托利分子借机进行反对汉诺威王室的行动。① 此外,约翰逊之于国教的典籍《公祷书》(Book of Common Prayer),可谓含英咀华、了然于心。当自己面临着危机时,或者当自己的朋友或者亲人去世时,他总是求慰藉于《公祷书》,取之于心,著之于口,其布道文笔力雄健、气势充沛,显然受到了这本宗教典籍的浸染。

再来说说约翰逊所谓的"古有的宪制"。在英国光荣革命之前,社会中尚未流布社会契约论、天赋人权论和人民主权说等理论说辞,只能借助"古有的宪制"观念来表达政治主张。此一观念宣称,很久以来,英国就以议会和法律习惯来制约王权或者其他违法行为。类似的说法,也见于休谟、柏克等人的著作;在《英国法律评注》(Commentaries on the Laws of England)中,布莱克斯通(William Blackstone, 1723—1783)② 进一步发挥此传统。1766—1770年,约翰逊帮助自己的朋友钱伯斯起草了《英国法律之讲义》(A Course of Lectures on the English Law, 1767—1773),以此,钱伯斯就可以合格地就任布莱克斯通离任后的法律教授职位。这件事极为保密,一直不为外界所知。1766年,钱伯斯继任布莱克斯通担当牛津大学法律教师之职。钱伯斯写作缓慢,难以应对一年60篇讲义的学术要求。此时,约翰逊的《莎士比亚戏剧集》评注已经完成,可以为朋友解围,约翰逊经常替人捉刀代笔。两人的合作很秘密,一直持续到1770年,甚至连鲍斯威尔都不曾耳闻。③ 在这些讲义中,约翰逊和钱伯斯关于"古有的宪制"的看法较为审慎,他们认为,阿尔弗雷德(Alfred the Great, 849—899)的法令,只是为了平衡国王、贵族和平民三方的力量。约翰逊和钱伯斯也承认,诺曼底征服之后,英国原来的一些法律和习俗仍

---

① Paul Langford, *A Polite and Commercial People: England 1727 – 1783*, Oxford: Clarendon Press, 1989, pp. 238 – 239.

② 在《温文尔雅的经商之民》中,朗福德对18世纪历史的断代,就是以布莱克斯通的生年为起止的,参见 Paul Langford, *A Polite and Commercial People: England 1727 – 1783*, Oxford: Clarendon Press, 1989, "Preface"。

③ Thomas M. Curley, "Johnson, Chambers, and the Law", in Paul J. Korsin, ed., *Johnson After Two Hundred Years*, Philadelphia: University of Pennsylvania Press, 1986.

然保存下来，但是，毕竟这一征服从根本上改变了英国的历史进程。始自阿尔弗雷德的"古有的宪法"，经由诺曼底征服，正在历经一个不断改善的过程，一直持续到 18 世纪。这一过程，与其说为"民主"和"正义"等原则所驱使，不如说是一系列为了政治和经济利益而达成的折中和妥协。①

三 恩俸和"立场变化"

1762 年，英国王室授予约翰逊每年 300 英镑的恩俸。这是一件令人啼笑皆非的事情，在约翰逊自己的《英语词典》中，恩俸"是一笔津贴，付给能力与之不相称的人。在英国，通常指付给政府中有卖国行为者的费用"。(Life 1: 294, 374—5) 约翰逊就此事向朋友征求意见，一夜未能合眼，但最终还是接受了。(Life 1: 372—3; 514—5) 如果鲍斯威尔的话可以相信，至少约翰逊咨询过雷诺兹。雷诺兹劝告他不必在意，这是对其文学成就的奖赏，而且字典中的定义，并不适用于他本人。同样，如果鲍斯威尔的话当真，布特勋爵也宽慰约翰逊："恩俸不是为了你将要［为政府］做的事情，而是为了你已经做出的贡献。"(Life 1: 372—3) 约翰逊被这两个理由说服了，很快就给布特勋爵回了一封感谢信。

问题没有这么简单。当时报刊对约翰逊的攻击，沸沸扬扬、气势汹汹，鲍斯威尔的传记中记载了许多类似的谩骂攻讦。② 1763 年，有人请约翰逊为政府代笔为文，约翰逊犹豫再三，甚至准备归还恩俸。③ 据鲍斯维尔记载，约翰逊多次辩解，虽然领取了恩俸，但是"我还是原来的我，我的原则没有改变"。(Life 1: 429) 约翰逊的犹豫不决和自我解释恰恰说明，他的道德感在起作用，至少作为知识分子，他不能回避良心的质问。晚年的约翰逊对此依旧不能释怀。在《德莱顿传》中，约翰逊为自己最喜欢的诗人的改宗辩护："真理和利益，并非格格不入"，有些时候，"利益和真理可以相互接纳、互通款曲"。(LP 2: 102—103) 或许，约翰逊并不认为晚年的政论文字违背了自己的道德感。

---

① Nicholas Hudson, *Samuel Johnson and the Making of Modern England*, Cambridge: Cambridge University Press, 2003, p. 140.

② Life 1: 142, 373, 429; 2: 112; 3: 64, n. 2; 3: 318.

③ Donald J. Greene, *The Politics of Samuel Johnson*, 2nd ed., New Haven and London: Yale University press, 1990, pp. xxi – xxv.

约翰逊晚年的确撰文为政府辩护，在18世纪70年代写了《虚惊一场》(*The False Fire*, 1770)、《近来福克兰群岛事务之思考》(*Thoughts on the Late Transactions Respecting Falkland's Islands*, 1771)、《爱国者》(*The Patriot*, 1774) 和《征税并非暴政》(*Taxation No Tyranny*, 1775) 等政论文章。有些学者认为，领取恩俸是约翰逊后期保守立场的根本原因。这样的观点值得商榷，诚如德玛丽亚所说，早在编写字典的时候，约翰逊已经开始认同主流的政治观念，只不过其保守主义是秘而不宣而已。① 从"秘而不宣的保守主义"到18世纪70年代"明目张胆"的保守主义，这中间约翰逊参与了《英国法律讲义》的写作，其保守主义的形成，恐怕同这段时期的著述也有一定的关系。约翰逊主要参与《英国法律讲义》理论和历史部分的写作，尤其前言、结论部分以及全书的逻辑和结构，法律条文等细节则由钱伯斯完成。约翰逊本人的法律和政治观点似乎很少体现其中，比如关于"消费税"、常备军的说法，都不同于约翰逊以前的定义。当然，有时其政治观念还是清晰可见，比如《英国法律讲义》强调国王在法律中的重要地位、偶尔批评清教徒。可以说，钱伯斯和约翰逊的目的，并非要击败布莱克斯通，而是为赢得牛津大学一份教职。而且，布莱克斯通的看法远非激进，他曾经明显地反对革命。虽然，他同意洛克关于人权的理论，但又限制这些抽象理论在现实中的应用。约翰逊希望提醒读者，一定要认真斟酌历史细节，不要妄下断语。如果说，布莱克斯通的《英国法律评注》强调议会的作用，那么钱伯斯和约翰逊的讲义则强调君主的作用，或者说强调政府的权威。如果说，布莱克斯通的《英国法律评注》珍视个人自由的重要性，那么在《英国法律讲义》中，约翰逊则更加强调社会的制度层面，而置个人权利于次要地位。②

总体来说，约翰逊的观点虽然保守但并不极端。其"保守主义"并不缺乏怀疑的精神，约翰逊批评过布特和诺斯内阁，很难说，他是格林所提到的第二种意义上的"托利党人"，即1760年后支持布特和诺斯内阁的人。在70年代写的若干篇政治争论中，约翰逊进一步来阐发这些观点，其中两篇，主要指《虚惊一场》和《税收并非暴政》，让他得了"反动"

---

① Robert DeMaria, *The Life of Samuel Johnson: A Critical Biography*, Oxford: Blackwell, 1993, pp. 232–234.

② Ibid., p. 236.

的头衔。① 写于 18 世纪 70 年代的这些文字，尽管是为朋友而写，或者为政府而作，其实也代表了约翰逊本人的观点。《虚惊一场》是为了证明下院对议员的约束力，这同《英国法律之讲义》重视制度层面的精神完全契合。约翰逊反对战争，反对殖民地的争夺，曾多次指出，某些人从历次战争中获得巨额的利润，这显然是针对皮特的。在《爱国者》中，约翰逊历数了"爱国者"这一术语在 30 年中的变迁，嘲讽有人不过以国家利益为幌子，实际为个人谋求私利。总之，这些文字同《议会辩论》以后约翰逊所持观点基本一致，并不完全成为政府的传声筒。

不必夸大约翰逊的思想立场变化。首先，他年轻时生活坎坷、经济拮据，并且受到辉格党反对派或者"爱国者"的影响。稍后，约翰逊认可了实用政治观念，而且越到老年越坚持务实的态度。另外，约翰逊和乔治三世在志趣上相投，也是一个不可忽视的因素。② 乔治三世登基，意欲摆脱辉格党权贵的束缚，故笼络当时的托利党分子，这是颁发恩俸的背景。约翰逊在"七年战争"期间，曾经写过一些反对战争、批评皮特的报刊篇什，这与乔治三世的想法不谋而合。③ 约翰逊同情国王，另有一个重要的原因。约翰逊所赞同的是立宪君主，而非君主独裁。在法律的意义上，国王的权利至高无上，而且，政府必须有一个最终的权威。毫无疑问，约翰逊认为专制独裁者应该被推翻，他并不赞成菲尔默在《父权制》中提到的"消极服从"。1714 年以后，国王的权力渐渐被辉格党权贵束缚，乔治一世和乔治二世缺乏国王的实权。乔治三世继位以后，一度被寄予厚望，甚至国内舆论都转向加强王权的宣传。④ "纳米尔学派"使得人们更全面地了解了乔治三世其人。他对科学和艺术非常热心⑤，乐意提高文人的地位，且不管其真正的用心何在，仅此一点也会博得约翰逊的忠诚。

---

① 威尔克斯（John Wilkes）攻击约翰逊的文章，可以参见 James T. Boulton, ed., *Johnson: The Critical Heritage*, London: Routledge and Kegan Paul, 1971, pp. 211－215。

② Robert DeMaria, *The Life of Samuel Johnson: A Critical Biography*, Oxford: Blackwell, 1993, pp. 245－246.

③ 正是乔治三世结束了这场战争。

④ 有关"王政思潮"一节请参见王觉非主编《英国近代史》，南京大学出版社 1997 年版，第 278 页。休谟的《英国史》就是一个例子，参见休谟的"自传"。[英] 休谟：《人类理解研究》，关文运译，商务印书馆 1995 年版，第 5 页。

⑤ Christopher Hibbert, *George III: A Personal History*, NewYork: Viking, 1998, pp. 59－62.

1767年，约翰逊与乔治三世在国王图书馆相遇，对此约翰逊津津乐道。① 1768年，约翰逊参与国王的图书收集工作。经历了70年代的社会动荡后，约翰逊更加同情王权的受挫。1783年，约翰逊致朋友的信中："你知道国内争吵不休，国外事务混乱，不要说对外的影响，就是对内，我们也没有任何安宁。至少，我认为，应该确保社会秩序和国王尊严。"② 维护社会稳定也就意味着支持政府，这也是一种道德现实主义。

更重要的是，18世纪下半叶，英国社会的动荡越来越剧烈。尤其，随着美洲问题的出现和加剧，民众骚乱、商业集团的不满和政治激进运动结合，社会中的新旧贵族和中产阶级担心恐惧起来。保守主义者不免会求助于传统的美德或者等级来反对激烈的变革。就英国而言，18世纪下半叶社会动荡，为保守主义的形成提供了一个契机，不难理解为什么约翰逊、休谟、吉本和柏克等人在社会政治立场上如此相似。③ 如第三节指出，自18世纪七八十年代以后，保守思潮和英国的现代化进程更加紧密地交织在一起。

需要特别指出的是，约翰逊毕竟不是政客，他的保守立场，不尽然是一种政治态度，不如说是针对社会转型所表现出来的一种文化或者思想态度。这可以解释，为什么约翰逊的观点既有同议会中托利党人契合的一面，也有不同的一面。不要忘记，纳米尔的研究目标乃是下院的议员，切不可以之为唯一标准来判断约翰逊的思想和作品。约翰逊从来未担任过任何政府工作，也没有参加过一次投票。可以说，克拉克的误判，就在于将文化态度等同于政治态度。史学家罗伊·波特（Roy Porter）这样评论克拉克的专著《英国社会：1688—1832》："这本书的名字叫做《英国社会》，但是根本没有提到社会历史学者探索的社会问题。"④ 在波特看来，克拉克的研究主要局限于某些社会精英的思想和文字，而忽略了一般的民众关心的问题。同样，在讨论约翰逊政治观念时，克拉克试图证明约翰逊属于盎格鲁-拉丁文化的传统，熟稔古典文学，并将约翰逊同当时这一传

---

① *Life* 2：33，480.
② 转引自 *LP* 1：167，"Introduction".
③ 麦考利、坎农等都认为约翰逊是保守主义的先辈，但是侧重点不同。
④ Roy Porter, "English Society in the Eighteenth Century", in Jeremy Black, ed., *British Politics and Society from Walpole to Pitt*, London: Macmillan, 1990, p.29.

统中的其他文化精英相互比较,由此来推论约翰逊在政治上的保守。① 这样的思路让人产生怀疑。像皮特、威尔克斯这样的政客,都受到良好的古典文学教育,其拉丁文水平不见得低于约翰逊,是否能得出同样的结论呢?②

第二节 "公众领域"中的报人

第一节介绍了约翰逊的基本政治倾向,本节从具体的篇章探究他的政治观念及其伦理内涵。逐篇讨论约翰逊的政论,没有必要,而且也不可能。本节所谓的"前期政论",主要指针对沃尔波尔政府和"七年战争"的几篇政论文字。这些篇什比较有代表性,可以看出约翰逊思想的某些变化。比如,针对沃尔波尔政府的批评,反映了约翰逊早年的"激进";另外,这些嘲讽文字,都掺杂虚构的成分,约翰逊后来对此很不满意。关于"七年战争"的评论,则尽可能追求历史真实,将事情的真相交付民众来判断,免受政府或者报刊宣传的蛊惑。这些政论文字围绕着两个相关的主题:战争和报刊自由,后期政论也同这些主题相关。本章与其说讨论约翰逊的具体政治观点,不如说探究这些观点之后的政治意涵和伦理关怀。另外,约翰逊是"资产阶级公众领域"的早期参与者,他的政论文字同英国18世纪的政治动向息息相关。

哈贝马斯认为,以资产阶级为核心的社会评论者聚集成"公众领域",这些人作为自由公民来讨论社会利益问题。他们的讨论可以形成公众舆论,公众舆论进而可以就国家事务进行批评、影响、监督和控制。首先,宫廷失去了其在公共领域中的核心地位,大城市将其文化功能承担了过来。然后,一系列新的机构,比如咖啡馆和报刊,加强了城市的核心地位。在批评过程中,一个介于贵族社会和市民阶级知识分子之间的有教养的中间阶层开始形成了。报刊关注生活的方方面面,起初,道德讨论占据

---

① J. C. D. Clark, *Samuel Johnson: Literature, Religion, and English Cultural Politics from the Restoration to Romanticism*, Cambridge: Cambridge University Press, 1994, pp. 7 – 8.

② 关于威尔克斯的教育背景,可以参见 John Sainsbury, *John Wilkes: The Lives of a Libertine*, Farnham: Ashgate, 2006, pp. 1 – 9。

核心地位，渐渐地人们开始将关注的焦点指向政治。① 近来历史学者也纷纷指出，即便是在寡头政治体制下，议会和内阁也只是权力和影响的一个来源。② 18世纪英国公众的确可以通过其他渠道，尤其报刊，对政治和公众事务施加影响。本章的第二节和第三节将报人约翰逊作为个案，来考察英国公众借助报刊参与政治的实况。

一 "愤怒的青年"

英国18世纪政论同英国内战以及此后的形势息息相关。这里不再详述内战、克伦威尔军政府和复辟时期的政论文字。"光荣革命"之后，英国卷入了两次历时很长而且开销很大的大陆战争，两党的分歧进一步增大。比如，围绕着西班牙王位继承战（1701—1713），究竟如何进行、何时停止等，双方的争论不断，笛福和斯威夫特的政治讽刺文章，都在此时面世。笛福的《对付不从国教者的简易方法》（The Shortest Way with the Dissenters, 1702），其隐含的讽刺对象是国教徒，可是面世之初，许多国教徒甚至未能看出作者的真正用意。笛福很能琢磨读者的心理，在不同的党派之间左右平衡，难怪当时托利内阁的首领哈利（Robert Harley）看重他的才能，将他收买成为得力的御用文人。当时的政府往往吸纳一些笔锋犀利的作家，比如《加图书信》（Cato's Letters）的作者菲尔丁、约翰逊朋友塞维奇和同事霍克斯沃斯（John Hawkeswroth, 1715—1773）等。哈利甚至组成一个专门为政府辩护的写作班子，斯威夫特也在其中。约翰逊极赏识斯威夫特《同盟国的行为》（The Conduct of the Allies, 1711）一文。

自1714年以后，汉诺威王朝入主英国，国内的政治背景发生了较大的变化。辉格党权贵把持大权，以沃尔波尔为首的政府，成为文人攻击的主要目标。在蒲柏等文人看来，沃尔波尔的统治不仅代表着政治腐败，也代表着道德的沦丧和文化的衰退。不过，对首相的谩骂和攻讦，更多是由于18世纪初期政坛上形成的派系之争，不仅托利分子的反对派，辉格党内部也分成诸多的集团。为政治斗争的需要，各派分别创办报纸，这进一

---

① 详见《公共领域的结构转型》第二章第五节"公共领域的诸种机制"。当然，也有人批评哈贝马斯的理想化，参见［德］哈贝马斯《公共领域的结构转型》，曹卫东等译，学林出版社2004年版，"序言"。

② Nicholas Hudson, Samuel Johnson and the Making of Modern England, Cambridge: Cambridge University Press, 2003, p. 109.

步刺激了政论文字的写作。英国 18 世纪党派报刊,成为期刊和杂志的主体。哈贝马斯认为,真正创造了具有现代风格的政治新闻事业的,是以博林布鲁克为首的托利分子反对派,他们懂得如何利用大众舆论为政治目的服务。1726 年,博林布鲁克出版的《匠人》(*Craftsman*)以及随后问世的《绅士杂志》,标志着报刊真正成为具有政治批判意识的公众的批评机构。①

18 世纪早期政论文字已经指出,沃尔波尔首相放弃了辉格主义所鼓吹的"自由",政府的行政权越来越大、越来越集中,民众的权利受到威胁。按着《加图书信》的说法,沃尔波尔故意强调詹姆士党人的潜在威胁,从而转移民众的视线。②博林布鲁克继承了《加图书信》的批评立场,成为攻击沃尔波尔的重要人物。不过博氏的批评,另有一个更加重要的目的:联合不满政府的辉格和托利党分子以便共同对抗沃尔波尔首相。博林布鲁克将社会中各种罪恶归于"伟人"的政治腐败,菲尔丁小说《大伟人江奈生·魏尔德传》(*The Life and Death of Jonathan Wild the Great*,1743)的用意也在于此。此外,博林布鲁克鼓吹"自由的精神",而不是"派系的精神",要求民众考虑"民族的利益",而不是"私利"等。这些道德评价成为反对派的政治旗号,这也说明道德话语在政论中的核心位置。

1735 年,托利反对派首领博林布鲁克逃亡到欧洲大陆,追随僭越王,自 1736 年以后,辉格党内部的"爱国者"继承了博氏的批评立场。这是约翰逊初入伦敦文坛的背景,也是约翰逊两篇政论文字的背景。《诺福克的预言》和《为"剧院审查者"一辩》两篇文章的写作相邻不过两周的时间,都是对首相的攻击,而且攻击的手法雷同。读者也许不解,约翰逊给人的印象,是一个忠诚的恩俸接受者,固执地坚持维护现状,何以早年写出这样充满共和精神的篇什,或者如克拉克所说,如此血腥的詹姆士党人的文章。

按照霍金斯的说法,《诺福克的预言》致使政府下令缉拿约翰逊,作

---

① 参见[德]哈贝马斯《公共领域的结构转型》,曹卫东等译,学林出版社 2004 年版,第三章第八节"英国发展的样板"。

② J. A. Downie, "Public Opinion and the Political Pamphlet", in John Richetti, ed., *English Literature*, 1660–1780, Cambridge: Cambridge University Press, 2005, p. 550.

者不得不躲起来。① 1676 年 8 月，首相沃尔波尔出生在英格兰中部的诺福克郡，这篇文章的攻击目标显而易见。某农夫在田间发现一块大理石碑，上面有一段拉丁文诗的预言，从而引出阐释问题。预言的翻译工作由诺福克的米西纳斯资助。米西奈斯是罗马皇帝，以资助文学和艺术而闻名。沃尔波尔过分专注于政务、社交和狩猎等活动，难得有时间看书，当时报刊和文人经常嘲讽首相不通文墨。其实，据沃尔波尔的传记作者说，他也热衷于收藏艺术品，而且颇具鉴赏能力。沃尔波尔的私人藏画不仅数量多，而且品位不俗。②

借着石碑上的铭文来暗示政治，早已经被斯威夫特在《温莎预言》（*The Winsor Prophecy*，1711）中使用，约翰逊别出心裁地添加了一个袒护首相的御用文人形象。③ 叙述者费尽心思阐释"预言"，却常常弄巧成拙。比如，他认为预言诗不涉及任何的利益之争，预言作者也不爱惜令名，且诗歌的主旨在于警告后人，"除了国王，谁会有这样博大的心灵和高贵的修辞呢"。（YE 10：29）但叙述者转而怀疑自己的结论：没有任何文献证明，国王可以预知未来；国王周围往往麇聚着诸多阿谀奉承者，他们不可能不记录国王的所作所为，这显然是批评桂冠诗人。况且国王常常被身边琐事缠绕，哪有时间考虑后人。"为后人着想"（A regard for posterity）是"爱国者"反对派在报刊上标榜的高频词。

在《为"戏剧审查者"一辩》的起始，叙述者也同样抱怨，"只有一类人最难对付，软硬不吃，一切道理都不理会"。（YE 10：55）这些人就是所谓的"爱国者"，其最大的特点是"为后人着想"，其代表人物为利特尔顿和皮特。在这里，皮特代表着约翰逊的理想人物，后来，约翰逊对皮特的看法发生了改变。叙述者以嘲讽的口吻批评"爱国者"：

> "为后人着想"的狂热，在罗马曾经弥漫一时，甚至妇孺也受到习染。迦太基灭亡之前，这样的狂热丝毫不减，而后，才日渐消沉。几年以后，人们发现了新的补救良策，总算根除了"为后人着想"的精神。

---

① 克拉克也认为极有可能，但是克拉克和霍金斯并没有提供任何证明。
② 金志霖主编：《英国十首相传》，东方出版社 2001 年版，第 7 页。
③ 在当时，嘲讽文人成为一种时尚，德莱顿和蒲柏的诗歌中，经常夹杂这样的讥笑。

但是，在英国，"为后人着想"从来没有狂热到罗马人的程度，也许只有少数几个贵族为之倾倒。它的传播，在多数地区被抑制住，至少英国的妇女不受影响。（YE 10：58）

"爱国者"标榜公众精神以对抗私利，约翰逊在《为"戏剧审查者"一辩》中也提到："我们之间拥有着共同的利益，相互依靠，不像这些'爱国者'鼓吹德性和公众精神。"（YE 10：65）另外，文中多次涉及对汉诺威王室的批评，比如国王不顾英国利益而参与大陆战争（"一匹马吞噬狮子的鲜血"），常备军问题（"红色的爬虫"），乔治二世的情事（"恣情躺在情妇的怀里"）等。这些批评经常出现在"爱国者"的文字中，不一定如克拉克所说充满"詹姆士党人"的情结。① 这里，约翰逊的笔调是讽刺的，但仍坚持以道德评价来推定政治态度。或者说，约翰逊的政治目的以外，也潜存着伦理原则，比如"为后人着想"、德性和"公众精神"。后面将专门讨论前后期约翰逊的立场变化，这里不妨先交代一句：就政治立场而言，约翰逊前后期的确有改变，然而，就伦理表态和道德操守而言，前后也不乏一致性。

由于"预言"的措辞隐晦难测，叙述者建议成立一个专门的研究机构来承担文章的阐释和解读，这显然影射政府出台的报刊"审查法"。约翰逊一本正经地建议，该机构由30位专家组成，分别从律师和军队挑选。律师精于细读，其理解往往"出乎立法者的本意"；而且一旦手头的任务完成，他们还可以为政府效力，比如充当"剧院审查者"。（YE 10：46）叙述者又进一步考虑这些御用文人的居住和薪水等问题，尤其在薪水上，约翰逊装模作样——罗列出具体数字，让读者想起斯威夫特的《小小的建议》（*A Modest Proposal*, 1729）。斯威夫特建议，在12万统计人数的婴儿中，留出2万来传种，而且还特地交代，其中四分之一应为男性，以便一个男人配四个女人使用；其他10万在一岁时上市，卖给全国各地有钱有地位的人"享用"。

从这些文字的确可以看出，约翰逊早年刻意模仿斯威夫特的风格，不过，他后来很快就放弃了这样的文风。对《格列佛游记》第四部分的夸

---

① J. C. D. Clark, *Samuel Johnson: Literature, Religion, and English Cultural Politics from the Restoration to Romanticism*, Cambridge: Cambridge University Press, 1994, pp. 168–170.

张,约翰逊心存疑虑,斯威夫特对人类理性的贬低,他尤其反感。近来的研究证明,《格列佛游记》的第四部分,由于道德原因在当时不受欢迎。时人对斯威夫特的评价很低,为其辩护者寥寥无几。贝特认为,约翰逊的性格和气质很适合嘲讽文写作,但是,他努力抵制这样的文类。在《诗人传》中,约翰逊胪列斯威夫特的许多缺点:恶毒(*LP* 3:191),易怒(*LP* 3:192),贪婪(*LP* 3:200),过于谨慎(*LP* 3:206),脾气暴躁(*LP* 3:207),怨天尤人(*LP* 3:210),没有同情心,不讲礼貌,不够体贴(*LP* 3:210—212)等。约翰逊指出,无论《一只水桶的故事》(*A Tale of a Tub*,1704)还是《格列佛游记》(*Gulliver's Travels*,1726)都可以看出斯威夫特的怪癖。甚至斯威夫特的幸福观也不同于别人,比如他和斯特拉的情感纠葛。① 约翰逊对斯威夫特风格和观点的扬弃,实际上也反映了约翰逊本人的思想逐渐成熟。

《为"戏剧审查者"一辩》显然是为报刊自由而争辩,这是约翰逊后来坚持不懈的努力。在文章中,约翰逊假借为剧院核准者辩护,实际对政府的措施进行挖苦和讽刺。自 1474 年,英国第一位印刷商威廉·卡克斯顿(William Caxton)印行第一本英文书,而后几百年,出版和印刷始终被认定是危险的行业受到严格限制。仅有伦敦、牛津和剑桥有数的几家印刷坊容许存在。英国最早的定期报纸,是 1621 年在伦敦出版的《每周新闻》(*Weekly News*),它的内容受到官方限制。1695 年,新闻许可证制度废止,伦敦和外省出现多家报纸。但是当时的运作环境仍然非常困难,报纸一旦触怒当局,随时将被查封。此外,政府开征印花税、新闻纸税和广告税,也限制了报纸的出版发行。同时统治者还以叛国罪与诽谤罪等处罚方式对报刊进行控制。②

1737 年,沃尔波尔政府颇不满剧院的戏谑演出,不得不改动法律条款,来惩罚某些剧作家对政府的影射。菲尔丁最终放弃剧本写作,就是受到《审查法》的影响,当时传言,"立法乃是针对一个人(菲尔丁)"。③

---

① David Nokes, *Jonathan Swift*, *A Hypocrite Reversed*, Oxford:Oxford University Press,1985,p. 217.

② [德]哈贝马斯:《公共领域的结构转型》,曹卫东等译,学林出版社 2004 年版,第 39 页。

③ Linda Bree,"Henry Fielding's Life", in Claude Rawson, ed., *The Cambridge Companion to Henry Fielding*, Cambridge:Cambridge University Press,2007,pp. 3 – 16.

沃尔波尔首相的提议，除了切斯特菲尔德伯爵在上院反对，在两院讨论中没有遇到任何阻碍。不过，在民众中这引起一些文人的批评。① 在亨利·布鲁克（Henry Brooke，1703—1783）②的剧本《古斯塔夫》（*Gustavus Vasa*，1739）中，瑞典民族英雄古斯塔夫（1496—1560）比丹麦篡权者更有资格来继承瑞典的王位，这显然在影射英国的政治。格林认为，舍特温德（William Chetwynd）参与了《古斯塔夫》的审查工作。此人是约翰逊家乡势力颇大的政客，他曾经是托利党人，后来为沃尔波尔首相效力。③ 约翰逊断定，此人的行为出卖了自己家乡的托利党人，故在文字中难免充满怨愤。

借助《审查法》，"以前政府必须凭正当理由才能做的，现在不需要任何借口"，（YE 10：63）这是讽刺政府为所欲为。民众和作者的追问和抨击，让叙述者留恋以前的太平日子，那时，民众只有一份官方的报刊《每日公报》可以阅读。但是，"今天的民众不满足于此，他们渴望更多的消息，而这样的行为，必然鼓舞了作家畅所欲言"。（YE 10：72）这篇文章透露出公众政治意识和报刊间的关系。英国18世纪初，公众的教育水平和政治意识显著提高了，以前的政治史研究，一般都忽视民众的政治意识，而关注贵族或者其他的社会精英。经历了17世纪40年代的动荡、50年代的克伦威尔的共和国和护国政治以及后来的复辟，民众极大地提高了政治意识。对于共和主义和自然神论的思想，当时的民众并不陌生。他们积极阅读报刊和政治宣传的小册子，在咖啡馆里讨论国事，查理二世对此极为警惕；安妮女王时期选举活动频繁，民众的政治意识也进一步提高。1694年通过的《三年期法》要求定期举行选举，其结果就是此一时期的选举竞争特别激烈。18世纪最初20年里，英国社会进行了10次大选，这是历史上前所未有的。在大选期间，公众辩论日益扩大和普及。约翰逊的家乡选举尤其热闹，民众对于党派的操控行为心知肚明。一般的乡绅也围绕着战争和和平、王位继承、国教和不从国教等问题参加讨论。所

---

① 需要指出的是，直到1968年该法规才被取消，参见耶鲁版《约翰逊文集》第10卷编者的引言（YE 10：52—54）。

② 布鲁克是18世纪英国文学史和政治历史上的重要人物，同后来的法国革命和浪漫主义运动联系在一起。剑桥文学史认为他比别人更能抓住卢梭（Jean Jacques Rousseau，1712—1778）思想的精髓，比麦肯齐（Henry Mackenzie，1745—1831）更能体现浪漫主义的本质。

③ 参见耶鲁版《约翰逊文集》第10卷编者的引言（YE 10：52—54）。

以，18世纪辉格党独霸政坛，也没有将民众完全排除在政治之外，或者，也不能将民众的政治意识一笔抹杀。

《为"戏剧审查者"一辩》最后，叙述者甚至揶揄政府，建议其干脆取消所有学校，从而杜绝思想传播的危险：

> 在这个国家，还散布着为数不多的学堂，下层民众或者贵族子弟，从小就在那里接受教育，学习充满毒素的阅读和拼写技能。他们不断地修习，结果却搅动了平静的心态，或者扰乱了国家的政策。
>
> 议会可以颁布法令，将这些小学堂全部取缔。为了让我们的后代免受教育的危险，还可以下令：凡是没有经过许可就教授阅读者，均判以重刑。(YE 10：73)

读者会联想到弥尔顿为言论自由而辩护的演说（*Areopagitica*，1644）。且叙述者征引一些诸如"自然权利"（YE 10：59）和卢梭的某些观点（YE 10：65）。约翰逊言辞激烈、不依不饶，不亚于共和主义者弥尔顿。难怪，有学者认为这篇文字可以从"共和主义者"的视角分析。[①] 如果读者只了解那个讥讽卢梭的晚年约翰逊，一定对此迷惑不解。

报刊所煽动的民众情绪，可以左右政府政策，不过，这往往不是民众直接作用的结果，而是借助其他外在因素，比如反对派的争权夺利，英国对西班牙的作战就是一个例子。在外交事务方面，沃尔波尔本质上是个孤立主义者，坚决反对英国卷入欧洲大陆的军事纷争。虽然英国与法国、西班牙多有利害冲突，但沃尔波尔仍尽量避免诉诸武力。沃尔波尔的立场是英国传统外交策略的延续，主要为了保护英国的海外贸易和维持欧洲均势。沃尔波尔在其执政的大部分时间里，使英国避开了战争的旋涡。但是，当汉诺威家族试图利用英国的力量为其在欧洲大陆的利益服务时，沃尔波尔与国王（特别是乔治二世）的矛盾便凸显出来。[②] 伦敦的金融利益集团，如皮特等人就是其中的代表人物，为了开拓更广阔的商品市场和原

---

① W. A. Speck, *Literature and Society in Eighteenth - Century England* 1680 - 1820, London: Longman, 1998, pp. 5 - 6.

② 金志霖主编：《英国十首相传》，东方出版社2001年版，第26—27页。

材料供应地,强烈要求政府采取强硬手段打击法国和西班牙。沃尔波尔政府和西班牙举行了一系列谈判。英西两国都不想以战争来解决问题,双方在谈判桌上都做出了较大让步。① 沃尔波尔原以为,这样能缓和国内的不满情绪,但辉格党内部以皮特为首的反对派野心勃勃地与沃尔波尔抗争,他们以"爱国"为口号,在议会内部煽风点火。同时,英国民众似乎也"厌倦"了较长时间的和平。一时间,整个英国弥漫着好战情绪,局势越来越难以控制。

约翰逊的早期文字中,无论《伦敦》还是上面提到的两篇嘲讽文,都充满敌视西班牙和法国的情绪。约翰逊最为"爱国"的文字可见于短文《布雷克传》,其目的在于激怒英国读者,让他们对英国的敌人同仇敌忾。此前,约翰逊曾在《利利普特国上议院之辩论》一文中,将西班牙人(文中称为 Iberian)的贪婪和残暴与英国(文中称为 Lilliput)加以比较,称颂英国人的做法可以教化远土之民,亦即美洲(文中称为 Columbia)的当地居民。约翰逊早年对战争的看法还不成熟,跟随狂热的民众一起迫使沃尔波尔加入战争。中年以后的约翰逊,再也没有犯同样的错误。不过具有讽刺意味的是,英国的失败,一如沃尔波尔所料,却成了首相本人的罪责。沃尔波尔距今已有 200 余年,但人们对其业绩仍然贬褒不一。其实,他的自白倒是比较客观的:"我不是圣人,也不是改革者。"沃尔波尔虽然缺乏政治家的远见和外交家的圆滑,但他是一个谨慎务实的首相。沃尔波尔在维护政局相对稳定的前提下,通过有限的调整,巩固社会各阶层的既得利益,提高英国的综合国力。在政治操控方面,沃尔波尔老成持国、务实干练,常标榜两条治国格言,"不要去惊动睡着的狗","人人[下院的议员]都有一个价格,都可以收买"。"光荣革命"后,下院在英国政治经济生活中的地位明显上升,逐渐成为权力斗争的中心。许多政客追随在沃尔波尔左右,无非是为了得到一官半职。沃尔波尔还巧妙地利用这层利害关系,通过权力和利益的再分配,在议会内部扶植自己的党羽,争取下院议员的支持。虽然他任首相时期英国政坛产生诸多腐败行为,但是 20 年的时间里英国社会和政局比较稳定,而且这样的政治格

---

① 1739 年 1 月签署了《帕多协定》,西班牙承诺保留英国商人在西属美洲殖民地的贸易特权,并支付一定的补偿金。

局被后来的首相佩尔姆等保持,一直持续到 18 世纪 50 年代。①

从上面文章分析,可以推断约翰逊年轻时的心态,他刚刚到达伦敦,古典文人的理想尚未实现,经济上也没有着落。② 恰在此时,他同"爱国者"的交往,尤其与塞维奇过从甚密,难免不受影响,沃尔波尔首相成为约翰逊发泄怨气的对象。③ 约翰逊早年对一些政治术语的理解,比如"爱国者"也好,"自然权利"也罢,显然不同于晚年,"愤青"约翰逊甚至将皮特当作理想政治家。随着约翰逊在政治上越来越成熟,他认识到,沃尔波尔和皮特并不是一类政客。值得注意的是,20 世纪大名鼎鼎的英国辉格派史学家特利威廉(G. M. Trevelyan,1876—1962)也持有类似的看法。④ 从早期的政论写作中,约翰逊学到了很多经验教训,对"爱国者"的行话切口,对战争宣传和报刊的煽动作用等,都获得了深刻的了解。这样的成熟不仅体现在接下来的"七年战争"报刊写作里,更体现在后期政论中。

二 "七年战争"和托利情结

1756 年 4 月到 10 月,约翰逊为《文学杂志》(*Literary Magazine*)写了一系列的文章,大约写了四五十篇,格林推测,约翰逊有可能是该刊头几期的主编。(YE 10:126—129)不管这个期刊的名字如何,它的内容的确同政治历史相关,而且,恰恰创刊于英国对法国宣战的时刻。诚如克里夫德所说,"七年战争"的文字乃是约翰逊的心声。⑤ 耶鲁版《约翰逊文集》第 10 卷,多篇选文出自《文学杂志》。在这些文章中,约翰逊试图勾勒出一个客观的历史进程,比如《大不列颠政治状况简介》(*An Introduction to the Political State of Great Britain*,1756)详细介绍"七年战争"的历史背景,而《谈当前局势》(*Observations on the Present State of*

---

① J. H. Plumb, *England in the Eighteenth Century*, London:Penguin Books, 1950, pp. 68 – 76.
② Thomas Kaminski, *The Early Career of Samuel Johnson*, Oxford:Oxford University Press, 1987, pp. 83 – 106.
③ 《约翰逊传》中,两个人在街上破口大骂沃尔波尔首相,参见 *Life* 1:162—164。
④ [英]特利威廉:《英国史》,钱端升译,中国社会科学出版社 2008 年版,第 599—600 页。
⑤ 这是克里夫德传记第 11 章的标题,参见 James L. Clifford, *Dictionary Johnson*, New York:McGraw – Hill, 1979, p. 165。

Affairs, 1756）则介绍了"七年战争"的当下进展。这显然不同于早期讽刺性政论，文章的客观和深度也非同时期历史学者和报人所能达到。① 尤其值得注意的是，约翰逊有意识将一些战争材料和政府文件公布于众，希望读者加以参考并断决真伪，这也不同于早期煽动性的文字。

从《文学杂志》第一期就可以看出约翰逊态度的变化："本报不再定期给读者提供《议会辩论》，或者以议会的辩辞来取乐民众。读者早就知道，某些刊物中的讲演或者辩论并非真有其事，作者未曾参加任何议会辩论，唯凭空杜撰而已。"② 可见，对于自己早年政论和《议会辩论》中的虚构，约翰逊已经有所反思和批评。

《大不列颠政治状况简介》一开始就点明，英国同大陆的外交关系起源于伊丽莎白时代，由于宗教的分歧，英国同大陆的天主教国家（西班牙和法国）敌对。西班牙是世界上最早进行殖民侵略的国家之一，从 16 世纪中叶开始便依靠强大的海军力量称雄世界，牢牢控制了整个国际贸易。英国不甘落后，力图扩大对外贸易，这就触犯了西班牙的切身利益。（YE 10：130）16 世纪上半叶，西班牙的专制统治和横征暴敛，不仅严重阻碍了当时在其统治下的荷兰，而且也沉重打击了英国的对外贸易。英国采取敌对措施，同时大力支持荷兰人反对西班牙统治。③（YE 10：131）1588 年，英西矛盾激化，西班牙派遣"无敌舰队"远征北上，结果铩羽而归，元气大伤。从此，西班牙一蹶不振，英国开始逐渐树立海上霸权。之后，法国国王亨利四世凭借内战后贵族的衰落，开始平衡国内的宗教冲突，国力逐渐强盛，到处占领殖民地，这是英法冲突的缘起。（YE 10：132）在文章中，约翰逊还指出苏格兰和英格兰合并的意义，否则苏格兰有可能借助法国的财力支持，不断骚扰英格兰的北部。（YE 10：133）18 世纪上半叶，英国和西班牙的矛盾再度尖锐。1701 年西班牙国王查理二世死后无嗣，西欧各国为了各自的利益，纷纷卷入由此爆发的"西班牙王位继承战"（1701—1713）。④ 1713 年，交战双方签订《乌德勒支和约》（Peace Treaty of Utrecht）。英国从西班牙和法国夺得了战略要冲直布罗陀

---

① Robert DeMaria, *The Life of Samuel Johnson: A Critical Biography*, Oxford: Blackwell, 1993, p. 186.

② Ibid., pp. 187-188.

③ 1581 年，尼德兰北方各省正式成立联省共和国，亦称荷兰共和国。

④ 英国与荷兰、奥地利、普鲁士等国结盟，法国则与西班牙和部分德意志诸侯国联手。

和纽芬兰、哈得逊湾等北美殖民地,并强迫西班牙同意英国在其美洲殖民地享有为期30年的黑奴专卖权。约翰逊指出,最初批评这一条约的辉格党人,也逐渐认识到它的重要意义:"让步妥协以求双方的发展。"(YE 10:146)《谈当前局势》是《大不列颠政治状况简介》的姊妹篇,约翰逊继续分析英法的对抗。比如他提到双方在北美的冲突,后来,因为英国同西班牙的冲突升级,最终法国不再掩饰霸权企图,正式同英国发生冲突。(YE 10:193)

上面的概括是为了体现约翰逊的历史观念,以说明他并不像麦考利所言昧于历史。① 当代史学者对于18世纪英国外交关系的分析,也和这两篇文章多有契合处。克拉克似乎不重视约翰逊在1756年的几篇政论文字,也许,这些很难纳入其"詹姆士党人"的说法中。② 此外,论者多谈约翰逊对国王忠诚,在上面两篇文字中,约翰逊批评了多位斯图亚特王朝的国王。比如,詹姆士一世"太学究、太迂腐",根本缺乏政治实践能力(YE 10:133)。约翰逊责备他忽略海军的发展,这同后来辉格党史学家特利威廉的论断如出一辙。③ 约翰逊也批评查理二世缺乏远见,对法国的崛起视而不见,且在政策上摇摆不定,最终助长了法国的霸权。(YE 10:139)约翰逊还批评了查理一世,为了同荷兰竞争,查理一世征收船税,最终导致了内战(YE 10:134)。令人遗憾的是,这篇文章戛然而止,仿佛还有些话没讲完,从此以后《文学杂志》就停止刊发类似的文章。④ 格林认为,约翰逊《文学杂志》的社论同政府"七年战争"的宣传冲突。当皮特上台后,一心要发动战争,约翰逊的辞位有所难免。

本文的背景同约翰逊晚年政论《税收并非暴政》等相关,可以看出约翰逊对殖民者的态度。如果仅从《大不列颠政治状况简介》看,约翰逊似乎站在英国的立场上,主张遏制法国的发展。但在《谈当前局势》

---

① Godfrey Davies, "Dr. Johnson on History", *The Huntington Library Quarterly*, Vol. 12, No. 1 (Nov., 1948), p. 3.

② J. C. D. Clark, *Samuel Johnson: Literature, Religion, and English Cultural Politics from the Restoration to Romanticism*, Cambridge: Cambridge University Press, 1994, pp. 188–189.

③ 格林对于史学家特利威廉的评价,也有不少曲解,参见 J. H. Plumb, *The Making of An Historia*, Georgia: University of Georgia Press, 1988, pp. 202–205。

④ 最初,约翰逊任该报的主编,后来不得不离开编辑的职位,参见 James L. Clifford, *Dictionary Johnson*, New York: McGraw-Hill, 1979, pp. 172–175。

文章的起始，约翰逊清楚地表明了自己的态度：英法双方都承认，他们间的敌意缘起于垂涎美洲，双方经常为居住地的边界、领土和河流争执。"除了武力之外，双方对这些土地都没有任何所属权。他们要么巧取豪夺，要么从美洲当地首领和平民手中将土地攫取到手。"（YE 10：186）而下面的说法，更加表明约翰逊对殖民扩张和战争的憎恨，也体现了知识分子的正义感：

> 法国和我们间在美洲的争执，其实是强盗对赃物的掠夺。不过，就像剪径者也要遵从帮规，英法的利害必得权衡，彼此之间难免尔虞我诈，而美洲印第安人，则惨遭双方之蹂躏。这就是当前的争夺背景。英法将美洲北部的领土瓜分，现在又为边界争斗。双方都企图拉拢印第安人来打垮对手，印第安人却丧失了全部的利益。（YE 10：188）

上面这篇文字，讨论"七年战争"的外部关系，其实，此时英国国内的政治关系更加复杂。1754 年，首相佩尔姆突然死亡，其兄纽卡斯尔公爵继任首相。佩尔姆完全执行沃尔波尔的国内和国外政策，而且善于调和不同势力集团的冲突，所以佩尔姆任首相的 9 年，英国社会更加稳定繁荣。纽卡斯尔公爵并不是出色的政客，一如沃尔波尔，也不是帝国主义者，眼下却面临着战争的矛盾，他束手无措、逡巡徘徊。加入纽卡斯尔公爵内阁之前，皮特曾经领导了一些抵抗政府的活动。当从反对派转为政府首脑时，皮特则采取了完全不同的措施。① 前面已经提到，在早期的文字中，约翰逊认可皮特的立场，后来才逐渐领悟了"爱国者"的实质。

约翰逊的"托利主义"有助于我们认识皮特的"爱国"立场。下面特别介绍《论"民兵法案"》（*Remarks on the Militia Bill*, 1756）和《谈〈俄罗斯和黑森条约〉》（*Observations on the Russian and Hessian Treaties*, 1756）两篇文字，它们体现了约翰逊的"托利主义"。《文学杂志》的许多内容，都同当时的议会法规相关。比如在《论"民兵法案"》一文中，

---

① M. Peters, "The Myth of William Pitt, Earl of Chatham, Great Imperialist, Part I: Chatham and Imperial Rexpansion", *Journal of Imperial and Commonwealth History*, N. 22（1993）, pp. 393 – 431.

约翰逊同民众共同商谈国家政策,且将"民兵法案"(Training Band)原文和在两院讨论的结果刊登出来,一款一款加以探讨。17、18 世纪的英国,因为战争的规模越来越大,士兵专业程度越来越高,原来的民兵组织必须加以调整。① 17 世纪内战期间,克伦威尔不满意民兵组织,重新建立了"新模范军",这支正规军在战争中取得了绝对的优势,某种意义上说,这等于英国的常备军。复辟后登基的查理二世认为,这样的武装力量,对于国家和政治都是有必要的。詹姆士二世也使用这样的武装力量来威慑伦敦,同样显示了军队的重要性。不过,从一开始常备军就受到一般民众的批评,尤其受到托利分子的批评,因为这意味着中央权力的强大。沃尔波尔政府费了很大的力气才保留了一支军队,但托利分子素来主张发展民兵组织,他们和"爱国者"一道,每年攻击常备军制度,声称它侵犯民众的权利,增加开支,要求减少军队人数等。甚至在 1745 年,"民兵组织"不能有效地抵挡詹姆士叛乱分子,也没有引起注意。"七年战争"时,战争的国际化程度大有提高,不得不来考虑常备军队问题。(YE 10:151—153)

约翰逊认为,英国财力富足,可以雇佣国外军队,不过这样的做法,常常招致托利党人的批评。故必须成立民兵组织,而不是常备军;民兵组织的控制权力,应在地方政府,由当地乡绅掌握。(YE 10:179,156)如果说约翰逊的"原则"是"托利主义",那么皮特的态度则不尽相同。1755 年,皮特在纽卡斯尔公爵麾下任职,但其看法同纽卡斯尔针锋相对,所以他唯一的选择,就是重建民兵组织,反对纽卡斯尔公爵组建常备军和购买雇佣军。但这不是皮特由衷的选择,只是争夺权力的一种姿态,权宜之计而已。当皮特掌握权力形成强有力的领导后,英国的战争机器高速运转起来,常规军迅速增长,陆军增至 10 万人,海军增至 7 万人,同时扩建了造船厂、增加了铸炮炉。到 1759 年,英国舰队的数量是法国的二倍。史学家认为,"七年战争"的胜利,不是由民兵组织而是由那些被贬低和批评的常备军和雇佣军赢得的。

同样,皮特在欧洲事务问题上也有类似的举措。《谈〈俄罗斯和黑森条约〉》是《文学杂志》的第三期,约翰逊衡量了三个互助条约的利弊。1742 年 12 月 11 日,也就是奥地利王位继承战开始之际,英国和俄国签

---

① 这支军队很少参与战争,正面作战均由皇家海军和英国在欧洲大陆的联盟军队来担负。

署了互助条约：俄国派遣 12000 人的军队保卫汉诺威，而英国必须相应保卫俄国，主要为防御法国。1755 年 6 月 18 日，英国和黑森－卡塞尔之间签署互助条约，英国出资五万四千英镑雇佣黑森的 8000 士兵，只能用于英国本土，而不可以派到海外。1755 年 9 月 19 日和 30 日又同俄国签署条约，英国答应出资 10 万英镑，俄国派遣 4 万士兵来保护汉诺威的领地。① 当时，以皮特为首的反对派，猛烈攻击互助条约，他反对让汉诺威的军队卷入英国事务中，尤其反对依赖与外国武装结盟。就这一点而言，约翰逊赞同皮特，因为此时他们都处在反对政府的立场。在《谈〈俄罗斯和黑森条约〉》中，约翰逊尽可能客观介绍反对派和政府的观点，当然，皮特等人的措辞，更加铿锵有力、令人信服。约翰逊的出发点，仍然是"托利主义"，不愿意涉入欧洲事务中；而皮特则出于使纽卡斯尔政府难堪的目的。几个月后，皮特在联合政府中掌握了政局，立即改变了立场。② 在接下来的"七年战争"中，皮特认识到德意志战场的重要性，他始终坚定地支持普鲁士的腓特烈大帝（Frederick William II, 1744—1797），战争期间，英国向普鲁士提供了高达 300 万英镑的补助金。皮特终于取得了乔治二世的信任。有了这种信任，皮特才能独断专行，才能调动整个国家机器，才能赢得战争最后的伟大的胜利。"七年战争"胜利的窍门，就是皮特相信"美洲可以从德意志赢得"，此后皮特一直坚持同普鲁士结盟来制约法国。将"托利主义"加引号，是为了提醒读者：不要把约翰逊等同于政客，或者议会中的托利党人，或者简单认为约翰逊站在反对派的立场。

通过上面的文字分析，我们可以看出，英国 18 世纪中期，报刊写作和公众讨论的确参与了政治事务。不过与哈贝马斯设想的不尽相同，当时公众并不全盘相信报纸，许多民众认为，报纸被某些小集团利用和控制，只考虑各自的政治利益。当集体性的抗议和暴力不断升级时，人们更认识到，某些报纸往往煽动民众的情绪，而非让公众得知事情的真伪。18 世纪英国公众一直关注报纸的控制和滥用问题，这更是约翰逊关心的焦点。当时报刊林立，政府往往利用报刊来迷惑民众，对此约翰逊比较警惕，在

---

① 参见《约翰逊文集》第 10 卷编者引言（YE 10：177—178）。

② Richard Middleton, *The Bells of Victory*, Cambridge: Cambridge University Press, 1985, pp. ix – x.

"贝恩事件"上的努力就是一个例子。格林指出,"贝恩事件"在英国历史上引来颇多争议,这是英国历史上最冷血的处决之一。① 约翰逊从一开始就认识到,贝恩十分无辜,成了首相纽卡斯尔公爵和海军统帅的替罪羊,用来平息公众对政府失职行为的抱怨和愤怒。

"七年战争"初期,英国的军事准备并不充分,导致许多混乱和失误。1756年有报告宣称,法军舰队准备攻击英国在米诺卡的海军基地,而英国仅少数军队在该处驻守。在没有充分军备的情况下,政府就做出了错误的决定,派了少量军队赶往地中海。贝恩于4月5日出发,途中遇到恶劣天气,5月2日才抵达目的地。而那里的长官担心,法军攻占米诺卡之后会瞄准下一个目标直布罗陀海峡,不愿意给贝恩提供任何援助。5月4日,贝恩给海军总部发回公告,说明法军的装备强大,自己的军队未必能收回米诺卡。他还提到法军下一个目标可能是直布罗陀海峡。如果不能收复米诺卡,自己将退守直布罗陀海峡。后来,在途中他与法国的军舰相遇,贝恩受重创后开始撤退。贝恩的做法并没有不妥,否则可能两处失守。②

早在1713年签订的《乌德勒支和约》中,英国政府就获得了位于地中海沿岸的米诺卡岛。岛屿的失守让民众情绪激动,政府以此为借口来处罚贝恩。贝恩被解职、逮捕并押送至军事法庭。这个军事法庭由4位将军和9位军官组成,格林认为,这些人都是有意挑选出来的,他们对贝恩充满敌意和宿怨。由于证人要从地中海和其他地区赶回国内,审判延迟至1756年12月28日。这期间,政府根本没有向英国民众公开贝恩公告内容的全部细节,却尽一切可能诋毁和责怨贝恩。政府公开的文件中存在许多歪曲事实的篡改,这显然出于别有用心的编辑和剪裁。(YE 10:227,232)正是因为这样的操作,公众的情绪更加激昂不已,甚至公开焚烧贝恩的画像。约翰逊在自己的刊物中将当时政府文件和通信公之于众,读者可以看出政府材料的漏洞百出,甚至有篡改的地方。约翰逊尽可能将事情的本来面目展现在读者面前,同时也提出自己的看法。贝恩当时正在庭审

---

① 贝恩(John Byng)之父在沃尔波尔主持内阁时曾经担任海军上将。贝恩虽然不及父亲功勋显赫,也曾屡战奇功。

② 参见《约翰逊文集》第10卷编者的引言(YE 10:213—216)。另一个英军混乱的例子,是偷袭法国港口的"罗彻福德偷袭"事件(Rochefort Expedition),参见 Richard Middleton, *The Bells of Victory*, Cambridge: Cambridge University Press, 1985, pp. 26 – 29。

中，约翰逊作为负责的报道者，希望能给读者提供全面的材料，让他们来自行判断。经历了早年的煽动性政论，约翰逊对战争的态度很谨慎。他告诉读者：贝恩以莫须有的罪名被处置，而真正的罪犯则逃之夭夭。① 随着事情的真相被披露，公众的怒火开始转向政府，不过，纽卡斯尔公爵仍能控制事态。1757年1月27日，军事法庭最终宣判贝恩"胆小怯弱、玩忽职守，未能尽职尽责"，3月14日，贝恩在海军战舰上被执行枪决。

在"七年战争"中，约翰逊开始自我反思和批评，尽可能追求如实报道。这都表明，他对公共舆论的政治影响已经相当自觉，并且意识到，其中蕴含报人的道义责任。虽然晚期政论的立场发生变化，约翰逊依然坚持知识分子的道德操守。另一方面，上述约翰逊的努力，显然没有改变事态，这也说明，公众舆论对政治的干预并不明显。根据史学家的解释，1714—1760年，辉格党贵族政府能够比较有效地控制选区和选民，民意之作用其实并不显著。② 相应地，报刊也未必真能就国家事务进行有效地批评、监督和控制。1760年以后，英国的政治格局又发生了更加复杂的变化，18世纪上半叶开创的政治模式，受到了前所未有的挑战。民众，尤其是富裕起来的中产阶级的商人，对土地贵族的政策颇为不满，民众的政治参与热情越来越高涨。这样的政治热情同某些反对派势力结合，酿成了英国政治和社会的较大动荡，"威尔克斯与自由"和美洲独立都发生在这个时期，一时间保守和激进的思潮并存。在18世纪六七十年代的英国社会中，法国大革命来临之前的征兆频频出现，这构成了约翰逊后期政论的背景。

第三节 "行话切口"背后的利益

上一节讨论了约翰逊早期政论及其伦理内涵，本节集中讨论"晚期政论"，着重分析约翰逊最有名的两篇文字，不妨说，约翰逊的保守骂名主要来自于此。比较而言，前后期的政论之间，的确存在巨大的差异。比

---

① 令人啼笑皆非的是，类似事件在一年后来的"罗彻福德偷袭"中重演，不过，这次是皮特来操控整个事件。

② J. H. Plumb, *The Making of A Historian*, Georgia: University of Georgia Press, 1988, pp. 148–149.

如，以前约翰逊总是从反对派的角度，来发表自己的看法，而在后期，则是站在政府的立场；另外，前期的约翰逊标榜"托利主义"的立场，而后期则摆出启蒙哲人的姿态，甚至批评托利党人。

不过，约翰逊的有些努力同早期政论仍旧一致，比如，反对报刊或者别有用心的宣传。晚期政论虽然受人雇佣而作，或者为朋友帮忙，但约翰逊始终没有放弃自己的政治和历史观念。早期的党派之争，此时被更大的社会关注所替代。此外，本节也来论述约翰逊思想变化同英国国内外历史语境的关联。约翰逊两篇政论，都同中产阶级的崛起以及由此而带来的政治诉求相关。商业、金融和工业的迅猛发展，创造了巨额的财富，贵族不得不将一些暴富的中产阶级商人纳入"上流社会"。

按哈德逊的说法，约翰逊的历史前瞻性超乎寻常，他界定了后来被称之为中产阶级的价值观念和社会角色。这样的说法有一定道理，不过需要指出，约翰逊对商业和商人的态度十分复杂。尽管约翰逊曾经奚落和讥讽过商人，但他深知商业对社会大有裨益。在1775年的《苏格兰西部诸岛游记》中，约翰逊屡屡赞美英国商业对落后和野蛮的苏格兰社会的影响。而且，在社会转型时期，"中等阶层"或者"中产阶级"本身尚未定型，其内部关系也极为庞杂纷乱。尽管贵族和商人相互渗透，构成英国社会生活的一大特点，但这样的渗透也并非一帆风顺。商人的实用价值观与贵族和乡绅的行为标准相去甚远。另外，新兴中等阶层内部矛盾丛生，经常在社会地位上和政治上，分化为两个派别：商人和职业人士。前者的内部还可以分为内向的商业和金融资本家以及外向的产业资本家；后者中，约翰逊仅仅是作家的代表。18世纪中期以后，社会上层把健康和财产托付于医生和律师身上；教民将灵魂交付在牧师手中；战争时，政府寄希望于海陆军指挥官。职业人士的重要性日渐显露，自然也逐渐获得了社会认可。

一 "商贩的叛乱"

18世纪六七十年代，英国社会经历了一系列的动乱，比如"威尔克斯与自由"和哥顿暴动等，这些都同商人致富后要求政治权利相关。[①] 其实，早在18世纪40年代，伦敦的商人就抱怨土地税太重。他们主张减少一些

---

① 1780年6月2日—9日，乔治·戈顿勋爵（Lord George Gordon, 1751—1793）煽动起反对天主教的骚乱。

"衰败"的选区,增加伦敦和其他一些商业城市在议会中的席位。50年代,商人、小乡绅和政治激进分子,逐渐对议会的代表制度提出质疑。60年代,这些商人纷纷抗议,他们同美洲人的贸易越来越受到政府对美洲政策的负面影响,于是簇拥成群向政府请愿,呼吁政府改变对美洲的政策。①

富足的中产阶级商人,不满自己的社会政治地位,要求议会改革,从而参与到政治权力的分配中,"威尔克斯与自由"就是一个例子。不过,威尔克斯和由此引发的"威尔克斯与自由"的政治活动,并非一件事。作为下院议员的威尔克斯,其实也是一个极为精明的商人。1763年,他为皮特等政客效力,积极宣传反对派的观点,以对抗布特内阁。② 他在其主办的报纸《北不列颠人》(North Britons)第45号上匿名发表文章,激烈地批评国王和政府。内阁下令将其逮捕,并取消其议员资格。后来,由于皮特同党的干预,大法官以政府行为破坏议会权力为由,将威尔克斯开释。同年秋天,下院又搜集威尔克斯的文章,再次以诽谤罪控告他,将其从下院除名。为躲避判决,威尔克斯逃往法国,法院以诽谤和淫秽罪对其缺席审判。③ 1768年,威尔克斯的经济条件恶化,不得不冒险返回英国来竞选议员。英国法律规定,议员不必因为债务遭逮捕。起初,威尔克斯想竞选伦敦市的议员,未有结果。后来又竞选米德尔塞克斯的议员,竟然获得成功。同年4月,威尔克斯因以前的违法行为,被罚1000英镑,且服刑22个月。在服刑期间,米德尔塞克斯发生骚乱和暴动,当地民众仍旧推选威尔克斯。1769年2月,下院通过决议,再次取消了他的竞选资格。但在后来的补缺选举中,米德尔塞克斯选民连续两次推选威尔克斯,下院以其不具资格为由,否定竞选的结果。在第4次选举中,另有选民当选,米德尔塞克斯民众认定这是政府操控所致,更大的骚乱接踵而至。

---

① Kevin Hart, *Samuel Johnson and the Culture of Property*, Cambridge: Cambridge University Press, 1999, pp. 2 - 3.

② 布特在18世纪背负骂名,但是近来史学者重新评定布特的生平,对他有了比较肯定的说法,参见 K. Schweizer, ed., *Lord Bute: Essays in Reinterpretation*, Leicester: Leicester University Press, 1988;另外,也可以参见同一作者的 *Frederick the Great, William Pitt and Lord Bute: Anglo - Prussian Relations, 1756 - 1763*, New York: Garland Press, 1991.

③ 参见《约翰逊文体》第10卷编者引言。(YE 10: 303—305)所谓"北不列颠人"指苏格兰人,威尔克斯含有嘲讽之义,因为当时的首相布特是苏格兰人。

有学者认为,这一事件的本质是商人要求政治权力,借着"威尔克斯事件"将积怨发泄出来。① 约翰逊敏锐地察觉到,商人致富必然导致新的政治诉求,一旦这些得不到满足,则有可能危及社会秩序稳定。约翰逊指出,"以前是农民的叛乱,而现在则是一帮商贩"。(YE 10:341) 这样的批评,并不意味着他完全超越了自己的阶级,宁可说是其道德和社会关注的延伸。② 或者说,约翰逊在一定程度上,至少是适度地超越了自己的阶级立场。约翰逊晚期的政论,总是流露出对商人的担心,商人一味追求利润,甚至不顾社会或者国家的稳定。③ 在《温文尔雅的经商之民》中,朗福德对中产阶级的崛起持乐观看法,史学家如克拉克并不认同。约翰逊的忧心很有代表性,当时针对暴富商人破坏传统、扰乱社会秩序的批评,常见诸报端。④

约翰逊的开场白表现出的,并不是派别的立场,而是尽可能客观、睿智,仿佛一个启蒙哲人的谆谆教导:

> 哲学思想的进步和传播,给我们的时代带来诸多益处,其中之一是,我们可以免于不必要的恐慌,不会经历莫须有的惊悚。发生在无知年代的奇怪现象,不论是有规律的抑或偶然出现的,都曾经引起巨大的恐慌,在今天,则成为心平气和的智力游戏。日食出现之际,人们不再抱怨,就如同太阳每天西落。熠熠闪烁的流星,在空中划过,人们也不必认为,这预示了世间将发生灾异。
>
> 人们期待,政治学的进步将带来类似的结果。随着理论家不懈的研究,政府管理的知识会越来越确定无疑,无缘无故的恐慌或叛乱者的暴行也会越来越罕见。

---

① Linda Colley, *Britons: Forging the Nation* 1707 – 1837, New Haven and London: Yale University Press, 1992, pp. 111 – 113.

② Brijraj Singh, "'Only Half of His Subject': Johnson's 'The False Alarm' and the Wilkesite Movement", *Rocky Mountain Review of Language and Literature*, Vol. 42, No. 1/2 (1988), pp. 52 – 53.

③ 斯密在《国富论》中也有类似的看法,参见 Adam Smith, *The Wealth of Nations*, New York: The Modern Library, 1937, pp. 249 – 250。

④ Nicholas Hudson, *Samuel Johnson and the Making of Modern England*, Cambridge: Cambridge University Press, 2003, p. 8.

不过，自然界的真理和政治社会的真理，不会被等而视之，或同样被深信不疑。在自然科学的研究者看来，人类社会似不受任何情感的影响，最坏也不过虽持偏见但无恶意，虽讲虚荣但无私心。不过，政治学的进步，却为人类情感所阻挠，我们无法对政治真理深信不疑；此外，还要受到野心、贪欲、希望、恐惧、派别分立和个人恩怨等因素的阻挠。（YE 10：317—318）

约翰逊相信，自己所处的是一个"启蒙的时代"。如果按着柏克的说法，启蒙仅仅属于法国哲人，当代学者也往往采取同样的思路来理解"启蒙运动"。① 若以这样的标准看待启蒙主义，约翰逊当然不在启蒙思想家之列。不过，狭义的启蒙观念日渐被批评。即便以法国为例，1770年以前启蒙思想家，也不一定都宣传"进步"和"平等"的。大多哲人寻找解决政治罪恶的方案极为不同，孟德斯鸠（Montesquieu, 1689—1755）赞美英国的政治体制，伏尔泰（Voltaire, 1694—1778）则夸奖君主专制。② 更何况，难道寥寥几个思想家就构成"启蒙运动"了么？研究者越来越认识到，在不同国家或者民族背景下，"启蒙运动"的具体内容，不尽相同。比如，在苏格兰，启蒙运动恰在宗教机构的支持下有序进行。③ 广义的"启蒙"，是在公众中间传播知识，培养公众讨论伦理和政治问题的能力。按此标准，约翰逊同样可以属于启蒙哲人，而且，中年以后的约翰逊，始终强调知识分子的责任。约翰逊的比喻（太阳西落和流星划空）表现出自然科学已经在民众心中扎根，民众不会像以前那样蒙昧无知。约翰逊对自己所处 18 世纪的文明，充满自豪和自信，在《莎士比亚戏剧集》评注中，他贬斥英国 16 世纪的"粗野荒蛮"，在鲍斯威尔的传记中，他也常常批评希腊罗马社会的落后状况。（YE 7：63—64）

约翰逊指出，政治学不同于自然科学，前者不得不处理一些非理性的因素，比如"野心、贪欲、希望、恐惧、派别分立和个人恩怨"。休谟、柏克等人也认为，政治学的关键在于对人性的洞察。正是因为如此，约翰

---

① Peter Gay, *The Enlightenment: An Interpretation*, Vol. 1, *The Rise of Modern Paganism*, New York: Knopf, 1966, "Introduction".

② Adam Porkay, *The Passion for Happiness*, Ithaca: Cornell University Press, 2000, p. 8.

③ Ibid., p. 9.

逊担心，别有用心者的宣传可能蛊惑民众："有些人为了自己的私利，而鼓动无知者和胆小者。"（YE10：318）约翰逊很明确地指出，某些报刊推波助澜，唯恐天下不乱。（YE 10：319）约翰逊坚信，乔治三世不同于以前的君主，有可能给国家带来新的局面。因而，他谴责民众对乔治三世不尊，朱涅斯对国王的人身攻击，尤为可恶。（YE10：342）约翰逊也批评了不从国教者参与其中，柏克的《法国革命论》也是针对这些人，比如普莱斯（Richard Price，1723—1791）。在这关键的时刻，托利者不该采取漠不关心的中立态度。（YE 10：343）这足以说明，虽然乔治三世愿意将边缘的托利党人纳入中央政府，但这些人并没有全部进入政府或内阁中。换言之，当时把握中央政权的，如诺斯等，仍是辉格党人，或者说是，格林所谓第二类的"托利党人"。约翰逊对选举中的丑陋之举和请愿行为进行了讽刺。（YE10：336）约翰逊写作此文时住在史雷尔夫妇家里面。史雷尔是下院议员，他的妻子帮助他应酬各种各样的政客和选民，操办不同的选民宴会。约翰逊目睹了选举的真实情况。① 情感作怪、私利蛊惑和派系纷争，这些都是政治智慧匮乏的表现，这篇政论意在说服民众不必"虚惊一场"。

约翰逊的这篇文字，比柏克的《法国革命论》大约早了20年，但是两者之间有着惊人的相似。柏克在《法国革命论》中认为，启蒙者的言论，如"自然权利""人民主权"等口号，最终蛊惑了法国民众，使他们热衷于谈论抽象问题。② 在《法国革命论》中，柏克批评某些锐意"改革"的法国贵族，尤其他们怂恿民众采取激进行为，最终酿成大革命的悲剧。柏克对法国国情的分析或有偏颇，不过柏克的文章，并不是完全针对法国的，而是指向英国局势而写作的。③《法国革命论》一开始，就对普莱斯的布道进行抨击，尤其批评普莱斯关于"光荣革命"的阐释，所

---

① James L. Clifford, *Hester Lynch Piozzi*, 2nd ed., Columbia: Columbia University Press, 1987, pp. 72 – 73. 当时的选举很混乱，约翰逊并非歪曲了历史。

② Edmund Burke, *Select Works of Edmund Burke*, Vol. II, Indianapolis: Liberty Fund, 1999, p. 171. 柏克尤其将目标指向无神论者，但在本文中约翰逊并未提到宗教的作用。

③ Edmund Burke, *Select Works of Edmund Burke*, Vol. II, Indianapolis: Liberty Fund, 1999, pp. 105 – 111.

谓"人民主权""选择自己的政府"等。① 约翰逊同样坚决否认选民或者任何政治实体拥有所谓的"自然权利"。约翰逊深知，诡辩可以误国，所以他揭露了"爱国者"自谋私利的真实面目。（YE 10：330）如果18世纪80年代的柏克已经感觉到英国局势不稳定，那么约翰逊的文章同样具有预见性，难怪阿诺德（Mathew Arnold，1822—1888）认为柏克继承了约翰逊的保守主义。② 法国大革命的爆发，可以说事起不测，除了某些英国人略有所预知，欧洲大陆皆有手足无措之感。法国思想家贡斯当认为，1789年革命的原因，有着压倒一切的政治性质，阶级冲突、饥荒和财政危机在其中各自扮演了应有的角色，但是后来的史学家指出，当时法国的经济状况尚未达到糟糕透顶的状况。③

在举证"下院驱除议员"的合理性过程中，约翰逊也阐明了政府和权力的形成。约翰逊认为，权力就其本质而言产生于现实需要，它在实际操作中得到扩充，并从先例中获得应有的合法性。（YE10：322，323）欧洲近代一个重要问题，就是民族国家形成时政府权力构建，由此衍生出各种各样的宪政理论。霍布斯和洛克在解释国家理论和政府权力时，都假设了一种"自然状态"。霍布斯把人类的"自然状态"描绘成充满战争和暴力的状态，洛克则把"自然状态"说成是令人神往的"黄金时代"。④ 而休谟和约翰逊都认为，这是无聊的虚构，所以不难理解，约翰逊对任何"自然权利"都无情加以批评。如果说休谟认为人类社会最初结合的力量是男女两性关系，后来扩大到亲子关系，逐渐形成范围更大、关系更多的社会，那么约翰逊的政治理论，不需要任何理论预设，他认为政府或者国家的主权乃是一切的基础。⑤ 统治者和理论家往往以"权力正义""权力契约"等说辞或者"真理"来解释权力来自正义或者民众，但是就英国

---

① Edmund Burke, *Select Works of Edmund Burke*, Vol. Ⅱ, Indianapolis: Liberty Fund, 1999, p. 102.

② ［英］阿克顿：《自由史论》，胡传胜等译，译林出版社2001年版，第154—158页。

③ ［法］贡斯当：《古代人的自由和现代人的自由》，阎克文、刘满贵译，上海人民出版社2005年版，第12页。

④ 麦金泰尔认为，洛克的"自然状态"决不是"前社会的，前道德的"，参见 Alasdair MacIntyre, *A Short History of Ethics*, 2nd ed., Notre Dame: University of Notre Dame Press, 1998, p. 157。

⑤ Donald J. Greene, *The Politics of Samuel Johnson*, 2nd ed., New Haven and London: Yale University press, 1990, p. 246.

18世纪而言,这样的"真理"何曾变成现实。也许,这样的说法在理论上很容易证明,但是在实践中往往是缺位的。① 约翰逊对此心知肚明:

> 明智的托利党人和明智的辉格党人,在政治观点上趋于一致,因为他们的原则是相同的,只是思想方法不同而已。极端的托利党人,让人们无法理解政府,因为他们的解释玄玄乎乎;而极端的辉格党人,则使政府无法实行职权,因为他们主张给予每个人太多的自由,任何人不可加以管制。托利党人倾向于维护既成权力体制;辉格党则倾向于革新权力体制。托利党并不想增加政府的实际权力,只是希望它更有威望。(Life 4:117—118)②

极端托利党人的解释"玄玄乎乎",这说明,约翰逊反对以神学理论作为政府的基础;同样,辉格党关乎"自然权利"的政府理论,无法付诸实践。在回答下院是否可以取消选举结果时,约翰逊又一次回到政治权力的根本性:如果假定政府具有强制性,同时又认为,民众可以任意拒绝这样的强制性,岂不是荒谬。(YE10:325) 在《布道词》中,约翰逊也主张最大程度地限制权力的滥用,民众可以以武力反抗滥用权力的行为。君主和民众应该懂得,社会的稳定和民众的自由,并不取决于空洞的天赋人权,而是来自两者的协商。③ 当权者要警惕滥用权力,而民众不该妄称人权。约翰逊明确指出,具体操作中难免会有滥用权力的例子,但是不能因为有这样的可能性,或者存在一些具体的例子,就否认下院的合法性。(YE10:322)。

在文章中,约翰逊并非从政治的立场出发,而是以启蒙哲人的身份切入,批评了当时流行的形而上政治话语,且指出这些说辞背后的政治和经济利益。辉格史学家特利威廉也认为,威尔克斯是一个品行不端的人,但

---

① 坎农认为约翰逊的政治观点极为实用,信然,参见 John Cannon, *Samuel Johnson and the Politics of Hanoverian England*, Oxford:Clarendon Press, 1994, pp. 113 – 115。

② [英]鲍斯威尔:《约翰逊博士传》,王增澄、史美骅译,上海三联书店2006年版,译文略有改动。

③ Donald J. Greene, *The Politics of Samuel Johnson*, 2nd ed., New Haven and London:Yale University press, 1990, p. 251.

是政府的不当行为引起民愤,而他驾驭了民众情绪,竟成为民权斗士。①文章中的"三兄弟"指皮特和其同党②,都是辉格党权贵,他们同心怀不满的商人结合,鼓动民众的暴乱行为,从而达到自己的政治目的。(YE10:337)威尔克斯的支持者,乃是伦敦市的商人团体,其中包括伦敦市市长、皮特(此时为查塔姆勋爵)和朱涅斯③。此事沸沸扬扬持续了五六年的时间,后来,议会和威尔克斯各有所得,也就不了了之。下院依然认定1768年的选举无效。另一方面,威尔克斯在服刑期间,支持者筹集大量的资金为其偿还债务;1774年威尔克斯重新被选为米德尔塞克斯的议员,后来当选伦敦市长(Lord Mayor),80年代因有效镇压哥顿暴动而闻名一时。

其实,作为报人的约翰逊和公众之间的关系,很值得玩味。哈德逊认为,约翰逊的保守主义肇始于对"公众精神"(public spirit)的怀疑,日后这一怀疑不断加深。约翰逊不相信公众可以像激进分子所宣扬的那样团结一致,至少在政治和社会观念上,晚年的约翰逊倾向于认为,社会由一群自私自利的个人组成,必须以强硬的政府和法律来规范。"公众精神"是18世纪公众舆论中的一个响当当词。哈贝马斯认为,笛福第一次真正将"党派精神"变成"公众精神",④在整个18世纪,"公众"和"人民"这样的字眼常常出现在激进主义者和民粹主义者的话语之中。比如,公众精神被誉为全心全意忠于民族利益,而非个人利益,这就将伦理道德与国家发展合二为一。用丹尼斯⑤(John Dennis,1657—1734)的话说,"公众精神"好比一个社会实体的"灵魂",一个社会没有"公众精神",就仿佛一个人被剥夺了"灵魂"。对于博林布鲁克的信徒而言,他们希冀一个没有党派的国家,因而"公众精神"的敌人就是"小集团"。沃尔波尔及其政府的罪孽,就在于不能以大公无私的精神来弘扬爱国主义和泛爱

---

① [英]特利威廉:《英国史》,钱端升译,中国社会科学出版社2008年版,第615页。

② 参见 Tobias Smollett, *Humphry Clinker*, New York: W. W. Norton & Company, 1983, p. 92。另外,这本小说有许多现实的选举场景描写,比如选举状况(p. 71)、民众挑衅行为(p. 85)等,可以同约翰逊的政论相互参照。

③ 乔治三世的批评者,朱涅斯乃是笔名,真实身份不得而知。

④ [德]哈贝马斯:《公共领域的结构转型》,曹卫东等译,学林出版社2004年版,第70页。

⑤ 丹尼斯是英国的评论家和剧作家,强调激情在诗歌中的重要性,长期与蒲柏争论。

大众的理想。沃尔波尔的格言"人人[下院的议员]都有一个价格,都可以收买"绝好地体现了私利之于国家的戕害。即便在其下台之后,《昔日英格兰》(Old England)仍然讥讽谩骂这一厚颜无耻、无聊透顶的格言。自18世纪50年代开始,城市的报刊在语调上越来越激进。在后来的几十年里,公众精神和爱国精神携起手来,反对个人聚敛钱财,要求为公众福祉尽心尽力。"伟大的平民"威廉·皮特则因为情操高尚和克尽职守得到威尔克斯的《北不列颠人》的褒奖。① 约翰逊本人于1740年为《绅士杂志》撰稿《布雷克传》,称颂布雷克"勇敢耿直,鄙视财富,忠心爱国"。同年,约翰逊还写了另一篇短文《德雷克传》,约翰逊将其塑造成为一个忠诚的爱国者、无私的领袖和虔诚的基督徒。这些文字的目的在于使沃尔波尔政府难堪,因为他们未能像布雷克和德雷克那样英勇地回击西班牙人。

这说明约翰逊始终愿意向"公众精神"呼吁。正是这种公众精神鼓舞爱国者攻击沃尔波尔政府,并且这种公众精神回荡在18世纪的政治话语中。但另一方面,约翰逊对于这种为了共同利益而大公无私的宣扬越来越不耐烦、越来越有所疑虑。这种怀疑的背后是约翰逊已经意识到资本所带来的社会变革,尤其公众精神所寄寓的美德与经济发展间的冲突。这样的冲突早已因曼德维尔的讽刺文章《蜜蜂的预言》(Fable of the Bees, 1714)而引起世人的关注。曼德维尔攻击丹尼斯的观点,他说所谓的公众精神不过是神话而已,由一帮自私自利的政客所炮制,用以操纵公众。从经济观点来看,公众无非是自私自利的;社会绝不能以公众精神来维系,须以法律和政府来抑制公众的贪欲。曼德维尔的言论引起轩然大波。人们不仅攻击曼德维尔的言论,还说沃尔波尔就是曼德维尔鼓吹的怪物。

贝特认为约翰逊深受曼德维尔影响,用约翰逊的话说,"曼德维尔开启了我的生活观念"。② 约翰逊和曼德维尔都对无私的美德报有怀疑,休谟和斯密也是如此。约翰逊承认人类动机的自私本质:"每个人都应该知道,我们的一举一动,无论勇往直前,还是忍辱负重,要么出于短期的满

---

① Nicholas Hudson, *Samuel Johnson and the Making of Modern England*, Cambridge: Cambridge University Press, 2003, p. 113.

② W. J. Bate, *Samuel Johnson*, London: Chatto and Windus, 1977, p. 101.

足，要么出于长久的回报。"① 要知道，这句话出自约翰逊的布道词。约翰逊也曾设想大众精神与社会总动员的可能性。但是，他最终将这些同报纸所激起的群众狂热相联系。极端地讲，群众狂热可以变成社会灾难。比如在《虚惊一场》中，约翰逊对米德尔塞克斯（Middlesex）选举的争执极为保守。他认为，普通百姓应该关心自己的私事，不该卷入公共事务中。可见约翰逊认识到私利才是人类行为的基础，应该在资本主义经济中合理加以开导，使之发挥作用。当然他也看到唯利是图最终导致混乱动荡，整个社会分崩离析。与曼德维尔、斯密和休谟一样，约翰逊认为，法律和政府才是解决问题的方法。在18世纪70年代的政论中，约翰逊指出，要求人们对集体大公无私是不可能的，甚至是有害的，因而公众必须将自己的意愿置于法律和政府之下，唯有这样才能确保社会的秩序和稳定。当然，在约翰逊看来，社会之维系还要依靠"公共知识"（popular knowledge），将其作为实现社会秩序的力量源泉。像我们前面提到的那样，约翰逊大力提倡公众教育，对公众进行启发。

当下的英美史学界，已经认识到"威尔克斯事件"中政治和经济关系的复杂性，并不简单地将"威尔克斯"等同于"自由"，威尔克斯本人后来也承认自己不是"威尔克斯分子"。② 商业的蓬勃发展推动了社会文明进程，而这一进程也必然伴随着各种弊病。财富愈来愈重要，而等级作用必然日减，社会秩序也会因之而动荡不安。在汉诺威王朝入主英国以后，尤其历经乔治一世和二世的统治，辉格党人和托利党人都修正了原来关于君主和议会的看法，也就是说，两派在18世纪50年代实际已经达成共识：英国的政体乃是君主立宪制，从理论上讲，君主并不是虚君，而是拥有行政、军事等方面的权力。③ 乔治三世登基后，对辉格党长期掌握政局的现状不满，试图将排挤在外的托利党吸纳到中央政府，建立一个超越派别争斗的政府。这必然会引起辉格党权贵的不满，18世纪中期的政治共识开始破裂。这不仅是"威尔克斯事件"的背景，也是美洲问题、80

---

① Nicholas Hudson, *Samuel Johnson and the Making of Modern England*, Cambridge：Cambridge University Press, 2003, p. 115.

② Linda Colley, *Britons：Forging the Nation* 1707 – 1837, New Haven and London：Yale University Press, 1992, pp. 113 – 117.

③ W. A. Speck, *Literature and Society in Eighteenth – Century England* 1680 – 1820, London：Longman, 1998, pp. 5 – 6.

年代英国议会改革的历史语境。

二 "何以奴隶主叫嚣着要自由"

美洲问题的背景，同英国国内的情况很相似，所以"不缴税就没有代表权"的说法，在大西洋两岸都得到广泛的回应。18世纪，英国不断地同西班牙和法国作战，引发了英国人的爱国热情，民众更加关注英国殖民地的利益。18世纪中期，尤其"七年战争"之后，民众更加广泛公开地谈论帝国问题。一时间，有关经济和国际政策的新看法和争论，层出不穷、喧嚣鼎沸，这些争论实际上涉及帝国的性质，尤其宗主国和殖民地的关系。"七年战争"之后，英国改变了对北美的态度，从原来的重商主义转向帝国统治，其结果必然导致美洲的独立。美洲革命问题，向来聚讼纷纭，"牛津大英帝国史"丛书第五卷，将过去30年来的美洲革命研究加以归纳分类，整理出三种解释：大西洋学派，宏观考察大英帝国的内外政策和机制；社会历史学派，一般从研究个别殖民地的结构入手来探讨革命的原因；意识形态学派，倾向于强调洛克的思想或者共和思想对革命的作用等。① 各家的看法都自成一说，有的契合神似，有的则相去甚远。笔者不想也没有可能对美洲独立问题追根溯源，只分析约翰逊1775年为诺斯政府反对美洲革命而撰写的《征税并非暴政》，重点关注其中的伦理倾向，同时也阐明约翰逊的观点与现代史学进展间的契合。

1775年，美洲独立已经到了不可挽回的地步。诚如"牛津英国史"第12卷（《乔治三世的统治》）作者所言，美洲革命的起因在于社会根源，可以说北美殖民地，尤其新英格兰，从一开始就在政治、经济、文化和生活方面与母国存在较大的差异。② 18世纪前半叶，除了贸易控制外，英国政府对殖民地管理较为松散，各殖民地的自治权力较大。但这并非像柏克所说"善意的疏忽"，或者西莱（J. R. Seeley）所谓"稀里糊涂得来的帝国"，而是英国政府推行重商主义的结果。随着时间的推移，美洲发展成了一个不同于英国的社会。恰在此时，英国政府企图加强对美洲的管理，试图将之纳入帝国的体系当中。导致英国改变政策的一个重要因素，

---

① Doron Ben-Atar, "The American Revolution", in R. W. Winks, ed., *Historiography*, Oxford: Oxford University Press, 1999, p. 95.

② J. S. Watson, *The Reign of George III*, Oxford: Oxford University Press, 1960, p. 173.

就是"七年战争"的胜利。就美洲而言,战争的胜利使得北美不必依附于英国,因为法国的威胁已经被解除了。对英国而言,在"七年战争"之后,美洲的战略意义更加凸显,故英国人要确保"航海条例"的贯彻实施。① 同时,为了防卫美洲,英国的国内债务增加,战争结束时英国的国债达到 1.3 亿英镑,是战前的两倍,英国人希望美洲人能承担一部分债务。其实,早在 1763 年之前,英国政府官员已经开始讨论这些事宜,但战争结束使得政策调整更为迫切紧要。

1763—1773 年,英国政府内部已经达成共识,这样的共识一直持续到 1775 年。为了达到上述目的,1764 年,格伦威尔内阁通过"美洲岁入法案",1765 年,又通过"驻军法案"。美洲人虽然对此满腹狐疑,但并不质疑英国议会的征税权。英国政府的政策调整,没有就此打住,又在 1765 年通过《印花税法案》。应该承认,印花税不同于以前的征税,因为它是美洲人所谓的"内部税",课税的目标乃是个人,而不是海关的商品。这一法案在美洲遭到抵制;在英国国内,也有一些商业集团给内阁施加压力,抱怨该法案影响英国的社会稳定和经济繁荣。后来,罗金汉姆内阁取消该法案,乃是各种压力之结果,并不意味着他接受了美洲人的观点。而且,罗金汉姆侯爵也害怕留下一个危险的先例,故又附加了一个《权利申明法案》。

1766 年皮特组阁,该内阁皆由同情美洲的派别把持,但是双方的紧张关系,仍然没有任何缓解的迹象。其实,在涉及贸易问题时,皮特也坚持大英帝国的征税权利,只是当时美洲人未看清这一点。② 内阁中的财政大臣唐森德(Charles Townsend,1725—1767)相信,美洲人只是反对内部税,不会反对外部税。借助这一区分,唐森德自以为想出一个锦囊妙计,决定对玻璃、纸张、铅、茶和颜料等商品在美洲征收进口税,这就是所谓的"唐森德法案"。该法案的目的,并不在于解决英国的财政问题,而是解决驻美洲的帝国官员的费用。史学家认为,无论格伦威尔的"美

---

① "航海条例"于 1651 年通过,可以说是"第一个从广义角度阐明英格兰商业政策的议会法律文件",这是英国殖民政策形成的标志。

② Stephen Conway, "Britain and Revolutionary Crisis", in P. J. Marshall, ed., *The Eighteenth Century*, Oxford University Press, 1998, p. 331.

洲岁入法案",还是后来的"唐森德法案",都力图减缓同美洲的摩擦。① 1768年10月,皮特等退出政府,强硬派人物重新组阁,仿佛英国要采取更为强硬的立场和措施。但是,新政府没有为唐森德的征税辩护,而是收回所有税种,只保留了茶税。现代史学家认为,其他税种其实也增加了英国商人的成本,英国商人的不满,也在于此。换言之,只有茶税有利可图,所以保留茶税并不像柏克等认为的那样,只是象征性的征税行为。1770—1773年是相对平静的日子,保守分子和中立人士,都希望同英国保持贸易往来,当时美洲的激进分子,尚不能左右局势。② 但是,由于英国政府授予东印度公司向美洲输出茶叶的垄断权,美洲的茶叶商人被排挤出茶业,结果导致"波士顿倾茶事件"。1774年通过的"强制法案",显然是为了报复波士顿激进分子的行为。③ "强制法案"规定:殖民地议会的成员选举改为委任;法官与执法官由原来的议会推选改为总督任命;被控谋反的人要押往英国审判。这一法案在美洲引起全面的恐慌,保守分子也不得不为自己的生命和财产受牵连而惴惴不安。殖民地纷纷联合,激进分子的宣传,也得到了更多民众的支持,原来的经济问题,已经变成政治问题,局势变得越来越危险,一触即发。

1774年9月5日到10月26日,美洲大陆会议在费城召开,此乃美洲走向独立过程中重要的一步。大陆会议通过一些"决议":要求享有独立的财政立法权;向国王和大英帝国的臣民致信,要求享有英国人的一切特权;并且要求刚刚成立的魁北克也加入美洲的独立运动。诺思政府为了对抗美洲革命的宣传,故请约翰逊撰写《征税并非暴政》。约翰逊原文的措辞至为激烈,这让诺斯政府感到为难,不得不删改原文以舒缓语气。④ 以前,诸多的史学者将美洲问题归罪于诺斯,想当然地认为,假若诺斯政府对美洲采取绥靖政策,就不会造成美洲独立的结果。这样的说法,并没有尊重当时的历史背景和政治情境,大量史实证明,诺斯内阁为了避免战争已经尽其所能。在下院中,诺斯已经开始引入

---

① C. M. Andrews, *The Colonial Background of the American Revolution*, New Haven: Yale University Press, 1931, p. 135.

② Ibid., p. 152.

③ Stephen Conway, "Britain and Revolutionary Crisis", in P. J. Marsha, ed., *The Eighteenth Century*, Oxford: Oxford University Press, 1998, pp. 325 – 346.

④ 参见《约翰逊文集》第10卷编者引言(YE10:402)。

"和解方案",甚至对殖民者的各种要求也加以认真考虑。① 1775年,美洲问题已经到了临界点,独立已经到了不可逆转的地步,绝非一篇文字所能扭转。约翰逊不同于诺斯,深知此中的变数。诚如政论的编辑者所言,《征税并非暴政》是英国臣民的"权利宣言",其目的在于为英国臣民的权利作辩护。

文章开始,约翰逊单刀直入地将问题挑明:美洲和英国争执的症结所在,是美洲认定英国的征税不合乎宪法。(YE10:405)当下的史学家认为,英国和美洲的争执,乃是本于不同的政治结构:殖民地坚持认为自己的权力来自英王的特许,在地方管理时,也以习惯法为依据。而在英国,自从17世纪的革命以降,议会的立法和行政权力越来越大,一般政客认同了议会的无上权威;他们也珍视一个信条:在商业体制中,宗主国的权力是不可分割的。约翰逊站在议会的立场上,这是现代史学家和法学家所指出的。20世纪20年代,英美史学家就此问题展开激烈的争论,格林在引言中对此加以梳理。部分学者认为,议会没有征税权力,另有历史学家则针锋相对:议会可以征税,因为"议会的管辖权,从来不限于英国国内,由于帝国的性质,它可以涉及周边地区"。在《乔治三世和政客》(*King George III and the Politicians*,1953)一书中,史学家佩尔斯(Richard Pares)权衡这两种看法,最终认为,后一种论点更胜一筹。②

需要指出的是,约翰逊在两篇政论中都是为下院辩护,这恰恰是辉格党的立场。当然也有学者指出,当时国王乔治三世操纵下院,言外之意,国王和下院的立场完全一致。③ 这样的说法,同柏克的另一篇文章《对当前不满情绪的若干思考》(*Thoughts on the Cause of the Present Discontents*,1770)息息相关。这是柏克在罗金汉姆侯爵授意下写就的文字,而且经过辉格党领导人的传阅和修改,可以说,是反对派的"政治纲领"。柏克批评乔治三世的个人专权倾向,认为其破坏了"光荣革命"所确立起来

---

① John Cannon, *Samuel Johnson and the Politics of Hanoverian England*, Oxford: Clarendon Press, 1994, p. 71.

② 参见《约翰逊文集》第 10 卷编者引言(YE 10:405—407)。

③ Brijraj Singh, "'Only Half of His Subject': Johnson's 'The False Alarm' and the Wilkesite Movement", *Rocky Mountain Review of Language and Literature*, Vol. 42, No. 1/2 (1988), pp. 45 – 60.

的宪政传统，其中提到"国王之友"（King's Friends）和"双内阁"（double cabinet）等具体的做法。① 历史学者已经指出，早在 1767 年，乔治三世已经对布特失去信心，到柏克写就该文的 1770 年，布特勋爵已经没有任何影响，但是，这并没有阻止谣言。而且，后来的几任内阁，总是将责任归咎于布特。② 罗金汉姆侯爵处在反对派立场上，往往夸大其辞、借题发挥。而到了 1788 年，福克斯（Charles James Fox，1749—1806）、柏克以及辉格党的极端分子，竟要求威尔士王子动用特权，否定议会的地位。③ 许多学者感到费解，在《法国革命论》中，柏克缄口不提美洲革命的影响。如果对比柏克在不同时期的文章，我们是否可以说，对自己当年鼓动美洲之行为，柏克渐有悔意。还有一点，柏克虽然重新阐释了"光荣革命"的意义，却没有涉及 17 世纪 40 年代内战的历史意义。不可否认的是，20 年后，柏克的确回到约翰逊的立场上。

　　依洛克的说法，政府的税收权，来自于纳税人推选的代表的同意，但美洲人认为，自己在英国没有代表。约翰逊针锋相对地问道，"即便在英国，有几个纳税人可以选举自己的代表呢！"代表不一定出自实际的民选，英国议会乃是帝国议会，因而殖民地拥有"实质的代表"。④ 约翰逊继续争辩，既然美洲人已经漂洋过海，即便在英国议会推选代表，也会遇到种种实际困难。美洲政客并不关心这些"空幻的荣誉"，他们所要的是"实实在在的金钱"。（YE 10：444）前面讲过，约翰逊并不是简单地从党派立场出发，而是揭穿"行话切口"所掩盖的政治和经济利益。1988 年，在专著《强大的帝国：美洲革命溯源》（*A Mighty Empire*：*The Origins of the American Revolution*，1988）中，艾格奈尔明确指出，美洲革命主要为种植园主和商人所领导，他们担心自己的经济地位被英国政策调整所危及。今天的读者可以理解约翰逊在《征税并非暴政》中的讽刺："据说，

---

　　① Edmund Burke，*Select Works of Edmund Burke*，Vol. Ⅱ，Indianapolis：Liberty Fund，1999，p. 234.

　　② K. Schweizer，*Frederick the Great*，*William Pitt and Lord Bute*：*Anglo - Prussian Relations*，1756 - 1763，New York：Garland Press，1991，pp. 57 - 81.

　　③ J. S. Watson，*The Reign of George III*，Oxford：Oxford University Press，1960，pp. 304 - 305；另外参见 Donald J. Greene，*The Politics of Samuel Johnson*，2nd ed. ，New Haven and London：Yale University Press，1990，p. 206。

　　④ 当时许多政客以爱尔兰为例来说明代表权和课税权不必相联系。

一旦美洲民众被征服，英国民众的自由，也要被削弱。这样的结果，只有那些明智的政客可以预见到。如果奴隶制度可以如此致命地传染并殃及他人，何以奴隶主叫嚣着要自由①?"（YE 10：454）约翰逊的意思很清楚，在美洲存在着大量的黑奴，如果按着这些鼓吹者的逻辑，这样的奴隶精神应该"传染并殃及"奴隶主，但他们却大喊大叫地要求"自由"。

在美洲，以"自由"为口号、叫得最响的，要算南方的种植园主，比如杰斐逊（Thomas Jefferson，1743—1826）和帕特立克·亨利（Patrick Henry，1736—1799）。② 在涉及国家利益的大事上，约翰逊不相信商人，这不仅体现在《虚惊一场》中，也表现在这一篇政论中："国家大事不可问计于商人，因为他们所思者并非荣誉，而是利益。"（YE10：415）"七年战争"之后，为了安抚印第安人，英国政府规定，在出台明确的土地政策前，美洲人不得向西部移民。这一禁令本来是为了避免双方矛盾的激化，但一些弗吉尼亚商人和土地投机家，早就以西部土地为目标大规模进行土地投机活动，一旦禁止向西部移民，就意味着他们的商机将化为泡影。③ 虽然，殖民地和英国都抱怨对方破坏宪法，究其实，乃是双方的社会精英在争夺经济和政治权力和利益。

约翰逊将矛头指向美洲的宣传者和政客，当然也包括英国的，他视富兰克林（Benjamin Franklin，1706—1790）为"唯恐天下不乱之徒"。这些宣传者和政客，明明是自谋利益，却花言巧语。宣传者和政客明知，只有议会才能征税，却偏偏嫁祸国王，美洲宣传者将乔治三世说成"议会的头领"（YE 10：452）。私利本身没有错误，但是宣传者却一定要借用"自由"的口号，这显然有悖于约翰逊的道德观念。或许早期的"爱国者"经历教育了约翰逊，他对言不由衷的说辞至为痛恨。政客和商人，不管是英国的或者美洲的，明明自谋私利，却假借"自然权利"和"人民主权"的口号来蛊惑人心。如同在《虚惊一场》中，约翰逊一定要阐明权力的本质。在约翰逊看来，国家权力具有两层意义：第一，要维护国家或者社会秩序，任何社会和国家，都应建立一个内部的立法或者司法秩序，这是约翰逊在《虚惊一场》中所关切和阐明的。第二，必须维护国

---

① 英文原文：How is it that we hear the loudest yelps for liberty among drivers of negroes?
② 陆建德：《思想背后的利益》，广西师范大学出版社 2005 年版，第 71 页。
③ Doron Ben-Atar, "The American Revolution", in R. W. Winks, ed., *Historiography*, Oxford: Oxford University Press, 1999, pp. 101-102.

家和政府的地位，抵御任何内忧或者外患。无论哪一种意义上的国家权力，都要加以维护，个人权利绝不能成为国家权力的基础。在这个意义上，约翰逊的思想同后来英国的保守主义如出一辙。① 在这里，约翰逊的政治关怀，超越了自身利益和局部利益，表现出对国家利益的忠诚。

约翰逊的观点，在当时代表了一般民众的看法，产生了相当的影响。当时著名的宗教人士卫斯利（John Wesley, 1703—1791）的文章《向美洲各殖民地的冷静呼吁》（Calm Address to our American Colonies），实际就是"剽窃了"约翰逊的《征税并非暴政》。② 当然，约翰逊的文章，也遭到反对派的猛烈攻击，这说明当时政府和反对派及激进分子间的分化。在文章的最后，约翰逊主张动用武力解决双方的争执，当时英国议会已经做出武力征服的决定。不过，约翰逊希望双方不必动手，他甚至设想：只要英国大兵压境，美洲人举手投降，还有挽回的余地。（YE10：452）约翰逊一贯反对殖民活动，早在1756年，约翰逊就表达了对美洲人的同情，他并不赞成政府对美洲的限制政策，而且已经预见到美洲要独立。诺斯内阁，起初曾深得民心，但是美洲问题迟迟得不到解决，民众开始质疑诺斯。民众的呼声越来越高，抱怨土地贵族的利益与国民背道而驰，他们对议会代表制度不满。国内激进运动的宣传者普莱斯、朱涅斯等人向民众奔走疾呼，民众也感到自己的政治权利被剥夺，故许多英国人，尤其伯明翰、布里斯托尔等城市的中产阶级，同情美洲人。③

值得注意的是，英国和美洲激进运动，有着不同的命运。战争使得美国的激进运动更加激烈；而英国的则被削弱了。④ 在英国，下层民众将自己的经济困难归怨于美洲的动乱，变得更加爱国和支持政府。英国的商人后来也担心美洲和法国或者西班牙联盟，所以1775—1777年，各种商业团体纷纷转而支持英国政府。亲美人士也不敢公开同激进运动保持任何往来，害怕招致无端的猜疑。这几乎是18世纪90年代英国社会动荡的预

---

① ［英］罗杰·斯克拉顿：《保守主义的含义》，王皖强译，中央编译出版社2005年版，第19页。

② Paul Langford, *A Polite and Commercial People：England* 1727 – 1783, Oxford：Clarendon Press, 1989, p. 251.

③ J. H. Plumb, *The American Experience*, New York and London：Harvester Whantsheaf, 1989, p. 66.

④ Ibid., p. 67.

演。18 世纪 90 年代初,受法国革命的影响,英国人也希望政府实施宗教宽容政策,"雅各宾"者提出了男女平等、改善监狱条件、废除奴隶制等激进主张。英法交战后,议会改革提案未获通过,政府驱散了各类改革团体,国内舆论转向反动,"雅各宾"已经成为激进的代名词。19 世纪初,英国国内舆论更以民族国家的姿态对抗拿破仑统治的法国,政治改革的热情已经转向宗教。"民族国家"的号角和宗教的热忱成为谋求社会共识的有效工具,不仅证明了大英帝国意识形态的合理性,也推进了文化改革和社会管理。

在美洲,战争使得政府走向革命或者采取更加激进的措施。激进分子的人数渐渐增多,他们从犹豫不决的工商业者手中夺来领导权,并且赢得更多下层群众的支持,从而形成统一的政治斗争对策。在这样的语境下,"自然权利"和平等等政治口号,对美洲人的独立是必要的,在战争的召唤下,美洲的激进运动和爱国主义联手而行。不妨以潘恩(Thomas Paine,1737—1809)为例,来说明激进者在两国人民心中的形象:他在英国成了人人得而诛之的作乱者,而在美洲革命期间,则成了精神领袖,论者认为他一个人可以抵得上美洲全部知识分子的宣传。[1] 革命时代的美洲人,喜欢谈论抽象的理论,或者"普遍适应的、并无处不构成破坏性力量的理论学说"。但是 1787 年以后,美国社会也发生了变化,著名的自由史学者阿克顿(J. Acton,1834—1902)这样评价,"这是一个建设时期,人们作出一切努力、设计出种种方案来阻止不受约束的民主制度。他们最令人难忘的发明创造不是出自机巧的设计,而纯粹是不彻底的折中办法和相互妥协的产物"。[2]

在对美洲的政治走势的判断上,比之于约翰逊,柏克表现出惊人的洞察力。在最初的冲突中,柏克已经断言,美洲人不可能接受英国的课税,由此可能导致对英国主权的质疑。后来,这样的质疑发生了,柏克又断言,若英国人以武力来解决美洲问题,那么美洲必走上独立的道路,乃至与英国的敌国(法国和西班牙)携起手来。独立战争爆发以后,柏克继续为美洲辩护,甚至要英国不惜放弃对美洲的所有主权。[3] 不过,也要看到,

---

[1] C. M. Andrews, *The Colonial Background of the American Revolution*, New Haven and London: Yale University Press, p. 64.

[2] [英]阿克顿:《法国大革命讲稿》,秋风译,贵州人民出版社 2004 年版,第 446 页。

[3] [英]埃德蒙·柏克:《美洲三书》,缪哲译,商务印书馆 2005 年版,"译者引言"。

柏克的立场和他本人家庭背景（爱尔兰人）相关。爱尔兰的情况与美洲参差似之，柏克在内心将两者比较，希望爱尔兰也能走上美洲的独立之路。另外，柏克乃是罗金汉姆侯爵的得力助手，尤其在下院成为罗金汉姆集团的传声筒。当时，以罗金汉姆侯爵为中心的政治圈子，未必能认识到美洲问题更深刻的社会原因，更不可能预见19世纪30年代的议会改革。可以肯定，他们不会由衷地接受美洲独立所带来的影响。其他的辉格党反对派，当时更缺乏统一的美洲政策，只是借此来攻击诺斯内阁而已。① 故当时的波罗汉姆勋爵（Lord Brougham）发问道：有人竟会如此幼稚，想当然以为，假若柏克或者福克斯成为乔治三世的内阁，他们会自动退出，而不去镇压美洲的叛乱！②

约翰逊两篇文章的矛头，都是指向中产阶级的富商，其背后的保守主义倾向，比较明显。18世纪下半叶，社会动乱频频爆发。尤其随着美洲问题的出现和加剧，民众骚乱、商业集团的不满和一些政治激进运动结合，使得社会中的新旧贵族甚至某些中产阶级都担心起来。人们会采取不同的方式来对待社会巨变，保守主义者不免会诉诸于传统美德、习俗、文化传统或者等级权威来反对激烈的变革。就英国而言，18世纪下半叶为保守主义的形成提供了一个契机，我们不难理解，为什么约翰逊、休谟、吉本和柏克等人在立场上如此相似。他们反对无缘无故地一举更张英国的文化制度；在他们看来，改革者所带来的幸福不会多于改革所带来的混乱。不过，他们并非一味赞颂或者留恋已经逝去的贵族或者等级制度，他们也认识到，只有将土地贵族和商业精英结合起来，才能维护中产阶级的利益。③ 可以说，同法国开战以降，保守主义同英国的现代化进程就紧紧地交织在一起。

在欧美历史研究中，美洲革命和法国革命常常被相提并论。这两次革命都提出了一些口号，如自由、民主、平等和人权。虽然这些观念已经被现代社会所认可，但是，它们的真正价值，并非在一次革命中就全部显现出来，毋宁说，只有在漫长的历史演进中，才渐渐被人们理解和接受。当

---

① 陆建德：《麻雀啁啾》，生活·读书·新知三联书店1996年版，第55页。

② J. H. Plumb, *The American Experience*, New York and London: Harvester Whantsheaf, 1989, p. 71.

③ Nicholas Hudson, *Samuel Johnson and the Making of Modern England*, Cambridge: Cambridge University Press, 2003, pp. 41–42.

我们在历史的起源同这些概念碰撞时,决不能将当代的理念等同于18世纪历史语境下的意义。英国社会处在一个转型期,社会上流行着各种各样的激进主义和保守思潮。在这些人的话语之中,无论是保守主义者,还是激进主义者,自由、民主、平等和人权这些词汇的现代意义,尚未完全开显出来,因而晦涩难解、因人而异。尤其,在词语的背后掩饰着各种各样的利益。分析当代伦理思想的混乱时,麦金泰尔指出,争论者们都忽略了那些具有不可通约性的概念的历史语源含义上的多样性。他们在争论中,往往只是根据本身的需要而选择某个概念的部分语义。[①] 因而,道德及其理论,就由于无法确立统一的背景坐标系统,而处于残简断片的危机状态。麦金泰尔的深刻性在于,他看到了相同的说辞背后掩藏着不同的政治和经济利益。其实,这也是约翰逊的深刻性所在。

---

① Alasdair MacIntyre, *After Virtue*, Notre Dame: University of Notre Dame Press, pp. 16–17.

第三章

《诗人传》中的人生和艺术

《诗人传》的全称是《英国最重要的诗人的批评和传记性序言》(*Prefaces, Biographical and Critical, to the Most Eminent of the English Poets*)。19世纪的英国学者将其简称为《诗人传》，后来的版本也莫不如此。人们的注意力往往集中在传记方面，仿佛这才是约翰逊的拿手好戏。难怪，英国19世纪的论者认为，约翰逊的传记写作比文学批评更有价值，同样的说法，在当代也能找到回音。[①] 其实，哪怕走马观花地阅读一下，都可以看出，《诗人传》的传记和批评是紧密相连的。本章探求作家生平和作品艺术价值之间的辩证关系，看看约翰逊如何来诠释作家和作品之间的张力。《诗人传》不仅是文学史，也是美学观念、政治思想、道德关怀融合一体的人生感悟，在《诗人传》中，历史和个人的反思交织一处、水乳相融，完美地体现了约翰逊的道德观。

第一节 《诗人传》的艺术特点

以前的文学史著述，往往偏于一端，强调《诗人传》是英语语言和文学发展史上的里程碑，却忽视了另一个事实：它也是18世纪文学商业化的产物。18世纪中期以前，伦敦商人并不具有明确的版权意识，他们自认为拥有大多英国诗人的永久版权。后来，上院的判决改变了版权的时限，伦敦出版商之间的竞争变得愈加激烈。[②] 而且，伦敦书商的垄断行

[①] Greg Clingham, "Another and the Same", in Earl Miner and Jennifer Brady, eds., *Literary Transmission and Authority*, Cambridge: Cambridge University Press, 1993, p. 122.

[②] 《诗人传》中缺少某些重要的作家或者诗人，比如哥尔德斯密斯（Oliver Goldsmith, 1730—1774），这同版权相关，参见 *LP* 1：8，"Introduction"。

为，经常被苏格兰同行所打破。在众多的"入侵者"中，贝尔（John Bell）最令伦敦书商不敢小觑。贝尔已经印行了大量的作品，1777 年，传言贝尔要刊印《大不列颠诗歌总集》（*Poets of Great Britain*，100 多卷）。① 果真如此，则英格兰市场上就会充斥着更多廉价的诗歌文集，会损害伦敦书商的利益。这些商人颇感气愤，准备采取行动。同年 3 月 29 日，由三人组成的代表团前往会见约翰逊。他们热诚邀请约翰逊执笔，为新版诗歌总集中的诗人撰写传记和批评。贝尔的《大不列颠诗歌总集》中已经包括了诗人传记，书商不得不依赖约翰逊另做传。在三四月短短的 11 天里，书商两度与约翰逊商讨；接下来，他们借着约翰逊的名声，在重要刊物的广告上大造宣传声势。原先预订贝尔《大不列颠诗歌总集》的读者，渐渐有了悔意。

早在 1767 年，当约翰逊同乔治三世在图书馆不期而遇，国王就有让约翰逊为英国作家写传记之意。（*Life* ii：33）没承想，英国的书商最终让约翰逊如愿以偿。约翰逊此时已经 68 岁，声名颇为显赫，身边还会聚了一批当时的文化名流：雷诺兹、哥尔德斯密斯、柏克、加里克等老朋友自不必说，后来还有植物学家班克斯和经济学家亚当·斯密等。此时的约翰逊，俨然成了当代"文化名流"的代表。他们定期聚会，高谈阔论，约翰逊的燕谈，常常不胫而走，上了第二天伦敦报纸的头条。约翰逊彬彬有礼地接受了书商的邀请，欣喜之情自然也溢于言表。虽然，早在 18 世纪 60 年代，约翰逊就许诺要封笔了，从他的日记中可以知道，约翰逊依旧为自己的懒惰和无所事事深感内疚。经历了大半个英国 18 世纪的风风雨雨，约翰逊耳闻目睹了许多文人墨客的逸闻趣事，担当《诗人传》的写作，可谓非他莫属。

除了上面提到的文学商业化背景，有学者指出，《诗人传》也可以看作是一部文学史，因而是民族文化构建甚至民族自信心形成不可缺少的一个环节。② 约翰逊写作《诗人传》时，是不是有意识这样考虑呢？同一时期，约翰逊较大规模地修订《英语词典》（第四次修订），尤其添加了为

---

① 参见《诗人传》第一卷编者引言（*LP* 1：9，"Introduction"）。
② Lawrence Lipking, "Literary Criticism and the Rise of National Literary History", in John Richetti, ed., *English Literature*, 1660 – 1780, Cambridge：Cambridge University Press, 2005, pp. 471 – 497.

国教辩护的诸多条目。① 从约翰逊在 18 世纪 70 年代的政论和书信谈话中也可以看出，他为同一时期英国政治局面混乱不堪而忧心忡忡。在 18 世纪六七十年代，英国社会经历了一系列动荡：党派纷争、政府分歧、北美独立和法国与西班牙的挑衅等。议会外的抗议活动，也重新高涨起来，一些商人要求改变下院的代表方法，民众越来越要求宽容对待不从国教者，这也是柏克写作《法国革命论》的历史语境。民众运动此起彼伏，比如"威尔克斯与自由"，政治上"爱国主义"的鼓吹等。1780 年，也就是《诗人传》写作的后期，伦敦爆发了反对天主教的哥顿暴动。如伯尼所说：民众高举"不要主教制"口号，实际意思乃是"不要对国王效忠"。克伦威尔的统治以及 17 世纪中期的共和主义，此时已经荡然无存。这些口号的真正用意，乃是推翻君主立宪制。

约翰逊在 1783 年给朋友的信中写道："你知道国内争吵不休，国外事务混乱，不要说对外，就是对内，我们也没有任何太平。至少，我认为，应该保证社会秩序和国王的尊严。"② 约翰逊经历了触目惊心的社会动荡，在《诗人传》中，他难免流露出政治或者社会关怀。约翰逊对弥尔顿、"爱国者"诗人利特尔顿等人的批评，也应该从这样的角度来理解。③ 从写瓦茨（Isaac Watts，1674—1748）部分开始，约翰逊决定不再回避政治立场问题。在《诗人传》中，约翰逊试图勾勒出一段前后大约 150 年的诗歌创作史，构建一道灵光络绎的诗学风景，着重来阐明德莱顿如何扬弃了玄学派诗人的创作，开创了新古典主义诗歌的规范。在约翰逊看来，18 世纪中期开始，英国诗歌出现了衰退和混乱，当然是相对于新古典文学的规范而言，这可算作是审美层次上的担忧。而当时，英国社会、政治上也频频爆发了约翰逊不愿意看到的混乱动荡，这是《诗人传》另一个层面的焦虑。不难理解，在《诗人传》中约翰逊准备给读者一些文学、宗教、道德或者政治观念上的指引。从前面的章节可以看出，道德观念始终贯穿在约翰逊的文字中。在《漫步者》中，约翰逊可以不涉及政治，只讨论

---

① Allen Reddick, *The Making of Johnson's Dictionary* 1746 – 1773, 2nd ed., Cambridge：Cambridge University Press, 1996, p. 10.

② 转引自《诗人传》第一卷编者引言（*LP* 1：171，"Introduction"）。

③ 约翰逊曾言，"如果写一篇赞颂文章，当然可以文过饰非；但是传记则不同，须表现本来面目"。（YE 2：263）约翰逊的《利特尔顿传》遭到了猛烈的批评，他不以为然，坚持认为自己指出利特尔顿的缺点，讲出事情的真相。

道德的话题；在《诗人传》中，文学批评、政治观念和道德情怀已经被完美地统一起来。

一 《诗人传》的传记理论

讨论《诗人传》的艺术特点，不妨先评估约翰逊在18世纪文学理论上的地位。在英国，约翰逊的《莎士比亚戏剧集》评注和《诗人传》可谓家喻户晓。1970年，在《18世纪英格兰艺术的秩序》（The Ordering of the Arts in Eighteenth Century England）一书中，利普金（Lawrence Lipking）这样总结约翰逊艺术理论的成就：

> 无论从何处来研究英国18世纪艺术秩序的起源，最终都可以在约翰逊那里找到它的归宿；约翰逊总结了文艺复兴以后的文学理论，并将其应用到18世纪的批评领域……他教育民众如何凭借常识和理性来评定艺术作品……今天的读者，也必须借助约翰逊来理解18世纪，谁也不可否认，《诗人传》代表了18世纪文艺批评的永恒价值。①

《诗人传》涉及了文学史、传记、文学批评等领域。它继承并且创新了新古典主义原则，树立了文学传记的榜样。经过数十年报刊写作、辞书编纂，外加与三教九流人物的燕谈，约翰逊的语言变得平易晓畅、随心所欲，显然不同于他早期的《漫步者》。

下面，先来讨论约翰逊和《诗人传》的传记理论。传记是英国较晚发展起来的文类之一，直到17世纪才出现像样的传记，比如沃尔顿（Izaak Walton，1593—1683）的玄学派诗人传记，约翰逊尤其喜欢沃尔顿的《多恩传》，还有斯普莱特（Thomas Sprat，1635—1713）的《考利传》，在他自己的《考利传》中约翰逊也提过这本传记，但评价不高。②早在1742年，约翰逊写书评时曾经说过，读者对亲历重大事件的公众人物，有着"非同寻常的好奇"，"热爱真理者和探寻人类心灵者，不仅渴

---

① 转引自 Edward Tomarken, *A History of the Commentary on Selected Writings of Samuel Johnson*, Columbia: Camden House, 1994, pp. 137 – 138。

② Douglas Bush, *English Literature in the Early Seventeenth Century*, Oxford: Oxford University Press, 1962, p. 238.

求历史事件的原因和结果,还好奇这些公众人物私下的行为举止"。①

除了零散的评论,约翰逊关于传记的说法,集中体现在两篇期刊文字中,即《漫步者》第60期和《闲逸者》第84期。《漫步者》第60期指出,阅读传记时,读者可以体会他人的喜怒哀乐。历史故事中有重大事件,但这些同私人生活往往无甚关系。约翰逊甚至认为:

> 任何人的生平,都值得讲述。因为人的遭遇大致相同,所以某人的疏忽和失败,对任何读者也许都有意义。……如果将一切虚饰拆除,也许人们本质上的善恶都是一样的……难道我们不是被同样的动机所左右,被同样的虚妄所欺骗,被同样的希望所鼓舞,被同样的愤怒所挫敛,纠缠于同样的欲望和欢娱么?(YE 3:320)

这里,可以看到约翰逊典型的思考方式:人的本性是相同的、不变的。休谟在《人性论》的引论中称,"一切科学对于人性总是或多或少地有些关系,任何学科不论似乎与人性离得多远,他们总是会通过这样或者那样的途径回到人性"。② 休谟《英国史》(*The History of Great Britain*)就是从历史人物的性格和感情入手来解释重大事件。③ 同样,约翰逊在《诗人传》中,不懈地探寻重要诗人的性格和动机,希望有助于一般读者加深对人生的理解。尽管约翰逊赞誉蒲柏的诗歌,但对其性格多有批评,比如蒲柏刻意结交名流、奢谈自己的优点(*LP* 4:6, 37)、讲究虚荣、骄傲自满、脾气暴躁等(*LP* 4:28, 33, 37)。同样,约翰逊批评斯威夫特的性格缺点:为人恶毒、贪婪妒嫉、谨小慎微、脾气暴躁、怨天尤人、无同情心、不讲礼貌、不够体贴等。这些性格特征,也是普通人的缺点,约翰逊希望读者引以为戒。在约翰逊看来,"不管达官贵人,还是平民百姓,他们的感官和能力,并没有太多差别,因而在痛苦和欢乐方面,也没有太多不同。传记的妙处在于,命运不同的人,可以在传记中相互交流经验教训"。(YE 2:262)若将上面的说法加以概括,可以看出,约翰逊传记理论的第一个特点:传记表现人性的通则,它对读者具有指引作用,因

---

① Donald J. Greene, ed., *Samuel Johnson*, Oxford: Oxford University Press, 1984, p. 139.
② [英]休谟:《人性论》,关文运译,商务印书馆1980年版,第6页。
③ 麦金泰尔批评休谟缺乏历史意识,参见 Alasdair MacIntyre, *A Short History of Ethics*, 2nd ed., Notre Dame: University of Notre Dame Press, 1998, p. 175。

而，传记写作要执着于道德和情感深度。

传记对伦理意义的刻意追求，往往会带来负面后果，其中最为明显的就是将传主理想化，而这恰恰是约翰逊有意避开的。关注传主的家庭私生活，尤其日常生活的一切细节，是约翰逊的主要手法。正是在这个意义上，约翰逊才引用法国王子的话："要知道，有时同家奴的一段对话，更加有助于了解一个人。"（YE 2：322）这是约翰逊传记理论的第二个特点：只有在日常的家庭生活中，尤其婚姻和家庭，而不是传统上的属于男人的公共事务中，才能看出一个人的道德本性。近现代研究者指出，约翰逊的某些说法已经预示着弗洛伊德的理论。后者认为，或许正是婚姻和家庭中有关性爱的私密细节和个人爱憎，才清晰地揭示出一个人的心理轨迹。受弗洛伊德理论的启发，"新传记"采用"揭露"手法，曝光传主的心灵隐私，挖掘不光彩的心理动机，尤其是性心理，乃至于传记中如果不单独辟出一章专门写"性"，就不算一部完整的传记。霍尔姆斯的《约翰逊博士和塞维奇》，在几乎没有多少传记事实的基础上，依然凭借约翰逊身边女性来推断其早期的婚姻生活和性心理特征，比如"美女与野兽"情结等，这恐怕是约翰逊始料未及的。

如同在《漫步者》中所看到的，约翰逊大篇幅地表现了伦敦生活的方方面面。比如他描写了各种各样的妇女：社交圈中的女人、妙龄少女、家庭妇女、知识女性等。约翰逊的传记，同现代传记的精神完全一致，而不同于古典传记或者中世纪圣徒的传记。18 世纪后半期，英国传记逐渐取代了仿英雄体诗歌（mock-heroic），专门表现家庭琐碎细节和难入诗歌的素材。确切地说，仿英雄体诗歌和现代传记都意识到，英雄体诗歌不适合表现日常生活。① 在《劫发记》中，蒲柏使用"仿英雄诗体"讲述妇女的日常琐事。约翰逊赞誉了蒲柏的这首诗歌，"本来，读者不屑接受女人世界的琐碎事情，但是经过蒲柏的描写，他们的好奇遽然增加"。（LP 4：71）

古典传记作家也追逐细节，比如在《希腊和罗马名人传》（The Lives of the Noble Grecians and Romans）中，普鲁塔克（Lucius Mestrius Plutarch，46—120）同样强调细节的刻画。约翰逊肯定受益于这样的古典传记，并

---

① Freya Johnston, *Samuel Johnson and the Art of Sinking*, Oxford：Oxford University Press, 2005，p. 33.

进一步发展了追求细节的手法,他对鲍斯威尔谆谆教导,使之领会日常生活的重要性。

鲍斯威尔的《约翰逊传》进一步影响了后来的传记写作,《约翰逊传》被称为现代的第一本传记。① 其中有大量琐碎细节的描写,如约翰逊学习女性织毛衣,他的房间存留了大量的橘子皮等。从这个意义上,蒲柏的讽刺诗歌《劫发记》,可以同鲍斯威尔的《约翰逊传》比较研究。②

约翰逊是文人,《诗人传》中充满了作家生活细节的刻写。"文人也有七情六欲,如同朝臣或者政客;如果阅读他们的传记,读者也可以看到自己的影子。"(YE 2:439) 的确,就像在第三节看到的,约翰逊在德莱顿身上瞥见自己的影子。就文人传记而言,除了日常生活之外,约翰逊还详细描写了文人独特的背景,学习、教育、文字锤炼等。不消说,文人也必须面对实际的生活,了解人生的成功与失败。约翰逊在传记文字中对于像自己一样的作家往往深表同情。《漫步者》和《诗人传》中,不乏恶劣文化环境中挣扎的失意文人,他们屡屡为恩主所抛弃,常常遭到批评家的折磨,而且读者的兴趣也飘忽不定,故文人过着穷困潦倒、居无定所的生活。

由于强调从生活细节入手考察诗人的生平,约翰逊非常看重第一手资料,若可能的话,传记作家应该同传主相识。约翰逊认为,哥尔德斯密的传记并非不好,而是第一手材料太少。"如果不同这些人住在一起,同吃同喝,根本写不出像样的传记。"(LP 1:84—85,"Introduction") 出于同样的原因,约翰逊批评培根的历史著作《亨利七世》(*History of Henry VII*, 1622)。③ 在《斯威夫特传》中,约翰逊不忘提醒读者,自己曾经为朋友霍克斯沃斯的斯威夫特传记提供第一手资料。在鲍斯威尔的安排下,约翰逊同某勋爵会面,以获得关于斯威夫特的一手材料。(*Life* 3:342—345)为了证明德莱顿的诗歌《押沙龙与阿奇托菲尔》(*Absalom and Achitophel*, 1681)畅销一时,约翰逊将自己父亲的话作为证据。(LP 2:108)

---

① 刘意青:《英国18世纪文学史》,外语教学与研究出版社2005年版,第75页。
② Freya Johnston, *Samuel Johnson and the Art of Sinking*, Oxford: Oxford University Press, 2005, p. 33.
③ 19世纪德国学者指出,约翰逊对培根的批评很有见地,参见 John Vance, "Johnson's Historical Review", in Prem Nath, ed., *Fresh Reflections on Samuel Johnson*, Whitson Publishing Company, 1987, pp. 63–84。

1777年最初动手写作《诗人传》时，约翰逊对外放出话，唯"小传"而已，但他内心知道，这是严肃的工作。为了完成汤姆森（James Thomson, 1700—1748）的传记，约翰逊要求鲍斯威尔提供有关苏格兰的材料。在鲍斯威尔的传记中，晚年的约翰逊常常走访剑桥和牛津大学的图书馆，认真搜寻传记材料，尤其第一手的传记事实。

正是看重第一手材料，约翰逊对自传的评价很高。在《闲逸者》第84期中，约翰逊更多地讨论自传的撰写。约翰逊认为，自传作家仿佛一个历史学家，而且拥有得天独厚的条件，因为比别人掌握更多的材料。作家拥有关于自己的第一手材料，这样不仅可以剔除一般他传的事实错误，而且可以让读者相信所讲述的故事，产生浓厚的兴趣。"自传作者如实回顾自己的生活，不必隐瞒事实。相反，为朋友或者敌人作传，作者往往不能客观，或者赞美朋友，或者诋毁对手。"（YE 2：263）

写作《诗人传》时，约翰逊同样很谨慎地处理自传材料。随着斯威夫特、蒲柏、格雷等人的书信相继面世，英国18世纪的传记写作，已经开始大量使用当事人的尺牍。约翰逊在《诗人传》中也征引别人的书信，但他知道，写信的人往往不愿意透露自己的心迹，恰如《诗人传》中对蒲柏书信的分析。但是，书商不断催促，"一手材料"的理想，其实难以实现。在1781年的"告读者"中，约翰逊自我宽慰道，假以时日，自己的《诗人传》可以更加完美。① 可以想象，对于约翰逊来说，这是多么痛苦的事情。霍金斯批评约翰逊《诗人传》的日期不准确，对事情往往不能刨根问底。鲍斯威尔和史雷尔夫人则替约翰逊辩护：知识丰富和记忆超群，约翰逊可以从头脑中提取所需要的事实。其实，在《德莱顿传》中，约翰逊明确提及：为了核对某些细节，必须费时，虽然不必费力。从《诗人传》的实际情况看，约翰逊尽可能占有重要诗人的详尽材料。至于二流的诗人，约翰逊主要借助两本百科全书：《辞海》（*General Dictionary, Historical and Critical*, 10, Vols., 1734—1741）和《不列颠传记大全》（*Biographia Britannica*, 7, Vols., 1747—1766）。②

约翰逊对"二手材料"认真加以筛选、评定，必要时，还加入自己的看法，极大地丰富了传记的内容。尤其，随着《诗人传》写作规模扩

---

① 转引自 *LP* 1：86，"Introduction"。
② 参见《诗人传》第一卷编者引言（*LP* 1：88，"Introduction"）。

大，处理重要诗人时，约翰逊调整了传记和文学批评的比例。不仅增加弥尔顿、德莱顿和蒲柏等重要诗人的篇幅，而且添加了许多当时不为人知的争论文字，或者其他相关的历史文化背景。[①] 约翰逊凭借自己的经验和理性，来评定著名诗人及其经历，这恰恰是《诗人传》的亮点。

德玛利亚认为，《苏格兰西部群岛游记》是《诗人传》的入门读物。[②] 这是极有见地的，两本书都反映出约翰逊经验主义的特点。约翰逊的时人、历史学家吉本，在《罗马帝国衰亡史》（*The History of the Decline and Fall of the Roman Empire*）中，同样借助理性和经验事实来验证前人之说，不过吉本在行文中多夹杂着嘲讽的口气。[③]《诗人传》跨越150年的历史进程，涉及纷繁复杂的历史人物和事实。如果说《苏格兰西部群岛游记》中，约翰逊借助理性和经验来审视口传下来、未得证实的民间故事或大众信仰，在《诗人传》中，约翰逊则纠正传记和历史中的谬误，指陈诗歌和文学批评中的谬论。越到晚年，他的经验主义倾向越明显。在文学批评和创作方面，约翰逊显示出足够的自信，勇于坚持自己的观点，不必人云亦云。他的阅历丰富、体会深刻，足可评定政治、经济等历史事件。有时其怀疑主义同早期的说法相互冲突。早期约翰逊，比如上面提到的两期文字，都赞同对传主的情感认同，对真实人生的缺陷，抱有深深的理解和同情，有助于再现传主的理解。后来的《诗人传》则尽可能避开感情上涉入太深。应该承认，《诗人传》的叙述更加客观，评论更加审慎，约翰逊的认同感依然存在，但不轻易表露出来。

上面谈到约翰逊的传记理论，但是，这只是《诗人传》的一个方面，约翰逊的传记精于沟通艺术创作和日常生活，故传记原则之外，必须来研究约翰逊的文学批评观念。

二.《诗人传》的文学批评

纵览《诗人传》，一条线索隐约可见，复辟之后，英国诗歌中建立起新的标准：语言和诗艺的规范化和精致化，也就是，新古典主义范式的树立。约翰逊认为，这是由德莱顿所开创的，蒲柏不断使之完善。1744年，

[①] 参见《诗人传》第一卷编者引言（*LP* 1：91，"Introduction"）。

[②] Robert DeMaria, *The Life of Samuel Johnson：A Critical Biography*, Oxford：Blackwell, 1993, p. 280.

[③] 尤其关于基督教的两章（第15、16章）。

蒲柏去世后，英国诗坛上崭露头角的，是约翰逊、柯林斯（William Collins，1721—1759）、沃顿兄弟（Joseph Warton，1722—1780 和 Thomas Warton，1728—1790）等新一代才人。这些诗人可以分成两种不同的风格。一派模仿斯宾塞（Edmund Spencer，1552—1599）和弥尔顿；另一派则模仿德莱顿和蒲柏。两派相互攻击：斯宾塞、弥尔顿的模仿者，不承认蒲柏的诗歌地位，而约翰逊和哥尔德斯密斯，则批评格雷等的抒情诗风格。约翰逊的诗歌，袭承了新古典主义的传统，在《漫步者》中，他已经表现出对抒情诗的鄙夷。[①] 18 世纪中期，沃顿的诗歌理论刊行于世：读者必须别具品味才能欣赏诗歌，故只有少数人才会理解诗歌的美妙。沃顿之说代表了早期浪漫主义的情趣。[②] 在约翰逊看来，由于斯宾塞、弥尔顿等人的影响，新古典主义的成就没有完整地被继承下来。18 世纪中后期，感伤主义和前浪漫主义的诗歌发展，都偏离新古典主义传统。

　　新古典主义起源于法国文人对前人文学理论的总结，主要指亚里士多德诗学和经过贺拉斯重新阐释的亚里士多德主义。流亡法国时，查理二世对当时流行的戏剧和戏剧理论耳熟能详。1660 年，他将新古典主义理论和戏剧带回英国。所以，自 1660 年查理二世流亡回国讫 1745 年蒲柏和斯威夫特相继辞世，这一段时期的诗歌创作，可以称之为英国新古典主义。英国的新古典主义文学，在当时也被称为"仿奥古斯都文学"，足见民众渴望复辟后的英国能够像内战后的罗马人，建立大一统的政治秩序，在文学上产生像维吉尔、贺拉斯等赫赫有名的文人。[③] 比较而言，法国文学理论比较整饬一致，可以总结为几条原则，比如强调概括性、传统和常识的权威性、修辞得当、三一律等。[④] 英国文人，无论德莱顿、蒲柏或者约翰逊，都属于实践型的作家，均参与诗歌和戏剧创作，关注具体诗人和剧作家的批评，不宜被归纳为抽象的理论。当然，他们有一些共同的标准，比

---

　　① 在《漫步者》中，约翰逊批评弥尔顿的素体诗影响，参见第 86、88、90、92、94 期。在《漫步者》第 121 期，约翰逊批评斯宾塞的模仿者，他们运用同现实生活没有关系的词汇和表达方式。《漫步者》第 158 期，则批评希腊颂歌的模仿者。
　　② Richard Harland, *Literary Theory from Plato to Barthes*, Basing stoke：Palgrave Macmillan Limited，1999，pp. 52 - 53.
　　③ 宋美华：《十八世纪英国文学》，东大图书公司 1996 年版，第 4—5 页。
　　④ Richard Harland, *Literary Theory from Plato to Barthes*, Basingstoke：Palgrave Macmillan Limited，1999，pp. 42 - 43.

如推崇简朴优雅的文风，标榜人性通则和常识等。

约翰逊的文学观，不同于法国古典主义，他继承了德莱顿的看法，强调戏剧人物的多样性、变化性，而不是像法国新古典主义者在剧情上着力用意、颇费心机。约翰逊的文学观，也不同于蒲柏等前辈。对自然（nature）、才情（wit）和想象（imagination）等概念，约翰逊都坚持自己独特的阐释。① 如某些研究者所说，实际上，新古典主义的规范，在一定程度上也损害了英国 17 世纪诗歌的活力和思想的广度。② 约翰逊并非没有察觉这些，他对蒲柏过于精致化的修辞持保留（甚至批评）态度。③ 在《诗人传》的后期，约翰逊越来越看重作品的力度和题材的广泛性，这在德莱顿的评传上最为明显。18 世纪中期后，新古典主义逐渐衰落，在小说和诗歌创作中，感伤主义和浪漫主义风气日渐盛行。④ 柯林斯的诗歌、格雷（Thomas Gray, 1716—1771）的文风，都不能赢得约翰逊的认可。到了《诗人传》写作的年代，诗歌和文学批评风气变化尤甚，读者和诗歌的关系不同于以前："诗人不必屈尊读者，而读者须提升自己去理解诗人。"⑤ 这样的说法，同后来的浪漫主义诗人的理论如出一辙，忽视了读者，这恰恰是约翰逊批评的。约翰逊处在从古典主义向浪漫主义过渡的阶段。

约翰逊的文学批评，可以概括为"寓教于乐"，当然，这样的批评理念最初来自奥古斯都时代的诗人贺拉斯。⑥ "寓教于乐"包含两重意思。首先，约翰逊看重真理、美德等观念。借助于诗歌修辞，真理和美德不仅

---

① 理论家早已经指出，约翰逊不同于新古典主义之处，参见 Richard Harland, *Literary Theory from Plato to Barthes*, Basingstoke: Palgrave Macmillan Limited, 1999, pp. 52 - 53。

② 参见该卷编者引言（*LP* 1: 105, "Introduction"）。

③ 18 世纪中期写作《漫步者》时，约翰逊和沃顿对于蒲柏有许多共同的看法，参见 David Wheeler, "Crosscurrents in Literary Criticism, 1750 - 1790: Samuel Johnson and Joseph Warton", *South Central Review*, Vol. 4, No. 1 (Spring, 1987), pp. 28 - 29。

④ 王佐良：《英国文学史》，商务印书馆 1996 年版，第 246 页。

⑤ 参见华兹华斯为《抒情歌谣》第二版写的前言。Hazard Adams and Leroy Searle, eds., *Critical Theory Since Plato*, 3rd edition, 北京大学出版社 2005 年版，第 482—492 页。另外参见 *LP* 1: 165, "Introduction"。

⑥ ［希］亚里士多德、［罗马］贺拉斯：《诗学·诗艺》，杨周翰译，人民文学出版社 1962 年版，第 158 页。

可以给读者带来最高精神享受，还可以陶冶他们的情操，化作行为的榜样。① 不过，由于基督教伦理观念之浸染，约翰逊不同于古典作家。在他看来，更高的真理应该是宗教。由于上述两个因素，约翰逊高度评价弥尔顿的诗歌《失乐园》，尽管在性格和政治观念方面，两人存在着巨大的差异。"寓教于乐"的第二重意思，是确保读者愉快地接受文学的指引，因而，修辞和题材都要考虑读者的实际感受。②

这样的文学观念，必然使约翰逊一再强调，如同在传记中，文学批评也要追求道德和情感的深度。在文学批评中，约翰逊从不忘道德关注，这是《诗人传》的文学批评不同于当代"理论热"或者"文化研究"之处。道德评说在约翰逊时代，是通行的做法，对此，时人从来不加以指责。③ 库柏（William Cowper，1731—1800）讥笑约翰逊是一个接受恩俸的"皇家批评家"，责怪他故意语出惊人地奚落共和主义者弥尔顿。他甚至认为，约翰逊不通音律，不能欣赏弥尔顿的古典风格，尤指《利西达斯》（*Lycidas*）这首诗歌。即便这样，库柏也承认约翰逊对人物性格的洞察力，深信《诗人传》有助于提高民众的欣赏能力和道德修养。1780年的《年鉴》（*Annual Register*）宣称，《诗人传》可以同约翰逊的《英语词典》媲美：后者为英语语言提供了规范，从而奠定了牢固的基础，前者在后者的基础上，必将进一步培养民众的鉴赏力和判断力。④

英国18世纪的道德关注，到了19世纪则显得有些过时了。浪漫主义文学观念，逐渐占据越来越主导的地位，论者大肆标榜，作家私人生活同其公众角色之间没有必然的联系，诗人更加从自身而不是从读者的角度来进行文学创作。⑤ 康德的审美无功利，同约翰逊的"寓教于乐"显然两相冲突。此外，约翰逊的《诗人传》既然成为经典读物，其说法也就被纳入到正统的文学批评中，而浪漫主义和维多利亚时期的文人，为了标新立异经常对既定的说法有所挑战。麦考利和德昆西（Thomas De Quincey，

---

① 比较贺拉斯的说法，"诗歌必须按着作者的愿望左右读者的心灵"。[希] 亚里士多德、[罗马] 贺拉斯：《诗学·诗艺》，杨周翰译，人民文学出版社1962年版，第147页。

② 比较贺拉斯的说法，请参考 [希] 亚里士多德、[罗马] 贺拉斯《诗学·诗艺》，杨周翰译，人民文学出版社1962年版，第155页。

③ 由于受到亚里士多德的影响，浪漫主义之前的文艺批评，都表现出一定的伦理倾向。

④ 参见《诗人传》第一卷编者引言（*LP* 1：169，"Introduction"）。

⑤ 18世纪中期，沃顿兄弟已经发出了浪漫主义的先声。

1785—1859）都判定，约翰逊内心对弥尔顿充满仇恨，极力压抑后者的想象。① 1878 年，阿诺德编辑重要诗人的传记，以作文学教材之用，他坚持认为，约翰逊处在一个散文时代，故看重像蒲柏这样虚情假意的诗人，而忽视了弥尔顿和格雷这样真正的诗人。到了 20 世纪，艾略特（T. S. Eliot，1888—1965）等人抬高玄学派诗人的地位，猛烈地批评弥尔顿，约翰逊的文学批评地位也随之提高。

近来，又有学者重视起《诗人传》中的道德观念。在其专著《约翰逊批评原则的应用》（*The Uses of Johnson's Criticism*）中，达姆罗西（Leopold Damrosch）以一半篇幅来讨论《诗人传》，专辟两章分别讨论德莱顿和蒲柏。作者认为，与其说《诗人传》讨论文学，不如说是审视人类成就的界限。约翰逊在书中同德莱顿、蒲柏等天才展开对话，而不是一般意义上的文学批评。1989 年，托马肯以蒲柏品行和其文学成就的冲突为例，来探讨文学和文学之外诸种因素的关系。托马肯认为，约翰逊在《诗人传》中抱有一种深切的伦理关怀，强调作家必须对读者负责任，托马肯大力提倡从"新人文主义"的批评视角来阐释《诗人传》。②

要真正理解《诗人传》，就必须从狭窄的文学领域超越出来，必须考虑《诗人传》的伦理内涵，这些甚至超过文学价值本身。约翰逊也承认，艺术可以独立于作家的生活，不过他更坚持，批评家有责任指出作家和作品之间的辩证关系，同时，他深切关心作家和作品对读者潜在的影响。这两条构成文学批评伦理性的主要条件。③

阅读《诗人传》中重要诗人的传记，读者总会感到，作家生平和作品艺术价值之间的张力。在生平和"性格特写"部分，约翰逊会先来处理作家的日常生活。这部分往往令人失望，因为这些诗人的举止，都有不尽如人意的一面，如德莱顿在谈话时反应迟钝、蒲柏抑郁低沉、弥尔顿对女人专制等。而在文学批评部分，约翰逊高度评价了诗人的艺术成就，如弥尔顿的博学和想象力、德莱顿广泛的题材和"博大的心灵"、蒲柏精致的修辞和精湛的诗艺等。究竟该如何诠释作家和作品之间的张力呢？

---

① Edward Tomarken, *A History of the Commentary on Selected Writings of Samuel Johnson*, Columbia: Camden House, 1994, p. 137.
② Ibid., p. 144.
③ 聂珍钊等：《英国文学的伦理学批评》，华中师范大学出版社 2007 年版，"导论"，第 7 页。

本章第二、三节试图从两个方面入手，来分析作家和作品之间的张力。一是重视"性格特写"的桥梁作用；二是抓住文学批评部分几个重要的标准，如想象力、学识、题材和修辞等。重要诗人的"性格特写"，是《诗人传》中最下功夫的文字，是解读的关键。"性格特写"的桥梁作用，已经被广泛讨论过了，但是进一步强调，也还是必要的。[①] 论者早已经指出《诗人传》的三个组成部分：生平介绍；性格特写；文学批评。在许多单个诗人传记当中，约翰逊并没有充分展开"性格特写"，但涉及重要诗人时，却不是这样。仔细阅读这些传记，可以发现一条约翰逊文学批评的独特路径：从家庭出身、生活习惯、性格性情入手，然后不知不觉转到作家的行文特点和艺术特色。约翰逊引领读者从社会背景和性格特写入手，转而进入创作特点，渐渐让他们领悟诗人的天才。诗人是否发挥出自己最大的才智及如何发挥这些才智，诗人的性格如何与自己的艺术成就辩证统一起来，这才是约翰逊欲加探究的。约翰逊的传记诠证了艺术和生活之间的距离。"性格特写"兼有历史和艺术两个方面的内容，既有历史的真实性，同时，也有内在的艺术性。有学者认为，英国18世纪的文人，倾向于从实证的角度来看传记，对传记的虚构性，认识得不够深刻，约翰逊本人倒是一个例外。他不仅认识到其虚构性，而且积极加以发挥利用。[②] 没错，约翰逊意识到传记的虚构性，但他更加关注历史真实和道德批评的维度。

"性格特写"并不是沟通艺术和作家的唯一途径，本书还分析了约翰逊的几个重要术语，如学识、想象力、修辞和"自然"等。约翰逊认为，艺术必须表现生活和自然。如果说，新古典主义所谓的"自然"指的是人性的通则，那么约翰逊"普遍的自然"的看法更加复杂。约翰逊对修辞的态度，更值得深思。复辟以后的诗歌创作，其音律和修辞逐渐达到典雅和规范的要求，这是约翰逊所认可的。比较而言，约翰逊对弥尔顿的音律，充满了怀疑和担忧。早在1751年，约翰逊批评抒情诗歌变得暧昧晦涩、音律不合。约翰逊对当时的素体诗歌和颂歌的不规则，也极为反感，他认为，这些都是弥尔顿留下的负面影响。但是，约翰逊也批评蒲柏过于

---

① Lawrence Lipking, *The Ordering of the Arts in Eighteenth-Century England*, Princeton: Princeton University Press, 1970, pp. 420–421.

② Greg Clingham, "Life and Literature in *Johnson's Lives of Poets*", in Greg Clingham, ed., *The Cambridge Companion to Samuel Johnson*, Cambridge University Press, 1997, pp. 164–165.

精致化的语言和诗艺。蒲柏在诗歌的音律和修辞上精益求精，在一定程度上，这是以语言的优美掩饰了思想的贫乏，同样远离了自然的题材。约翰逊相信，自己可以抵挡文字的蛊惑，但年轻读者未必能做到。出于同样的考虑，约翰逊将霍布斯和曼德威尔从《英语词典》中剔除。对想象力的推崇，乃是浪漫主义诗歌的特点，约翰逊也认同想象力的作用，足见其不同于一般的新古典主义者，但是，这不意味着他认可浪漫诗人的观点。

本章第二节以弥尔顿为个案，试图从学识和想象力两点入手，来诠证作品和作家的距离，同时，也阐明约翰逊对《失乐园》题材的辩证认识。第三节则以德莱顿为个案，从修辞和题材着眼来贯通作品和作家，同时，也详细阐释了"博大的心灵"。如果将《诗人传》中的三个重要诗人（弥尔顿、德莱顿和蒲柏）比较研究，可以体会到约翰逊的批评原则。不能简单将约翰逊算作是新古典主义的代言人，在《莎士比亚戏剧集》评注"前言"中，他为莎士比亚打破"三一律"而鼎力辩护。在《诗人传》中，他对想象力、修辞和题材的辩证论述，也超越了一般新古典主义的立场。约翰逊在晚年更加认可德莱顿，其程度甚至超过蒲柏。德莱顿的文字，更能让读者感到惊奇，而不像蒲柏那样充满愉快和优雅；德莱顿的想象丰富、精力充沛，甚至可以同弥尔顿比美；德莱顿在题材上无所不及，约翰逊批评时的措辞，让读者想起他对莎士比亚的评断。

第二节　《弥尔顿传》：学识和想象

如同本章第一节所言，真正理解《诗人传》，必须认真考虑《诗人传》的伦理内涵，这些道德的考量，甚至高于文学价值本身。在一些新批评学者看来，作家的伦理关怀，是历史学家或者社会学家的分内事，不关乎文学批评的责任。在这样的范式下，文学批评和伦理道德之间，必然存在根本性的冲突。约翰逊也承认，艺术可以独立于作家的生活，不过，批评家更有责任揭示作家和作品之间的辩证关系，同时，他深切关注作家和作品对读者潜在的影响。

在约翰逊的《诗人传》中，人生/作家和艺术/作品之间，总存在着紧张的关系。蒲柏在诗歌中挖苦讽刺朋友，约翰逊加以谴责，另一方面，又称赞其社会讽刺诗的炼字和声律；格雷躲在象牙塔里，过着脱离民众的生活，约翰逊加以奚落，但又赞美《墓园挽歌》(*Elegy Written in a Country Church‑Yard*, 1751)中充满对下层民众生活的体认；约翰逊笔下的塞维奇，居无定所、放荡不羁，但这并不妨碍其诗歌的道德价值；弥尔顿是个专制的父亲，而《失乐园》却是献给女儿的伟大作品等；不一而足。西方文学批评传统中，盛传一种说法：优秀的作品，总是出自美好的心灵。这可以追溯到柏拉图对哲学家的辩护，而后，西塞罗和昆体良均为修辞家的责任极力声辩。这样的观念，在文艺复兴时期的创作中进一步被肯定下来，就英国作家而言，琼生(Ben Jonson, 1572—1637)和弥尔顿等人都为此而辩护。弥尔顿声言，"我坚信一个人要想真写出好人好事，他自己就得先是好人，像一首诗，成为最高贵的品质所组成的美丽图案"。①

从某些言论看，约翰逊似乎强调，作品和作家的生活是两回事。《漫步者》第14期提出，写作时，作家处于一种与世隔离的状态中，不必被世事的喜怒哀乐所纠缠，如同数学家只研究理论或者纯粹观念。同样，道德家讨论道德观念时，往往将具体情景存而不论。(YE 3：75)难怪，伊姆拉克告诫王子，不要相信道德论者天使般的说教。更有代表性的说法，来自约翰逊给某位夫人的答复。这位夫人抱怨，作家之为文，娓娓动听、声色熠熠，却根本不照自己的话去做。约翰逊辩解，这不能证明他的书不好。读者只是受到作品的影响，何必去追究作家的日常行为。"如果总以行为断定作品，那么，读者在认识作家之前，对作品的判断会举棋不定。"② 在《谈艺录》中，钱锺书专辟一章节讨论"文如其人"。③ 文章认为，以文观人，自古所难。且不说言之词气虚而难捉，就是言行不符，也未必是不真诚。所谓"言出于至诚，而行牵于流俗"，"执笔尚有夜气，临事遂失初心"。推而论之，不要说言辞，就是人的前后行为，也往往会相互违背。

但是，能不能就此得出结论：约翰逊认为艺术作品的价值是完全独立

---

① 参见 Robert Folkenflik, *Samuel Johnson*, *Biographer*, Ithaca：Cornell University Press, 1978，p. 119；又见殷宝书选编《弥尔顿评论集》，上海译文出版社1992年版，"编者序"，第1页。

② 转引自 Robert Folkenflik, *Samuel Johnson*, *Biographer*, Ithaca：Cornell University Press, 1978，p. 120。

③ 参见钱锺书《谈艺录》，生活·读书·新知三联书店2007年版，第425—431页。

的，不必同艺术家的生活联系在一起？本节以《弥尔顿传》为例，来说明约翰逊对作家和作品关系的辩证认识。《诗人传》中引起争议最大的，莫过于传记部分对弥尔顿的批评，200 年的《诗人传》批评史，略约可以分成两个传统：一般认为，约翰逊贬低弥尔顿其人，但毕竟客观地评价了其诗歌的艺术成就；偏激的论者，则轻易地全盘否定约翰逊。① 当然，也有学者突破上面两个阐释传统，试图说明传记和批评部分保持着密切的联系。后一种努力，尤其利普金（Lawrence Lipking）和克林汉姆（Greg Clingham）等人的研究成果，对笔者更有启发性。约翰逊对德莱顿的批评，并不比弥尔顿少，读者却明显地感到，约翰逊对后者敬而远之，对前者则抱有深深的认同。

一 弥尔顿的"缺点"

约翰逊和弥尔顿的文学和政治观念相差甚远。弥尔顿非常重视个人经验，将个人事务和情感融合到文学作品中；他的想象力纵横驰骋、绚丽多彩，其风格崇高飘逸、翰飞戾天、卓尔不群，更加为后来浪漫主义诗人所认可。约翰逊是新古典主义的代言人，讲究措辞规范、音律工整，文学必须为宗教和真理服务。而且，约翰逊意欲抵制某些不良的艺术倾向，为自己的时代确立文学趣味，怀抱"吐辞为经、举足为法"的信念。比如，早在《漫步者》中，他就对当时流行的创作风尚，如抒情诗中的晦涩和不讲规则等，加以觚排攘斥，《漫步者》第 86、93 和 154 期，都是极好的例子。韦恩认为，约翰逊的音律观念无可厚非，只不过，现在读者已经习惯了自由诗的格律。② 英国 18 世纪中期以来，弥尔顿的名声越来越大，当时许多诗人或者理论家，纷纷推崇弥尔顿的诗歌创作，模拟他的声律和炼字，其中沃顿兄弟最为显著。约翰逊责劝某些诗人，不必盲目崇拜弥尔顿的音律。到了晚年，约翰逊的看法依旧如 30 年前，"许多读者由于崇拜弥尔顿其人，没来由地崇拜他其他的作品"。（*LP* 1：278）

而这些文学观念上的差异，又同约翰逊的政治观念交织一处。在约翰逊看来，弥尔顿的政治观念，未免过于激进，也就是后人说的，带有革命

---

① Edward Tomarken, *A History of the Commentary on Selected Writings of Samuel Johnson*, Columbia: Camden House, 1994, pp. 124 – 128.

② John Wain, ed., *Johnson as Critic*, London: Routledge & Kegan Paul, 1973, p. 19.

理想主义的色彩。弥尔顿义无反顾地追求宗教、家庭和政治自由，呼吁民众能够像他自己一样改造社会、革新自我。① 克拉克和坎农的观点截然不同，但是两位学者都指出约翰逊在政治上的"现实性"。② 约翰逊了解社会各个阶层，对于国家和教会的看法，也参以自己闯荡伦敦30年的切身经验，晚年他尤其看重社会之稳定，力避国事之扰攘。约翰逊的道德目的和伦理关怀渗透在《诗人传》中，他不仅仅评论诗人的个人得失，弥尔顿也好，德莱顿也罢，还要教育后人，强固人们虔诚的态度和情感。③ 在亵渎宗教上，约翰逊对德莱顿的批评，远远超过弥尔顿。所以，不宜简单指责约翰逊将道德说教和政治态度夹杂于文学批评中。首先，约翰逊的历史观不同于实证主义者，后者相信，历史是一门不掺杂情感的科学。他在行文中倾向于由人品，比如人道、人性、品格、公正等观念，来推定诗人的政治态度，从而指出其立场的矛盾性。从读者的角度看，这样的写作，恰恰突出了约翰逊的主体意识、价值判断和精神取向的某些特点，体现了他独特的审美情怀。如果按着阐释学的理论，约翰逊可能在文本中注入他本人无意识，或者他本人也不理解的"直观内容"，这恰恰需要读者的创造性阐释来揭示。更加重要的是，《诗人传》的历史语境不同于早期和中期的政论。

　　第一节提到，《诗人传》中重要的诗人传记，一般由三部分组成：生平、性格特写和作品批评。但《弥尔顿传》似乎缺少了明显的性格特写。虽然，第157—175段可以算作"性格特写"，但是该部分内容并不丰富，至少，同其他的重要诗人相比，比如德莱顿或者蒲柏；而且，不少的段落反倒讲述弥尔顿的家人家事。鉴于这种情况，本节将弥尔顿的人物生平和作品批评结合起来分析，从中梳理约翰逊对弥尔顿性格和思想特点的评价。毕竟，弥尔顿的性格特点和艺术特色，贯串在《弥尔顿传》的始终。

　　在《弥尔顿传》一开始，约翰逊就表明，自己不情愿为弥尔顿做传。

---

① John S. Diekhoff, ed., *Milton on Himself*, London: Cohen & West Ltd., 1965, p. 23.

② John Cannon, *Samuel Johnson and the Politics of Hanoverian England*, Oxford: Clarendon Press, 1994, p. 64.

③ Stephen Fix, "Distant Genius: Johnson and the Art of Milton's Life", *Modern Philology*, Vol. 81, No. 3 (Feb., 1984), pp. 250 – 251. 另外参见 J. R. Brink, "Johnson and Milton", *Studies in English Literature*, 1500 – 1900, Vol. 20, No. 3, Restoration and Eighteenth Century (Summer, 1980)。

约翰逊决不认可弥尔顿的政治观念，不愿像当时传记作者那样，写一篇赞颂的文字。其实，为了扭转当时一味崇拜弥尔顿的做法，约翰逊刻意表现一个真实的弥尔顿，或者说一个平凡普通的弥尔顿，这是约翰逊传记的一个特点。早在18世纪50年代约翰逊就指出，传记应该重视"事情的原委和人物的美德，而不是对死者的赞颂"。（YE 2：262）他批评有些作家昧于传记之鹄的，简单从别处抄袭赞美的文章来滥竽充数，想当然认为，按照时间顺序记录名人的事情，就是传记写作。许多传记文章，"一开场，追溯某名人的家谱，最后以葬礼致词了结"。（YE 2：262）

弥尔顿生活在英国历史上最动荡的时期，其文学成就在清教徒中独树一帜。后来的传记作者，往往掩饰他的缺点，增添许多本来没有的光辉，约翰逊在传记中就批评了这样的做法。（*LP* 1：280）直到今天，读者依旧面对一个角色迥异、面孔百变的弥尔顿：或者超验的诗人，凭借着丰富的想象凌越世俗的纠葛；或者怀抱人文主义精神的基督教徒，以诗歌和散文来表达主流的基督教神学思想；又或，一个辉格党的先行者，不遗余力地鼓吹个人自由，甚至，一个激进的左派弥尔顿，其作品也就变成政治理想的寓言。更不必说，近来文化研究和女权主义者对弥尔顿的任意解构。当下的弥尔顿传记，极力纠正这样的偏差，尽可能还原一个日常生活中的弥尔顿，这同约翰逊的做法异曲同工。①

《诗人传》中，究竟哪些言辞有损于弥尔顿的形象呢？约翰逊提到，弥尔顿曾经在剑桥大学被体罚，并且一段时期被逐出学校。（*LP* 1：243）这引起当时读者的不满，鲍斯威尔写道："一些狂热的辉格党人，指责约翰逊对弥尔顿的评价有失公允。而几位剑桥大学人士，则批评他贬损格雷。"（*Life* 4：63）这两个诗人都曾在剑桥大学读书。约翰逊并非信口开河，他依据弥尔顿本人的文字材料。在17世纪40年代，弥尔顿曾经参与各种各样论战，如反主教制度论文中的两篇，《教会政府之理由》（*The Reason of Church Government*）和《为斯麦克特莫斯一辩》（*An Apology for Smectymnuus*），均写于1642年，其中都含有关于弥尔顿的生活和教育成长情况的内容。在这些论战中，有人直接攻评他的个人生活。弥尔顿为表白自己，写了许多自传性的篇什。近来的弥尔顿传记证明，他的确同自己

---

① Barbarra K. Lewalski, *The Life of John Milton*, Oxford：Blackwell Publishing, 2003, p. xii.

的导师冲突争执，一度被驱逐出剑桥大学的校门。①

约翰逊认为，以前的传记作者不太重视追溯诗人的教育经历，这有碍于读者了解诗人。所以，只要有可能，约翰逊总是探究诗人的教育和思想脉络，至少，对重要诗人都是如此。弥尔顿的父亲非常重视子女的教育，为其聘请了有名的家庭教师。弥尔顿曾入伦敦圣保罗学校读书；16 岁入剑桥大学学习，7 年后取得硕士学位。但弥尔顿没有选择任何职业，而在乡下隐居 5 年。弥尔顿的传记作者声称，在这 5 年他遍读希腊和罗马的文章。约翰逊不相信，并且轻松地戳穿了这样的说法："果真如此，则没有时间做其他事情了。"（*LP* 1：245）在这段时间，弥尔顿写作了《科马斯》（*Comas: A Masque*）、《利西达斯》等作品。约翰逊从自己的经验推断事情的可能性，这并非针对弥尔顿一个人，而是《苏格兰西部群岛游记》后形成的越来越明显的经验主义风格。接着，约翰逊更加详细地讲述了弥尔顿在欧洲的旅游和学习。弥尔顿在自传材料中言及，1638—1639 年游历欧陆，且标榜自己的修养为情操高尚的意大利沙龙社会欣然认可。②

阅读弥尔顿的教育背景，读者隐约感到，约翰逊强调两个重要的事实。第一，花大量的时间来攻读古典文学作品，弥尔顿一定拥有丰富的书本知识；第二，弥尔顿不必承担经济上的压力。先来看第二点。约翰逊向来不肯低估经济条件对诗人的限制作用。虽然约翰逊一再赞赏德莱顿，他也深深理解，德莱顿的诗歌创作，受到内外许多因素的影响，其中贫穷是最重要的。在《蒲柏传》中，约翰逊详尽地介绍了蒲柏的作品出版和经济收入情况。蒲柏过着乡绅一般的生活，和各色社会名达、文人墨客往来甚欢。这得益于早年翻译《荷马史诗》，有了巨额的稿酬，盖屋建园、置办马车、购买游船，都不在话下。他不必为了金钱写作，也不必听从恩主的指使，对文字上的宿敌，不管是桂冠诗人，还是王公贵族，都极尽讽刺之能事。艾迪生是当时的文坛领袖，还是朝臣、部长、辉格党政府所重用的政客，又是自己当年的朋友，蒲柏照样挖苦他伪善忌才、阴阳两面、口惠而实不至、把持文坛排挤新秀等。（*LP* 4：62—63）这些是当时文人难以做到的。弥尔顿不必像德莱顿那样迫于经济的压力匆忙写作，也不可能

---

① Barbarra K. Lewalski, *The Life of John Milton*, Oxford: Blackwell Publishing, 2003, p. 21.
② Ibid., pp. 98–111.

像蒲柏那样以诗歌赚取巨额经济回报。后来的传记作者指出,弥尔顿父亲为儿子在经济上筹划得很具体详细,他无须任何职业就可以过着悠闲的绅士生活。① 英国 18 世纪的传记作者,都回避弥尔顿以教书为职业。约翰逊认为,本来教书乃是为了谋生,并不丢人可鄙,传记作者没有必要避而不谈。(LP 1∶248)具有讽刺意味的是,对不选择职业,弥尔顿本人也避而不谈,或者遮遮掩掩。弥尔顿的朋友,对他多有责备,他不得不花时间为自己解释。②

弥尔顿不仅接纳亲戚朋友,还有更多孩子报名进入他的学校。约翰逊曾经当过教师,不禁对弥尔顿的教育模式发表看法。弥尔顿重视自然科学,而约翰逊认为,这些不关乎人的心灵,像生理学这样的知识,鲜为普通人所知,不过供人消遣而已。依约翰逊的说法,应该按先宗教、伦理而后历史的顺序来启蒙学生。约翰逊引苏格拉底为自己辩护:苏格拉底"将哲学从天上转移到人间"。(LP 1∶249)约翰逊似乎忘记,在《失乐园》第 8 卷③,来访的大天使拉斐尔告诫"渴望"知识的亚当,其对"科学"真理的探求,可能误入歧途。当然,弥尔顿在教育中同样注重培养学生的宗教观念,尤其在礼拜日都花时间讲解神学,约翰逊认为值得后人效仿。(LP 1∶249)最让约翰逊不能接受的是,弥尔顿从意大利匆匆赶回自己的祖国,本来为了自由辩护,却居然满足于教书的生活,前后的决心和行动,相去甚远。弥尔顿回国之前曾经有言:"国内同胞,今日正为自由而战,我不能优哉游哉,逍遥国外。"约翰逊看重言行一致、表里如一,比如,晚期政论批评宣传者之言不由衷。

就第一点而言,约翰逊的用意更加明显。弥尔顿的学识渊博与《失乐园》的成就和不足之间存在着明显的关系。在作品批评中,约翰逊赞赏弥尔顿对圣著的态度,所谓沉浸其中,含英咀华,取之于心,著之于口。对各种各样的神学辩论,也往往熟稔在心,甚至可以"将自然科学的精华而不是糟粕,也融入到自己的作品中"。(LP 1∶286)约翰逊借用德莱顿的说法来评骘弥尔顿,以"书本知识来观察自然,在多数情况下,

---

① Barbarra K. Lewalski, *The Life of John Milton*, Oxford: Blackwell Publishing, 2003, p. 26.
② 殷宝书选编:《弥尔顿评论集》,上海译文出版社 1992 年版,第 208 页。
③ 《失乐园》第 8 卷,第 5—38、66—178 行。本文引用《失乐园》,均出自 Burton Raffel, ed., *The Annotated Milton: Complete English Poems*, New York: Bentam Books, 1999, 下文只标注卷数和行数。

他总是求助于自己的渊博知识"。（LP 1：287）弥尔顿的天才，不同于莎士比亚，也迥异于德莱顿，他善于把自己的情感、想象力和学识等冶于一炉，将自然的、伦理的或者宗教等各科学识融为一体，超越原来的自我。后面详细论及想象力的作用，这里不妨先跳至论述"玄学派诗人"部分，领会一下约翰逊对知识的看法。

《考利传》第 62 段梳理玄学派诗人的谱系，弥尔顿也出现在名单中："丹姆和沃勒着重韵律的和谐，为英诗另辟逾径，开 18 世纪英国新古典主义诗歌之先河。弥尔顿写玄学诗仅偶一为之，不屑多作尝试。"（LP 1：248）约翰逊认为，玄学派诗人往往知识渊博，从自然界和古人的作品里旁征博引，胪列诸多事例来说明新颖、离奇的构思。"他们的博学，可以给读者提供知识，他们的妙想，往往使读者拍案叫绝。"（LP 1：201）玄学诗人苦读书、肯思索，这是他们的长处。要想成为一个玄学诗人，抄袭别人的描写，模仿别人的属词，依靠传统的形象和世代相传的比喻，是绝对办不到的。只有知识和真正的才气（genuine wit），才使得玄学派诗人对事物有着深刻的洞察力。（LP 1：201—202）约翰逊后来衡量德莱顿和蒲柏时，均注重他们的知识积累。

当然知识必须有助于真理的表达，或者有助于读者理解"普遍的自然"①，而不是为吸引眼球的炫耀。约翰逊分析《失乐园》时指出：

> 伦理观念使得他优于其他诗人，这样说，并非夸大其词，他在这方面的优越性，应该归功于熟读经文。古代史诗作家，没有得到经文的启示，在宣讲美德方面，显得拙劣。他们作品中的主要人物，可能是伟大的，但不会使人感到和蔼可亲。读者阅读他们的作品之后，可以感受到积极或者消极的影响，感到意志更坚强了，或者做人更谨慎了，但是，他们得不到正义的准则，也学不到宽恕的精神。（YE 1：287）②

弥尔顿博览群书，尤精通圣著，故能超越古典作家。约翰逊自己也不

---

① 参见本章第三节。
② 译文参见殷宝书选编《弥尔顿评论集》，上海译文出版社 1992 年版，第 80 页，稍有改动。

同于古典作家，基督教教义对他的影响，恐怕不可估量。唯其如此，读者可以从《失乐园》中学到"正义的原则、宽恕的精神"。约翰逊十分认可《失乐园》的宗教和伦理价值，赞誉弥尔顿的《失乐园》，"每一行都包含虔诚的思想和纯洁的态度"。（YE 1：282）诗歌是表达真理的，最高的真理，应该是宗教。这样的文学观念，体现在约翰逊对诗歌的定义中："诗歌通过想象以理性将快感和真理结合起来。"（YE 1：282）在诗歌中表达真理和美德的观念，可以陶冶读者的情操，养其根，竢其实，甚至成为言行举止的标持。在约翰逊看来，正是弥尔顿使得诗歌的道德教化作用变得突出，而德莱顿在文章中亵渎宗教的说法，则遭到严厉批评。尽管《失乐园》"诱导"读者，把撒旦的叛乱看作争取解放的英雄行为①，弥尔顿同时也宣示了"永恒天意"的正义性。亚当和夏娃从理想境界落到人界所揭示的，就是服从全能上帝创世秩序中的神谕。《失乐园》试图维护的美德，是耐心而不是消极闲适，是知识启蒙而不是愚昧盲从。它表现的，不仅仅是亚当失去乐园，而且是亚当获得真正人性：生命有限，忍辱负重，追求上帝的恩赐和自由。②

一味展现知识或者宣讲真理，并不是诗歌的全部，约翰逊之于诗歌功能的界定，同时也要求文学给读者带来美的感受。弥尔顿的书本知识，只起到教育读者的作用，却不能完全激发他们的兴趣。约翰逊认为，《失乐园》是一本读者敬而远之的作品；读者可以感到，约翰逊笔下的弥尔顿，也是一个令人敬而远之的诗人。"阅读是为了受教育，读《失乐园》以后，感到心情沉重和不安。为了消遣，只得另寻它处。"（YE 1：290）约翰逊不能忍受书本内容的无聊冗长，一旦读物不能吸引他的注意力，就会将其抛掷一边。这同现代文学批评恰恰相反，可以说，这里涉及读者和作者（作品）关系之变迁。在约翰逊的时代，作者要迁就读者，而自浪漫主义时期以后，读者要迎合作者的意图。③ 约翰逊始终主张，诗歌当以寓

---

① John Carey, "Milton's Satan", in Dennis Danielson, ed., *The Cambridge Companion to Milton*, Cambridge University Press, 1989, pp. 162 – 163.

② [英]安德鲁·桑德斯：《牛津简明英国文学史》（修订版），谷启楠、韩加明等译，人民文学出版社 2006 年版，第 243 页；另外参见 Barbarra K. Lewalski, *The Life of John Milton*, Oxford: Blackwell Publishing, 2003, pp. 460 – 471。

③ M. H. Abrams and Stephen Greenblatt, eds., *The Norton Anthology of English Literature*, 7th ed., New York: W. W. Norton & Company, 2000, pp. 493 – 494、534 – 535.

教于乐为其鹄的,莎士比亚从来能抓住读者的兴趣。(YE 7:67)而在《失乐园》中,弥尔顿往往陷入抽象讨论,掺杂一些基督教的教义问题,比如原始罪恶、耶稣救世、三位一体。这些抽象的辩论不占主导地位,但弥尔顿的渊博知识,显然在不由自主地作怪,结果适得其反。① 这样的说法,和约翰逊对玄学派诗人博学的批评,如出一辙,"他们喜欢卖弄学问。他们所写的诗固然合乎诗的格律,但节奏并不悦耳,很难称得上是诗"。(*LP* 1:200)

此外,博学导致另一个不足:《失乐园》的内容,远离人们的日常经验。(*LP* 1:293)约翰逊早就批评玄学诗人一心追求新奇的观念,忽视通常的思想感情,结果是,他们对生活采取旁观态度,对善恶不置可否。"他们的作品,也是冷冰冰的,毫无生活气息。"(*LP* 1:200)如同前面提到的,弥尔顿掌握太多的知识,却不了解日常生活和普通人性。② 约翰逊这样来概括弥尔顿的戏剧创作:"弥尔顿不擅长剧作,因为他对人性的了解很粗浅,不太着意性格之间的细微差别。……他博览群书,通晓书本道理,但是,他不同别人往来,缺乏来自经验的道理。""来自经验的道理",就是将个人经验转化为一般原则。这是约翰逊诗歌批评所依赖的最重要条件。③《失乐园》的构思中,一个严重的不足显现出来,"诗中没有人的行动,也不见人的习俗"。(*LP* 1:256)尤其,堕落之前亚当和夏娃的生活,读者根本无从知道,也无法想象。人们难以认同这些描述,也没有表现出半点好奇。(*LP* 1:228)在《巴特勒传》中,约翰逊指出,任何有价值的文学作品,都应该关注人性的活动,探究左右人类情感和观点变化的原因。(*LP* 2:7)

弥尔顿为克伦威尔政府辩护,约翰逊尤不能原谅,他不惜笔墨来介绍弥尔顿在论战中的表现。查理二世为了替父正名,聘请著名的学者萨尔梅夏斯(Salmasius)来辩护。1649年,萨尔梅夏斯写就为查理一世声辩的文章,弥尔顿当时恰为克伦威尔的拉丁文秘书,奉命写了一篇反驳的文字《为英国人民声辩》(*Pro Polulo Anglicno Defensio*, 1651)。约翰逊认为,双方的文采和行文逻辑,旗鼓相当,睿智若霍布斯也不能断定孰优孰劣。

---

① 希尔指出,弥尔顿并不是一个原创性的作家,他综合了许多思想传统。Christopher Hill, *Milton and the English Revolution*, London: Faber and Faber, 1979, p. 69.

② 约翰逊也批评格雷、沃顿等人,因为他们都是学院诗人或者学者。

③ 详见本章第三节。

弥尔顿在文字上略占上风,但是,在观念上多有矛盾之处。而且,本来双方应该关注争论的焦点,也就是民权,弥尔顿竟至于挑剔对方的语法毛病。(LP 1:254—255)弥尔顿何以颇受欢迎呢?同国王发生争执,愿意看热闹的民众自然较多;萨尔梅夏斯不善于争论,多谈及遵从忍让,民众当然不愿洗耳恭听。(LP 1:255)且萨尔梅夏斯雄踞文坛多年,而弥尔顿初出茅庐,牛犊挑战并且战胜老虎,这是民众翘首以盼的。

评价克伦威尔和弥尔顿的行为时,约翰逊写道:

> 克伦威尔曾经凭借议会的力量打败了国王,现在,他又解散了议会,开始充当国王。虽以护国公为名,其权力远超国王。克伦威尔的权威,并非不合法,此乃政局形势使然。但弥尔顿尝到为官之乐,不愿重新回到穷困潦倒的学究生活,且在篡权政府中谋求利益,他早已忘记,最初为了民权而争。叛乱之徒现在变为奴隶之辈,实在不可理喻。他曾为弑君者辩护,理由是国王冒犯了法律;现在摇身一变,屈膝求荣、阿谀奉承另一个独裁者。(LP 1:256)

弥尔顿以刻毒的语言攻击对手,而对克伦威尔则百般献媚,约翰逊都引用拉丁文原文来例证。而且,弥尔顿为了攻讦对手,故意歪曲事实,这已经被现在的传记研究所证实。① 客观地讲,弥尔顿并非一个随声附和、奴颜婢膝的人。在赞颂共和国和克伦威尔之余,弥尔顿也目睹了克伦威尔政府的专制,甚至委婉地提出自己的建议。后来护国政权垮台,弥尔顿也承认,克伦威尔的统治是一个"短促的,可耻的黑夜"。英国17世纪内战的原因,极为复杂纷乱,英美史学界至今没有定论,我们不必轻易谴责约翰逊之于内战的态度。②

对清教徒的坏印象,并非针对弥尔顿一个人。③ 格林认为,这可以追溯到约翰逊早年的经历,尤其约翰逊家乡的环境。坐落在利奇菲尔德镇的圣玛丽和圣查德教堂,在内战中被清教徒摧毁。利奇菲尔德镇的大户人家

---

① John S. Diekhoff, ed., *Milton on Himself*, London: Cohen & West Ltd., 1965, "Introduction".
② 王觉非主编:《近代英国史》,南京大学出版社1997年版,第2章第5节"研究17世纪英国革命的史学"。
③ 殷宝书选编:《弥尔顿评论集》,上海译文出版社1992年版,第224页;另参见Christopher Hill, *Milton and the English Revolution*, London: Faber and Faber, 1979, p.197.

以及其邻居,也在内战中经历了扰攘困顿和流离颠沛。约翰逊深知,文化对于人类生存的意义,一切传统中都蕴含着世世代代点点滴滴累积起来的理性,而肆意破坏传统文化,显然是一种不理性的野蛮行为。

另外,克伦威尔极权政府对事实的篡改和隐瞒,更让约翰逊心有余悸。在《巴特勒传》中,有一段评论《休迪布拉斯》(*Hudibras*,1662—1680)的文字:"有一次,克伦威尔在议会提出倡议:所有的文件,必须销毁,过去的一切记忆,必须消除,我们的生活,要重新开始。"(*LP* 2:8)清教徒或者激进主义者,往往思想偏激、情绪狂热、手段激烈、暴力崇尚,这就是他们留给约翰逊的一般印象。① 这些激进主义者并非根据现实中的缺陷,去寻找一个可行的解决办法,而是凭着头脑中的幻想,来杜撰现实世界的缺陷,并让现实服从于空想的手段。内战、革命和清教徒政府,虽已经是过去的事情了,人类内心的弱点,如果不加以纠正,则有可能摧毁文明社会的基础。《巴特勒传》写于1779年,当时,跟美洲殖民地的战争达到白热化的程度,而且法国已经和英国宣战,不久西班牙也参加到战争中。在约翰逊看来,这仍然是"循规蹈矩,相安无事的年代",这些都不能跟17世纪40年代相提并论,当年才是"难以想象的动荡荒谬,吵吵嚷嚷……等级秩序荡然无存,尊严扫地"。②

当然,约翰逊对清教徒的印象,并非都来自对内战的看法。约翰逊的传记有一个特点,重视从家庭生活推断个人的品行。约翰逊同情弥尔顿女儿的命运,得知其孙女穷困潦倒,约翰逊曾大力帮她筹措钱财。约翰逊引用弥尔顿的外甥菲利普的传记材料。弥尔顿大女儿身体残疾且发音不畅,不必为弥尔顿阅读,其他的两个女儿,都要为弥尔顿阅读外文读物。她们并不懂这些语言,久而久之,心生不满,怨言颇多。(*LP* 1:271)约翰逊认为,从弥尔顿的性格和家庭关系来看,他十分刻板专制、忧郁低沉。弥尔顿的身边女眷居多,但在作品中,他俨然一个"土耳其人",任意诬蔑和贬低女人,仿佛她们是一些低贱的下等人。③ 在弥尔顿看来,"女人

---

① "威尔克斯与自由""哥顿暴动"中都造成人员伤亡。

② 转引自 Donald J. Greene, *The Politics of Samuel Johnson*, 2nd ed., New Haven and London: Yale University press, 1990, p. 29。

③ 弥尔顿对女人的态度,参见 Diane K. Mccolley, "Milton and the Sexes", in Dennis Danielson, ed., *The Cambridge Companion to Milton*, Cambridge: Cambridge University Press, 1989, pp. 175 – 192。

天生就是遵从的，而男人天生就是反叛的"。约翰逊接着指出，"大声疾呼自由的人，未必会将之慷慨给予别人"。（LP 1：276）这令我们想起约翰逊对美洲殖民者的断语："奴隶主何以为自由而叫嚣。"（YE 10：454）约翰逊再一次从道德维度来推断弥尔顿的共和思想，后者并非出于对自由和民主的渴望，而是痛恨权威，无论政治的，还是教会的，弥尔顿渴望不受任何制约的自由。在《虚惊一场》中，约翰逊批评商人的动机：他们的根本原则就是"消除差别"，以热情为幌子，其实，是"下贱之辈对高位者的嫉妒和恶意"。（YE 10：341）同样，弥尔顿的愿望，"并不是建立新的事物，而是摧毁一切"①。（LP 1：276）

二 弥尔顿的想象力

如果仅仅从上面这些评价来推断，读者会误以为，弥尔顿的诗歌没有多少价值。但约翰逊对《失乐园》的评价极高：

> 在所有模仿荷马的作者中，弥尔顿模仿的最少。他思想独立，相信自己的能力，不屑于求助于别人，或者不愿受任何阻挠……没有一个作家能在弥尔顿那里找到自己的特质。他对自己的时人既不吹捧，也不恳求支持。弥尔顿的伟大作品都是在眼睛失明、命运不济的情况下完成的，一切困难都不在他的话下。他就是为艰苦奋斗而生活的。他的作品之所以不是最伟大的英雄史诗，只因为它不是第一部而已。（LP 1：295）②

约翰逊将弥尔顿其人和其作品分开，仿佛是一个新批评派的导师。其实，约翰逊还是尽可能将两者结合起来，来说明弥尔顿如何运用自己的天资表现宏伟崇高的题材，成为一个伟大的诗人。作为一个道德家和批评家，在分析像弥尔顿这样的天才诗人时，约翰逊一定感到人生和艺术之间的张力。

前面已经分析了知识和伦理思想的作用，约翰逊既重视真理，也重视传达真理的手段，比如借助想象力，运用适当的修辞手段。这里进一步讨

---

① 同样的说法也出现在《虚惊一场》中。
② 译文参考殷宝书选编《弥尔顿评论集》，上海译文出版社1992年版，第90页。

论想象力在《失乐园》中的作用,这是约翰逊艺术批评中较为矛盾之处。约翰逊早在《漫步者》中就认为文学批评的任务是坚持理性的标准。不过,在许多地方他也强调:理性的分析,只是一个方面,有些作品蕴含说不清的魅力。(LP 2:107)约翰逊何尝不被莎士比亚的戏剧魅力所蛊惑和征服。在《论戏剧诗》(Of Dramatic Poesie, An Essay, 1668)中,德莱顿断言:"自然天成"的莎士比亚是"现代甚至包括古代诗人中想象最丰富最全面的一位",被尊为英国的荷马、英国"戏剧诗人之父"。① 在《莎士比亚戏剧集》评注中,约翰逊显然继承了德莱顿的说法,而且更加推崇莎士比亚的想象力。(YE 7:68—69)同样,约翰逊也惊叹于弥尔顿的想象力,内心也情不自禁地认可弥尔顿驰骋的想象:"除了弥尔顿之外,还有哪一个作家飞翔得那么高、那么久。"(LP 1:292)在《蒲柏传》中,约翰逊使用了同样的意象来展示诗人的想象力:"如其说德莱顿更能凌空而上,蒲柏则更能飞翔长久。"(LP 4:65—66)弥尔顿的想象力,更在德莱顿和蒲柏之上。② 虽然约翰逊主张,任何想象最终要归于自然,但他承认,《失乐园》中的想象和其题材,显然是相辅相成的。(LP 1:286—287)二流诗人的放纵想象,约翰逊不以为然,不过,弥尔顿在《失乐园》中的神游八极,恰到好处。由于对弥尔顿想象力的赞美,约翰逊在传记之初的悭吝之情,最终化为乌有。《诗人传》中,经常可见艺术性和伦理性的冲突,约翰逊会不知不觉地受其中一个因素的影响。在传记部分,约翰逊对弥尔顿共和主义加以贬低,"弥尔顿始为叛乱者,最终甘心为奴隶"。弥尔顿的想象力,不受任何限制和掣肘,天马行空、任意驰骋,最终却听从于一个荒谬的政治企图。③

但是,这样的想象力创造了一个鲜活的撒旦,也正是在自由想象中,弥尔顿才摆脱了现实世界的纠缠和束缚。现代读者已经习惯了将弥尔顿和撒旦联系起来。早在17世纪末和18世纪初,就有论者从政治角度来解读撒旦。不过,英国18世纪的弥尔顿阐释,另有一个非政治化的倾向。如

---

① M. H. Abrams and Stephen Greenblatt, eds., *The Norton Anthology of English Literature*, 7th ed., New York: W. W. Norton & Company, 2000, p. 271.

② 晚年的约翰逊尤其如此,参见 J. R. Brink, "Johnson and Milton", *Studies in English Literature, 1500-1900*, Vol. 20, No. 3, Restoration and Eighteenth Century (Summer, 1980), p. 495。

③ Greg Clingham, "Life and Literature in Johnson's *Lives of the Poets*", in Clingham, ed., *The Cambridge Companion to Samuel Johnson*, Cambridge: Cambridge University Press, 1997, p. 184.

同莎士比亚,当时,弥尔顿也正被英国民众塑造成为一个经典诗人。① 倒是约翰逊试图摆正解读中政治和文学之间的关系。大张旗鼓的政治阐释始于布莱克(William Blake,1757—1827),自19世纪以后,政治阐释从来不绝于耳。后来的批评者受到布莱克的影响,主要基于史诗的前三章,将撒旦同革命者的形象结合起来。② 直到20世纪60年代,希尔(Christopher Hill)等学者仍然从政治的角度来解读《失乐园》。在行文中,约翰逊关于撒旦的批评,纯粹是技术层面的,他从来没有将弥尔顿和撒旦等同起来,也没有从政治的角度来阐释《失乐园》。

约翰逊的沉默,值得思考。弥尔顿把撒旦放在与贯穿全诗的基督教英雄观念相对立的地位,足以确立撒旦的反面形象。亚当最终的智慧,不是体现在他掌握区分善恶的知识,而是他情愿服从"并诚惶诚恐地爱戴唯一上帝"。相反,撒旦明明知道自己的罪孽,却仍然同上帝对抗、背信弃义。③ 须注意,19世纪以后,英国社会的宗教观念逐渐淡薄,很少有学者提起《失乐园》的宗教问题,而是从其他角度来阐释《失乐园》或者撒旦。

弥尔顿激进的思想同现实之间,必然存在着矛盾。弥尔顿一旦和真实的世界接触,便表现出震惊和痛苦,感到自己理想的破灭。且不要说在婚姻和言论自由方面,弥尔顿的看法过于理想化,他对于克伦威尔的失望,也是无法掩饰的。弥尔顿认为,只有自己才可能为共和国指出一条出路。在最后的关头,弥尔顿依然为了共和国发出了最后大胆的呼吁,写就了《建立共和国的简易办法》。但是,等待他的只有复辟:他所追求的美好事业,已经成为过去,"上帝伟大的改革",也以复辟的到来而告终。唯其如此,《失乐园》等作品中表现出愤怒、复仇和幻灭的情感。

1660年,弥尔顿似乎被迫放弃了公开的政论,转而实施长期准备的英语史诗创作计划。希尔认为,必须在复辟后的具体历史情境中研究弥尔顿,才能深刻体会弥尔顿如何在晚期三部史诗中探究英国革命的失

---

① Jack Lynch, "Betwixt Two Ages Cast: Milton, Johnson, and the English Renaissance", *Journal of the History of Ideas*, Vol. 61, No. 3 (Jul., 2000), pp. 397–413.

② 有批评者将撒旦同异化等主题联系。William Kerrigan, "Milton's Place in Intellectual History", in Dennis Danielson, ed., *The Cambridge Companion to Milton*, Cambridge University Press, 1989, pp. 256–257.

③ *Paradise Lost*, IV, l. 113–132.

败。《失乐园》中人类的堕落,具有直接的社会意义,政治上的失败,归根到底是道德上的失败,所以必须从改造个人入手,从内心深处的改造入手。① 弥尔顿借助撒旦这个人物形象来表达自己政治上的失望,这是很容易理解的。在《失乐园》中,宗教、政治和伦理的意图结合,约翰逊当然心领神会,而且强调其宗教和伦理意义。约翰逊的批评,体现了足够的开放性,倒是后来的学者,对《失乐园》或者撒旦的寓意作了狭窄的解释。在《失乐园》中,弥尔顿从未褊狭地把意义强加于读者,像亚当一样,读者也被反复告诫,要运用"理性自由"原则来阐释文本。

弥尔顿身上沾带了一些常人所难免的缺点,比如高傲、专制和自私,但是,弥尔顿的这些性格缺点和理想主义,紧紧联系在一起。如果他受个人动机的影响,这些个人动机总是被升华为最高的理想。在四篇引起争议的离婚论文,弥尔顿试图寻找根据来证明:即便教会认可的永久结合之夫妻,法律和教会也可以判其分离而不违背神意。这些离婚论文,把清教的激进观点和诗人对广为接受观念的厌恶,巧妙地结合起来。② 弥尔顿的卓尔不群和高自标持,激发了他的想象,从而成全了其作品。弥尔顿的性格缺点,本来妨碍了他对自己普通一面的认识,但是在诗歌中,他的想象变得轻盈自由、无拘无束。恰如克林汉姆所说,在文本和生活之间,约翰逊创造了一个生动的人物肖像或者人物特写,在这一个独特的空间中,最初的矛盾,也就是人生和艺术之间的张力,逐渐消失了。③ 读者发现,约翰逊从最初不情愿作传,历数弥尔顿性格上的种种缺点,到最后,却在作品批评中赞美其想象力。

克林汉姆认为,约翰逊笔下的弥尔顿,并非真实的、历史的弥尔顿,而是约翰逊凭艺术想象所塑造之物。④ 克林汉姆过于强调约翰逊传记艺术的虚构性。按着这样的解释,读者似乎不必严肃对待约翰逊作品中的历史人物和事件,只要它们起到表率和示范的作用就可以了。换言之,约翰逊

---

① Christopher Hill, *Milton and the English Revolution*, London: Faber and Faber, 1979, pp. 385–390.
② 殷宝书选编:《弥尔顿评论集》,上海译文出版社1992年版,第211页。
③ Greg Clingham, "Life and Literature in Johnson's *Lives of the Poets*", in Clingham, ed., *The Cambridge Companion to Samuel Johnson*, Cambridge: Cambridge University Press, 1997.
④ Ibid.

可能在其中作了手脚，有意识操控读者的道德观念。① 《诗人传》的人物和事件同《人间愿望多虚妄》中的一样，是为了"点缀一个故事，指出一则道德教训"。笔者认为，约翰逊并没有不顾事实而任意虚构，这完全符合其经验主义、怀疑主义和理性主义的特点。② 况且，弥尔顿并非没有参加任何社会实践。弥尔顿的散文，尤其他的论战文字，即便没有任何艺术价值，也是他亲身参与内战的见证。这些经历丰富了弥尔顿日后的作品，为史诗创作奠定了基础。而且，晚年的弥尔顿每当回忆起自己的时光，都感到无比宽慰。

约翰逊引领读者体会弥尔顿的想象力和崇高的风格，但最后，不得不回到一个现实的世界，"诗歌给与的快乐，必须是人的想象力所能及的，诗歌所带来的恐惧，必须是人的力量和坚强所能克服的"。人类智慧的翅膀，承受不起永恒的善与恶的重担，普通读者只能满足于"宁静的信仰和谦卑的仰慕"。（LP 1：289）③ 约翰逊担心，一般的读者无法接受不受羁绊、任意驰骋的想像力。在评论玄学派诗人时，约翰逊写道："他们把极为庞杂的思想勉强地套在一根缰绳上；他们旁征博引，从自然界和古人的作品里列举许多事例来说明他们新颖、离奇的构思。……但读者常会感到付出代价过大、得不偿失。"（LP 1：200）这体现了约翰逊对读者的关怀，由于艺术的好坏取决于读者的感受，崇高风格也必然付出代价。

对弥尔顿风格的认可和批评，也可以看出当时文学风气的变化。英国18世纪中期以来，沃顿兄弟、杨格（Edward Young，1683—1765）等人已经使用"想象力""灵感""天才"等说法，来对抗蒲柏和约翰逊等新古典主义的原则，如"规范"和"优雅"。他们推崇弥尔顿的宏伟风格，而将蒲柏拉入到二流诗人的行列。④ 约翰逊在《弥尔顿传》中未谈到这些，但是，在《蒲柏传》的最后一段，将这个问题提出来。（LP 4：382）约翰逊用了大量的篇幅评骘蒲柏超乎一般诗人的特点：博学、好奇；不仅

---

① William McCarthy, "The Moral Art of Johnson's Lives", *Studies in English Literature*, 1500 - 1900, Vol. 17, No. 3, Restoration and Eighteenth Century (Summer, 1977).

② Bruce Redford, *Designing the Life of Johnson*, Oxford: Oxford University Press, 2005, pp. 11 - 12.

③ 比较德莱顿的诗歌：But Common Quiet is Mankind's Concern (*Religio Laici*, l. 450)。

④ Lawrence Lipking, "Literary Criticism and the Rise of National Literary History", in John Richetti, ed., *English Literature*, 1660 - 1780, Cambridge: Cambridge University Press, 2005.

了解书本知识，而且通达自然和社会常情；才思敏捷、神游八极，属词造句，惨淡经营，不断获取新知。(LP 4: 66) 在德莱顿和蒲柏之后，英国诗歌呈现出另一种趋势：注意力转向思索生死的意义，对大自然的体味和赞叹，最明显的，是出现了不同于蒲柏诗风的"自然诗人"，主要指汤姆逊、克林斯和格雷等诗人。① 克林斯的诗歌和格雷的文风，都不能赢得约翰逊的认可，尽管约翰逊赞赏其中某些篇章。今天的读者不能、也不必期望，约翰逊完全认同前浪漫主义者的观念，毕竟，他处在新古典主义和浪漫主义两种不同的审美范式之间。

第三节 《德莱顿传》：博大的心灵

稍加留意就可觉察，《弥尔顿传》和《德莱顿传》的结构有所不同。《弥尔顿传》缺少一个明显的"性格特写"部分，如第二节指出，约翰逊将"性格特写"汇入生平部分。相对而言，《德莱顿传》的结构比较典型，"性格特写"的桥梁作用，也比较明显。其中第1—156段，按时间顺序交代德莱顿的生平，第157—192段为"性格特写"部分，第193—356段则构成作品的批评章节。需要指出的是，《德莱顿传》作品批评部分的内部结构，也不同于《诗人传》中其他的传记，内容更加丰富翔实。如果把中间段落（第234—320段）作为批评部分的核心，那么前面的部分（第193—233段）和后面的部分（第321—356段）是对德莱顿艺术特色的两度概括。②

结构上的差异，远不是最重要的，在《弥尔顿传》中，约翰逊不完全认同诗人的才能③，《德莱顿传》则不同。虽然约翰逊对传主之谴责，远甚于对弥尔顿的批评，但另一方面，却极力为德莱顿辩护。德莱顿诗

---

① 刘意青主编：《英国18世纪文学史》，外语教学与研究出版社2005年版，第246页。

② 也有评者认为《德莱顿传》由5部分组成，参见 Greg Clingham, "Another and the Same", in Earl Miner and Jeniffer Brady, eds., *Literary Transmission and Authority*, Cambridge: Cambridge University Press, 1993。

③ 就散文风格而言，很难说约翰逊和弥尔顿之间没有关系，参见 Thomas N. Corns, "Milton's Prose", in Dennis Danielson, ed., *The Cambridge Companion to Milton*, Cambridge University Press, 1989, p. 95。

作的迷人,在于其作品风格和艺术心灵的多样性和变化性。写作《德莱顿传》时,约翰逊已经拥有了足够的生活经验和文学智慧,从行文来看,他从品评德莱顿获得了无限的乐趣。如后面指出的,在德莱顿的生平和艺术创作中,约翰逊仿佛发现了自己的精神眷属,所谓"逢其知音,千载其一"。本节主要从《德莱顿传》的细节出发,来证明约翰逊对德莱顿抱有深深的认同感。笔者有意调整了论证的顺序,先来讨论德莱顿的修辞成就,再来讨论作家生平和性格特点,这样更能体现出约翰逊对德莱顿的认同。认同感使得约翰逊不仅运用一定的观念和术语来表述德莱顿的艺术特色,更让他驰骋想象、击节高蹈,情不自禁地在经验、人格、性情和心灵深处同德莱顿交流。一个情动而辞发,一个披文以入情,约翰逊不仅入其情,还能觇文见其心。《德莱顿传》完美地展现了约翰逊对人生和艺术辩证关系的理解。约翰逊本人几次提到德莱顿"博大的心灵",但他语焉不详,本节最后来推测"博大的心灵"的几种不同含义。

一　修辞的悖论

在英国新古典主义创作中,德莱顿的文学作用,至为重要。德莱顿开创了这个传统,而蒲柏是其最好的继承者,约翰逊本人则是最后的殿军。约翰逊深知,德莱顿是承前启后的人物:启后指德莱顿对蒲柏和约翰逊等人的影响,而承前则是指其对玄学派诗人的继承。在1778年春夏之交,约翰逊开始动笔写作《德莱顿传》,计划先来总结一下英国诗歌规范化和精致化所取得的辉煌成果,然后以此为框架来评价弥尔顿的诗歌。弥尔顿代表了另一种诗风,后来的浪漫主义诗人更加认可弥尔顿,而在18世纪初期,或者在新古典主义的范式下,很难认可这样的艺术风格。艾略特在"传统与个人才能"中也谈过同样的看法。①

为了更好地理解《德莱顿传》,让我们再一次回到"玄学派诗人"部分。"玄学派诗人"的批评(第51—62段)是对一组诗人的概括,而不是关于个别诗人的批评。这是约翰逊很自豪的一段文字,也是文学史学者必然讨论的章节。这段批评镶嵌在《考利传》中,约翰逊指出,

---

① [英]托·斯·艾略特:《艾略特文学论文集》,李赋宁译,百花洲文艺出版社1994年版,第1—11页。

"玄学诗派"可溯源至16世纪的欧洲作家，在英国，玄学诗人的代表是17世纪英国诗人多恩（John Donne，1572—1631）和琼生，此外还有萨克林（Sir John Suckling，1609—1641）、沃勒（Edmund Waller，1606—1687）、丹姆（Sir John Denham，1615—1669）、考利（Abraham Cowley，1618—1667）和弥尔顿。"丹姆和沃勒着重韵律的和谐，为英诗另辟逾径，开18世纪英国新古典主义诗歌之先河。弥尔顿写玄学诗仅偶一为之。唯独考利学玄学诗而青出于蓝。诗既有玄学诗人们新颖丰富的思想，又有丹姆和沃勒那样和谐的乐感。"（LP 1：202）约翰逊论述了玄学诗人的特点和创作方法，虽然其中多有奚落的言辞，但不影响他阐明自己文学批评的原则。

约翰逊的精彩之笔，体现在对"才气"的界定，从中可以看出约翰逊在修辞和题材两方面的批评标准。约翰逊并没有因袭蒲柏有关"才气"的说法①，后者称之为"语言的巧妙"，这样的说法，显然贬低"才气"的价值。约翰逊看重诗歌的思想内容，胜过它的艺术形式。约翰逊给"才气"下了一个定义：才气必是既新颖又自然的思想。（LP 1：200）这是最重要的批评原则，约翰逊在许多场合说过同样的话，虽然措辞稍有出入。比如约翰逊在《蒲柏传》中赞誉《劫发记》。他为蒲柏的创造力而辩护，认为这首诗表现了诗人最具吸引力的才能："使新颖的变得熟悉，熟悉的变得新颖。"（LP 4：71）蒲柏在诗中添加了一些性情各异、栩栩如生的精灵，读者掩卷之余喜不自胜。另外，约翰逊虽然不欣赏格雷的诗风，但参照上面的标准，他对《墓园挽歌》还是给以很高的评价："创辟崭新，未见有人道过，然读之只觉心中向来宿有此意。"②

"才气"的上述定义，并不能概括"玄学派"的特点，因为这些诗人的努力，几乎枉费心机，他们的"新奇"使得读者百思不得其解。约翰逊对"才气"的第二种解释，才是"更加严格、更加抽象"的定义，可以说，回应了玄学派诗人思想的充沛和复杂。"才气是在不和谐的事物之间看出隐蔽的和谐关系的本领，是把不协调的形象结合起来、串联起来的本领。"（LP 1：200）如果从后半句话来理解，这个定义依然同前面的定

---

① *An Essay on Criticism*, ll. 297–304。
② 译文出自钱锺书《谈艺录》，生活·读书·新知三联书店2007年版，第630页。

义相呼应，因为"隐蔽的和谐"已经包含了自然和新颖两层含义。不过在定义之前，约翰逊附加了一个限定条件："假若不考虑对读者或者听众所起的效果。"如同第二节看到的，约翰逊始终考虑修辞对读者的影响。综合前面的两个定义，约翰逊对德莱顿最高成就的概括："自然地思考和有力地表达"也就不难理解。（LP 2：155）"自然地思考和有力地表达"包含了思考和表达两个方面的内容。如果说"有力地表达"涉及修辞，那么"自然地思考"涉及"才气"的第二个方面，也就是取材选境。这是本章要详细论述的两个方面。

先来考察约翰逊对德莱顿修辞成就的评价。新音律是德莱顿的主要贡献。德莱顿之前，意思艰涩、格律佶屈的诗风已相沿已久，后来由于沃勒与丹姆的努力，追求自然与和谐才取得一些进步。（LP 2：123）两诗人的功绩，不容抹杀，但仍然有许多问题没有解决。"首先他们的诗作，寥寥无几，而且他们没有博大的心灵。"为使诗歌在格律上更趋严整，修辞与立意上更加规范典雅，诗人还要在更多的诗体中进一步做出探索和表率。"新的诗律学的确立实肇端于德莱顿；自是之后，英诗没有重返以前的粗鄙状态。"（LP 2：124）约翰逊认为，文明国家的标志，体现在语言的区分上："即学术语与日常语之分，庄重语与惯熟语之分，文雅语与俚俗语之分；而文章之美，在很大程度上，也正在对这种种细微差别的精致审辨。"（LP 2：124）但是，在德莱顿之前英诗尚无"诗歌的语言"。尽管"玄学派"有令人称奇之笔，但他们的语言略显粗俗，必须使诗歌语言变得明澈通畅、典雅秀丽。（LP 1：202）这样的改造，都由德莱顿的文学努力而完成。正是德莱顿"使得英语语言精致而规范，使得情操高尚而雅洁，还使得英诗音律婉转而和谐"（LP 2：123）。《德莱顿传》最后的段落又重复了同样的说法。他甚至化用警句，赞誉德莱顿使英语语言从"砖"变成"大理石"。（LP 2：155）

德莱顿对音律和语言的贡献，还体现在翻译上，语言的进化程度如何，自然可以从翻译中看出来。约翰逊对英语的自豪感溢于言表，"法国作家不得不放弃［一些古典作品的翻译］，而我国文人却可以做到"。约翰逊回顾了英国翻译的历史。考利认为以前的翻译太刻板，主张意译。自由翻译也必须有一个限度，既不要泥于原文，也不能完全意译，应在两者之间找到一个恰当的界限，这就是德莱顿的任务。德莱顿可以恰到好处，

完全吻合原文作者的风格。(*LP* 2：125)①

德莱顿在格律和语言上的精致和规范，后来被蒲柏进一步发展，不过蒲柏过于追求规范和精致，反倒变成了缀字属篇的累赘。这样的评语，显示出约翰逊对修辞的辩证认识。比如评论《人论》时，约翰逊认为，蒲柏并不是伦理学方面的大师，只能拾人牙慧，模仿博林布鲁克的无神论。"知识的贫困和情感的浅薄，居然被优美的修辞巧妙地掩饰。这是绝无仅有的天才。读者感到肚里满当当的，但是，没有学到任何有用的知识。"(*LP* 4：76) 这样的断语，显然带有讽刺的机锋。读者不禁想起，约翰逊对利特尔顿的批评："他坐下来写一本书，向世人宣讲陈旧的道理。"(*LP* 4：186) 如果说两个诗人有区别的话，利特尔顿只不过重复别人的说法，并没有欺骗读者；而蒲柏的危险更甚，用修辞来僭越经验，迫使读者接受子虚乌有的"真实"。② 约翰逊的担心，恰恰体现了他的道德关怀，修辞要考虑对读者的影响。约翰逊对弥尔顿想象力的担心，如出一辙，后者的某些神奇想象，已经超越了读者的经验。

玄学诗人一心追求新奇的思想，忽视通常的思想感情；他们对生活采取旁观态度，对善恶不置可否，约翰逊惴惴不安、疾首蹙额。玄学诗人的作品冷冰冰的，毫无生活气息。这就是修辞的悖论，过于精致化的文字和过于令人称奇的文字一样，都有可能脱离了生活经验，远离了普通读者的情感。约翰逊认为，现实状态应该引起人们由衷的喜悦和忧愁，而《加图》只不过用优雅的修辞表现了正义的情感。约翰逊在《莎士比亚戏剧集》评注中提到，在艾迪生的作品中，读者看不到人世间的真正情感或者行为，其作品人物的希望和恐惧，也不被观众所体认。(*YE* 7：84) 约翰逊借用时人的批评指出，艾迪生最好的作品，变成了徒有其表的文雅，其作品只是规则的奴隶、令人可叹可笑。(*LP* 3：26—27)

约翰逊不仅怀疑艾迪生"徒有其表的文雅"，而且质疑艾迪生向来为人所称道的谦虚谨慎，并推测其谦虚的背后隐藏着野心和无情。约翰逊详细描写艾迪生同蒲柏、丹尼斯（John Dennis，1657—1734）等人的关系，

---

① 当时的英国诗人，多从事诗歌的翻译，参见 Greg Clingham, "Another and the Same", in Earl Miner and Jeniffer Brady, ed., *Literary Transmission and Authority*, Cambridge：Cambridge University Press, 1993。

② 蒲柏未尝不知道修辞的危险，参见 *An Essay on Criticism*, l. 573。

以此来证明艾迪生的老练世故、环设城府。① 约翰逊对艾迪生的评价，值得一再回味："文笔讲究，纯正完美，公允不偏，极少犯错，但缺乏力量，难成臻善。偶尔也有惊人之文句、警世之篇章。不过总体来说，温而不火，机巧有余，力道不足。至多可以算作是早期规范的先例。"（LP 3：36）这何尝不是对德莱顿后英国诗歌发展的回顾和结论：规范和精致虽然可以让读者感到愉悦，毕竟丧失了文学的表现力和生活的丰富性。当然，这是相对诗歌而言的。约翰逊认为艾迪生最重要的成就在于散文，其语言纯洁和精确，表现出天才的力度和恣肆。艾迪生的散文形成了一种"中等风格"（LP 3：38）。

二　谴责与辩护

在第二节，我们领略了约翰逊从作家生平推断艺术特色的本领。在《德莱顿传》中，约翰逊不仅从生平，而且从其诗歌来推测德莱顿的性格。在传记的开始，约翰逊就指出有关德莱顿的传记材料寥寥无几，这和《弥尔顿传》的情况恰恰相反。"我们只能从别人那里，或者从德莱顿本人的文字中推测。"（LP 2：160）康格里夫（William Congreve，1670—1729）赞美德莱顿平易近人、大方宽容，约翰逊不以为然，说这是朋友激赏之情，并不可靠。德莱顿自称生性阴郁，拙于逗引听众，约翰逊引德莱顿的诗歌为参照："美酒和爱情，都不能使我开怀/天生能文，却不知如何口头表白。"（LP 2：112）此外，约翰逊推测，德莱顿用来描写查理二世的几行诗歌，实际是自夸，"他的思维敏捷，判断无误/虽博学之士，亦心甘首肯/读书唯精妙，知识尤广博"。（LP 2：122—123）②

在《弥尔顿传》的文学批评部分，约翰逊很少引用诗人原文，甚至在《失乐园》部分，也没有直接引用任何诗行。约翰逊对德莱顿的理解，来自对其诗歌细节的把握。"这里我不想举出更多的例子，但是，读者可以直接阅读德莱顿的文字，从中可以看出德莱顿的性情。"（LP 2：123）约翰逊不仅征引德莱顿的诗文，而且他本人的修辞，也变得如行云流水、轻松洒脱。且看其论德莱顿的散文风格："其文字丝毫没有冰冷或涣散之

---

① 参见蒲柏的诗歌 Epistle to Dr. Arbuthnot，ll. 193—215。
② 德莱顿的诗歌中另有一段描写爱情的文字，约翰逊认为其实可以用来说明他的性格。（LP 2：148）

感，而是通篇气韵生动，雄健有力：其细处，绰有风致；其大处，更见辉煌。…… 生气勃勃，令人生敬，……虽然一切来之甚易，却无一种见出孱弱；一切若不经意，却无一处生硬。"（*LP* 2：123）①

克林汉姆认为，这一段描写德莱顿散文风格的文字，也是其性情的写照，诚哉斯言。②《蒲柏传》中另有一段对比蒲柏和德莱顿的文字，其中更见诗人文字风格和性情之间的息息相通：

> 诗歌还不只是他两人的唯一特长，因为两人也都兼以散文名世。但蒲柏的文风却并非出自对这位前辈的因袭。德莱顿的风格变幻多端，蒲柏的风格审慎匀称；德莱顿的一切服从其心灵之驱遣，唯任所之，蒲柏处处强迫其心灵就其文章义法。德莱顿之文有时殊称酣畅疾迅；蒲柏则一例流利匀称，温情可爱。德莱顿的篇章纯然是一幅天然野景，高下突兀不一，其间花木繁茂，杂然纷呈；蒲柏则茸茸新绿，芳草如茵，芟刈剪伐，光润平整。（*LP* 4：65—66）③

笔趣之云谲，文风之波诡，或为性情所铄，或受习气所凝，约翰逊可谓"操千曲而后晓声律"。约翰逊对文学批评的语言要求颇高。通观《诗人传》，评论像弥尔顿、蒲柏和德莱顿等重要的诗人时，约翰逊的文字亦变得遒劲有力、如影随形，仿佛要与诗人一争高低。此外，蒲柏"强迫其心灵就其文章义法"（constrains his minds to his own rules of composition），这同前面对其诗歌修辞评价同出一理：用语言来掩饰生活经验的空乏。"德莱顿的一切，服从其心灵之驱遣，唯任所之"，这也对应于德莱顿"博大的心灵"。

从情感上讲，约翰逊对德莱顿表现出深深的赞赏；从理智上看，约翰逊总是力求平衡的判断。由于这两个因素同时存在，在《德莱顿传》中，约翰逊的行文自然具有一个特点：谴责和辩护总是紧紧相连，而且，辩护往往可以成功"解构"谴责。早在第9段，约翰逊就指出："如果说德莱顿变节，那么他随着全国人变节。"约翰逊认为，当时政治上变节者颇

---

① 参见高健译注《英文散文100篇》，中国对外翻译出版公司2001年版，译文稍有改动。
② Greg Clingham, "Another and the Same", in Earl Miner and Jeniffer Brady, ed., *Literary Transmission and Authority*, Cambridge: Cambridge University Press, 1993.
③ 参见高健译注《英文散文100篇》，中国对外翻译出版公司2001年版，译文稍有改动。

多,但德莱顿成名后,许多人不肯放过。① 在第118—120段,约翰逊集中讨论德莱顿改宗天主教一事。当时许多国教徒纷纷改宗,以迎合詹姆士二世的天主教,有人推测,德莱顿改宗也出于利益驱动。约翰逊认为,也许德莱顿"改宗之际恰恰也是有利可图的时刻",或者说这两件事只是偶然同时发生,并无因果关系。约翰逊接下来的解释,更容易产生歧义:"毕竟真理和利益并非格格不入、两相冲突。"更有甚者,"利益和真理相与接纳,互通款曲"。(LP 2: 103) 在《德莱顿传》中,约翰逊很少冷嘲热讽,上面的判断恰恰说明,约翰逊洞察世间万象、体味人性百态。现代学者指出,德莱顿并没有从改宗中获得利益,且改宗以后,德莱顿经受了诸多不幸。即使社会氛围又出现新变,德莱顿再没有改变信仰。② 这段文字不禁让人联想起约翰逊接受恩俸一事。约翰逊事后的自我解释和犹豫不决,说明道德感在起作用,他不能回避良心的质问。不过,约翰逊并不认为晚期政论违背良知,或许这可以解释约翰逊的推断,毕竟真理和利益并非格格不入、两相冲突。

德莱顿改宗,或者出于其他原因,约翰逊比较审慎,不敢妄下断语。首先,当时的诸多博学之士,尚不能分辨宗教争论之是是非非,而终皈依天主教,何况普通基督教徒。天主教的辩护者,言之凿凿来证明自己为正宗,又一一揭露新教的可疑之处。新教徒若德莱顿者,根本无法抵挡这些诡辩。且德莱顿改宗后没有反悔,这也说明他对旧教的忠诚。(LP 2: 103)③ 第158段还提到,早在詹姆世二世登基之前,德莱顿已经允许儿子接受天主教,这也暗示德莱顿并非为了迎合王朝的更替。当下学者认为,德莱顿改宗的原因很复杂,特别强调德莱顿妻子一方的亲戚和儿子的影响,这同约翰逊的解释,似有异曲同工之处。④

与改宗相关的另一个问题,是德莱顿发表亵渎宗教的言辞。谁能证明

---

① 讨论德莱顿政治观念的多变,参见 Annabel Patterson, "Dryden and Political Allegiance", in Steven N. Zwicker, ed., *The Cambridge Companion to John Dyrden*, Cambridge: Cambridge University, 2004, pp. 221 – 236。

② John Spurr, "The Piety of John Dryden", in Steven N. Zwicker, ed., *The Cambridge Companion to John Dryden*, Cambridge: Cambridge University, 2004.

③ Ibid.

④ Greg Clingham, "Another and the Same", in Earl Miner and Jeniffer Brady, ed., *Literary Transmission and Authority*, Cambridge: Cambridge University Press, 1993.

德莱顿有什么不轨的个人行为,只不过,他文字上不够检点。指责德莱顿的谈话有伤风化,这不足为凭,"如果这样的说法成立,谁还能逃过谴责"。(LP 2:112)约翰逊转而谴责德莱顿,"一个人的心灵,如果愿意腐蚀自己,且在社会中传播毒素,这样自甘堕落,不可以原谅……德莱顿终生为其言行而忏悔"。(LP 2:113)另一方面,约翰逊也为德莱顿辩护,亵渎言词只不过是戏剧创作的要求,并不是心甘情愿。(LP 2:113)约翰逊认为,"违背宗教规定的人,一定是不信宗教的人。其实,他的亵渎行为,乃是道德不严格、谈话不拘谨的结果;德莱顿有时违心来迎合时代的堕落"。(LP 2:115)查理二世的宫廷,充斥着性爱、宗教和语言方面的自由放纵,尽管国王身上罩着统一国教外衣。这位复辟的国王,在流亡期间受到玩世态度熏染,为其宫廷确定了文雅又放荡的情调。当时的时尚文字,多涉及性爱的暗讽,德莱顿秉承玄学派诗人的表达风格,难免在文字中掺杂类似的修辞。与德莱顿同时,还有一个臭名昭著的宫廷诗人罗切斯特子爵,专写性爱情事。约翰逊在诗集中大量剪除罗切斯特的诗歌,且对其道德观加以批评(LP 2:11—12)。当然,约翰逊并不否认罗切斯特的确富有机智,尤其在口语中。

在诗歌艺术和语言锤炼上,德莱顿不够精益求精,约翰逊最不能原谅:①

> 他的写作,至少他自称属于自己的作品,仅供一般人的阅读。只要能使读者喜欢,他也就自感满意。他很少花工夫去拼命发挥他的潜力;他从不想使他那已经不错的作品更臻完美,也不常对他明知有缺点的地方多加改进。他的写作,据他自称,往往是仓促命笔。何时情景或需要逼上头来,他便就眼下所能提供的素材,汩汩而出。而一旦付印出版,他早已将这事置诸脑后。只要其中再无金钱利益的牵涉,他也就不再更多关心。(LP 2:146)②

---

① 试比较约翰逊对蒲柏的评价:"蒲柏的标准决非但满人意,而是务在求胜,因而处处黾勉将事,倾其全力;对其读者,他并不祈其公允,而是乐其评骘,对人既不妄冀其宽,对己亦堪称能严。一字一句之细,一段之微,他总是备极周到,酌之再三,反复润饰不倦,直至感到毫无憾然为止。"参见高健译注《英文散文100篇》,中国对外翻译出版公司2001年版,译文稍有改动。

② 参见高健译注《英文散文100篇》,中国对外翻译出版公司2001年版,译文稍有改动。

这也正是约翰逊的情形，读者当然不会忘记，约翰逊曾言，"谁不为金钱而写作"。这段话或许其中包含着对自己的理解和批评。约翰逊深知个人努力和文学成就间的辩证关系："并不是具备了一定的原因，就会产生一定的结果。有时缺乏意志，有时缺乏力量；有时两者备于一身，但外部条件不够。"（*LP* 2：125）这里所谓的外部条件，乃是指经济收入。约翰逊颇费篇幅来解释德莱顿经济上的坎坷，甚至不惜笔墨介绍当时的剧院、文化市场、恩主制度和恩俸等情况。德莱顿根本不喜欢戏剧写作，为了谋生，不得不为之。约翰逊最初选择诗剧《艾琳》到伦敦闯天下，也是出于同样的原因。18 世纪初，英国诗歌多为手工抄写，诗人所得报酬甚少；从诗歌前言中可知，诗歌作者不得不依靠恩主。比较而言，戏剧是作家逃避困顿的最好的文类，艾迪生从《加图》中获利不菲。① 约翰逊既能批评德莱顿的不足，也能为之辩护。娓娓讲述德莱顿生活的方方面面，认同之感，溢于言表，每每情不自禁，这在《诗人传》中不多见。对真实人生的缺陷，抱有深深的理解和同情，这有助于再现传主的内心世界。

三 博大的心灵

与修辞相比，本文更加关注题材，即德莱顿诗歌"如何陶冶情操"。（*LP* 2：123）这同德莱顿"博大的心灵"相关。《诗人传》评论德莱顿时，曾经三次用到"博大的心灵"的说法。《德莱顿传》中出现过两次：第一次在第 218 段，约翰逊认为，沃勒与丹姆缺少德莱顿那样"博大的心灵"（minds of very ample comprehension）。第 218 段之前谈及音律的革新和规范，而此处则指心灵对题材的把握。第二处在第 321 段，"纵览德莱顿的努力，可以看出他天生就具有广博的心灵（a mind very comprehensive），而且所掌握的知识，进一步丰富他的心灵"。另外，在《蒲柏传》中，比较德莱顿和蒲柏的时候，约翰逊再次提及了这样的字眼："他的心灵更博大（his mind has a larger range），意象和例证的选择范围也更广泛。"（*LP* 2：146）这里也是指心灵对题材的选择和把握。

既然三处"博大的心灵"都指向题材，下面来考量约翰逊的题材究竟为何物。在"玄学派诗人"一开始，约翰逊就引用亚里士多德的说法，

---

① Robert DeMaria, *The Life of Samuel Johnson：A Critical Biography*, Oxford：Blackwell, 1993, pp. 34 – 35.

来指出文学的目的：文学是一种模仿的艺术，或者模仿自然，或者模仿生活，描绘物质的形态，或者表现心灵的活动。这些说法也就是约翰逊在《莎士比亚戏剧集》评注中所谓的"自然"。（YE 7：61—62）

"自然"是文艺复兴以后批评界常用的概念。约翰逊有关"自然"的观念，一再被讨论，但是，不少学者依旧想当然地来理解。① 此处不想重复争论，但要强调两点。首先要区分两个意义的"自然"。一个是伦理意义上的自然，约等于"社会风俗"和"人性通则"；另一个是物理意义上的自然。约翰逊的"自然"观念，毕竟受到霍布斯和洛克经验论的熏陶，他认为，除了宗教和道德以外，一切知识都来自感觉和经验的推理。② 这样说倒也不错，但问题在于，17、18世纪以后，由于理性主义思潮的影响，这两个意义经常交织一处，论者往往将其混同。③ 客观存在的事物，甚至整个世界和社会，统称为"自然"。艺术变成了一面镜子，莎士比亚是"自然的诗人"（poet of nature），他向读者举起习俗和生活的真实"镜子"。约翰逊使用"自然"一词时，常常兼有两个意思，不过，相较而言，他更偏重伦理意义上的自然。在《莎士比亚戏剧集》评注中，约翰逊就是依据这样的观点，来探究伟大的艺术家和生活之间的关系，他认为莎士比亚表达了生活的本来面目。（YE 7：62）

这是第一个要注意的问题。第二，有必要区分约翰逊的"普遍的自然"和"具体的自然"。笔者给"具体的自然"加上引号，以便同"普遍的自然"区分。"具体的自然"指社会风俗、日常生活或者个人经验等。而经过诗人加工的、体现出一般规律或者原则的自然，则是"普遍的自然"。约翰逊认为，莎士比亚的作品，总是代表一个类型（Species）。（YE 7：62）如同在本章第一节指出的，"概括性"是新古典主义的一个特点。④ 约翰逊的评论，实际涉及个人经验（甚至社会风俗）和一般原则（"普遍的自然"）的关系。弥尔顿缺少"来自经验的知识"，遭到约翰逊

---

① Philip Smallwood, "Shakespeare: Johnson's Poet of Nature", in Greg Clingham, ed., *The Cambridge Companion to Samuel Johnson*, Cambridge: Cambridge University Press, 1997, p. 147.

② 范存忠：《英国文学论集》，外国文学出版社1981年版，第118、133页。

③ Donald J. Greene, "Samuel Johnson and 'Natural Law'", *The Journal of British Studies*, Vol. 2, No. 2 (May, 1963), pp. 59–75.

④ Richard Harland, *Literary Theory from Plato to Barthes*, Basingstoke: Palgrave Macmillan Limited, 1999, p. 41.

的批评。在约翰逊看来，必须经过沉思，不管是经验的沉思，还是理性的沉思，才能达到一般原则或者"普遍的自然"。德莱顿"努力研究诗歌的技艺，不断纠正和扩充自己的观念，在实践中不断提高，头脑中充满了原则和规则"。（*LP* 2：120）

评论英国诗人，约翰逊一般不离知识、想象力、题材等几个标准。通观《诗人传》，其中的诗人略可分为三类：沃勒的灵性乃是天生的，不过缺少知识的扩充；弥尔顿的题材崇高和知识渊博，但是没有表现人性通则和"自然"；蒲柏的诗艺精湛，但是题材琐碎，"蒲柏之所知，只是局部的"。德莱顿在灵性上稍逊于沃勒，他的知识不比弥尔顿广博，修辞设色不如蒲柏精致，但通过经验和理性的沉思，却能够表现人性通则，也就是"普遍的自然"。

如果说弥尔顿缺少"来自经验的知识"，这并不意味着知识没有用途。知识和理性，也有助于升华"具体的自然"。"博大的心灵"的第二层意思，指心灵的反思能力，既可以做到风格上的变化多端，也可以在主题上升华。约翰逊的经验主义倾向，学者早已经指出，但是，约翰逊同样重视心灵的作用。罗兹（Rodman D. Rhodes）通过《闲逸者》第 24 期来论证约翰逊的认识论，其阐释深化了我们对约翰逊思想的认识。① 《漫步者》第 103 期提到："尽管心灵有时受到外在或者偶然动机的激励，但是在许多场合，它似乎自行其是，并不受制于任何外在的原则。"罗兹征引大量的例子来阐明约翰逊重视心灵的自主性，以及如何以理性来认识经验事实。作者认为在一定程度上，约翰逊认可笛卡尔（Rene Descartes，1596—1650），反对洛克。②

在文学批评中，约翰逊同样重视心灵的作用。约翰逊将德莱顿的批评文字分成两类：概括的和具体的。"就概括的文字而言，由于论述事物的普遍性质和心灵的一般结构，读者完全可以信任德莱顿的文字。"（*LP* 2：

---

① Rodman D. Rhodes, "*Idler No. 24 and Johnson's Epistemology*", *Modern Philology*, Vol. 64, No. 1（Aug. , 1966）, pp. 10 – 21.

② 洛克在《人类理智论》中指出我们一切观念来自"感觉"（senses）或者来自"反省"（reflection），这两者构成了经验的来源。但这两条不足以否定笛卡尔的天赋观念，否则洛克不必写一本厚厚的《人类理智论》。洛克的"反省"乃是心灵的活动，"它所提供的观念，只是人心在反省自己内面活动时所得到的"。［英］约翰·洛克：《人类理智论》，关文运译，商务印书馆 1959 年版，第 69 页。

120）这样的措辞，可以同约翰逊对莎士比亚的批评比较：莎士比亚戏剧中"人物的行动和语言，都受一般情感和一般原则的影响"。（YE 7：62）约翰逊经常从"共同人性"和"一般情感和一般原则"入手来分析作品，这样的做法向来为后人诟病。不过，当下五花八门的理论，可以任意"解构"经验和主体，何尝不是极端的说辞。

约翰逊认为德莱顿"并不缺少书本知识"（LP 2：122），虽然稍逊于弥尔顿。"在德莱顿的思想中占主导地位的，并不是感受力，而是理性。在各种各样不同的场合，德莱顿都是以学识见长，而非内在的感受。他的情操，并不是自然所产生的，而是由沉思提供的。"（LP 2：148）在约翰逊看来，"博大的心灵"可以"搜集，结合，扩充和润色""具体的自然"，使之变成"普遍的自然"。约翰逊认为，崇高美有赖于聚集和综合；细巧美依靠发散和分析。（LP 1：200）如果没有了这样的天才，判断冷冰冰的，知识干巴巴的。总之，必须经过经验和理性沉思，或者艺术想象力的加工，作家才能把握"普遍的自然"。这也就是钱锺书先生在《谈艺录》中所谓"人艺可以巧夺天工"。①

"博大的心灵"可以吸纳不同的题材，可以将"具体的自然"艺术化，读者甚至不能看出原来的样子。约翰逊在《德莱顿传》中有一个论断值得推敲："大凡一位动笔较多的人每每脱不出他自己的某种腔调，这类独特笔法的一再重复是极为习见的事。德莱顿则不同，他总是'既是自我，又不是自我'（another and the same）。"（LP 2：123）约翰逊的"既是自我，又不是自我"可有多种解释。就上下文来看是指德莱顿修辞上变化多端，从来不重复。请看约翰逊的解释："他的笔调极不易学，不论是真模还是戏仿；他总是若无变化而又变化不一。"（LP 2：123）不过，就像前面提到的，"既是自我，又不是自我"，也可以指德莱顿化个人经验为社会艺术的心灵能力。②"博大的心灵"可以将自我辩证地统一于社会艺术中。诗歌既是自我的表达，也是普遍的、永恒的表达。

在德莱顿的经历和诗文中，约翰逊找到了"自我"。③ 前面的讨论，

---

① 钱锺书：《谈艺录》，生活·读书·新知三联书店2007年版，第277—279页。

② Greg Clingham, "Another and the Same", in Earl Miner and Jeniffer Brady, ed., *Literary Transmission and Authority*, Cambridge：Cambridge University Press, 1993.

③ Lawrence Lipking, *Samuel Johnson：The Life of an Author*, Cambridge：Harvard University Press, 1988, pp. 289 – 290.

已经依稀可见两个人经历相仿，比如为金钱而写作、同恩主和书商的冲突等。行文中，约翰逊几次从德莱顿的文字中选取材料证明其人的性格，有些评断，不妨看作是约翰逊自己性格的透露。这何尝不是另一个意义上的"既是自我，又不是自我"。比如谈到德莱顿的渊博知识，读者一般会以为，这样的知识来自勤奋学习。约翰逊则认为，德莱顿的知识来自：

> 无拘无束的谈话、敏捷的理解力、正确的选择、美妙的记忆、对知识的渴望和强劲的消化能力。德莱顿的性情机敏，凡可注意的地方，从来不轻易放过；德莱顿的反思能力很强，只要有用的知识，不会不加以消化。德莱顿的心灵，总是充满好奇，忙于运思。这样的心灵，充满理解力，在领会知识上，更加敏捷、卓有成效，绝不像普通学者，茕茕独处、白首穷经。德莱顿并不鄙视书本知识，唯其天才挥洒之际，更加认可生动机智的指引。其为学并不系统，而是零散随意的。（*LP* 2：122）

这段文字用来"特写"约翰逊的性格，也没有任何不妥之处。"无拘无束的谈话"使得约翰逊成为英国的苏格拉底，约翰逊鄙视纯粹学究式的学问，他讨厌格雷、沃顿等人的学院生活。而且他的知识"并不系统，而是零散随意的"。鲍斯威尔认为，约翰逊实际在谈论自己的创作经验，只不过以德莱顿为引子而已。（*Life* 4：45）钱锺书先生曾借着"魔鬼"如是说："现在是新传记文学的时代。为别人做传记也是自我表现的一种；不妨加入自己的主见，借别人为题目来发挥自己。"① "借别人为题目来发挥自己"，在《德莱顿传》中绝非一处，有些文字比较明显，一望而知；有些则比较隐晦。1681 年，德莱顿发表政治讽刺诗《押沙龙与阿奇托菲尔》（*Absalom and Achitophel*），约翰逊认为这是"第一次将诗歌和政治结合起来"，颇受民众欢迎。（*LP* 2：101）艾迪生以为，民众的狂热是出于好奇，约翰逊则指出，在这首诗歌中"个人讽刺被用来指涉国家政治，故一般民众喜闻乐道"。（*LP* 2：101）此外，约翰逊还分析诗歌受宠的另一因素，党派争斗。（*LP* 2：101）18 世纪 80 年代的读者，当然不会忘记威尔克斯、朱诺斯等人对乔治三世的嘲讽，

---

① 钱锺书：《写在人生边上》，生活·读书·新知三联书店 2002 年版，第 11 页。

其实是暗示国王母亲和布特关系暧昧，并将这样的人身攻击用来批评国王的专制，因而广受民众的欢迎。约翰逊的"自我"表达，就是借着"另一个自我"进行的。

在《弥尔顿传》中，宗教或者伦理价值、想象力和渊博的知识，赢得了约翰逊的认可，尽管不是情感上的认同，在《德莱顿传》中，"博大的心灵"将一个历史的、具体的、矛盾的德莱顿转化成一个永恒的艺术家。"博大的心灵"这一判断是否有别的意义？或许约翰逊的心中还有尚未说出的话。或许德莱顿的诗文，触动了他的心灵，激起他的共鸣。既然约翰逊引用德莱顿的诗歌证明其性格，是否也可以从德莱顿的诗歌中找到"博大的心灵"的其他含义呢？

1660 年，德莱顿发表了庆祝查理二世复辟的诗歌《正义恢复了》(Astraea Redux)①，其中有许多对内战的反思：

> 当他流亡时，国家和教会呻吟哀怨，
> 布道讲坛混乱不堪，各派争相觊觎王权，
> 目睹叛乱者飞黄腾达，国王受辱遭难，
> 饱经风霜的长者，陷入极度绝望的深渊。 (Astraea Redux, ll. 21—24)

在社会动荡中，叛乱的首领们纷纷自谋私利，民众不知原委，被煽动而参与内战的厮杀：

> 首领们心怀叵测，诡计多端，
> 教唆别人反叛，心里却渴慕王权，
> 民众拿起刀枪，却不知受骗上当，
> 疯狂参与杀戮，只为一点点奖赏。(Astraea Redux, ll. 31—34)

除了这些喧嚣与混乱、私利与阴谋，更可怕的是思想的混乱。在《俗人的宗教》(Religio Laici; or, A Layman's Faith) 中，国教教徒不得不

---

① 以下所引德莱顿诗歌均出自 James Kinsley, ed., The Poems of John Dryden, Vol. 1, Oxford: Oxford University Press, 1958, 以后只标注原诗的行数。

面对自然神论者①、不从国教者和天主教徒的诸种攻击。德莱顿要求英国国教必须保持冷静（But common quiet is Mankind's concern）。② 在社会和政府分崩离析之际，德莱顿希望加强信仰的作用，限制个人理性（That private reason' tis more Just to curb）③："理性之于灵魂，就如同星月／反射出来的光芒之于那／孤寂、疲惫、彷徨的旅人。"（Religio Laici, ll. 1—3）④ 对理性的质疑，是德莱顿诗歌中经常出现的说法："当理性面对宗教，情况／也是如此：它苍白，死亡／消失在超自然的明光。"（Religio Laici, ll. 10—11）⑤

如同"自然"，18世纪英国思想领域中的"理性"，也有不同意义。一个是伦理学意义上的，约等于"良知"或者"道德感"；还有一个则相当于"逻辑推理"或者"抽象的理论"。另外，"理性"的界定也可以是相对于神学权威而言的判断标准。⑥ 对"逻辑推理"或者"抽象的理论"，约翰逊总是排斥的，因此他反对霍布斯或者休谟。也许，约翰逊在内心深处知道，难以从"理论"或者"逻辑推理"的角度来驳斥这些思辨哲学家。约翰逊对抽象理论家的攻击方法，就是采取行动而非思辨，在这个意义上可以理解约翰逊的评论："凡是理论无助于信仰。"⑦

在德莱顿看来，理性只是"低等"之物，无法理解"高等"的信仰，所以"有限"的理性无法追逐"无限"的信仰"（Religio Laici, ll. 39—40）："不要骄傲地超越人类的认识能力／信仰并不需要无聊的思辨／人类内心渴求简单明了的信念。"（Religio Laici, ll. 430—432）1685年皈依罗马天主教后，德莱顿又写出了《牝鹿与豹》（The Hind and the Panther, Part 1）。这首诗歌探索的问题同以前并无二致，依旧寻找一个坚定的信念：

---

① Religio Laici, l. 42: The Deist thinks he stands on the firmer ground. 本诗写于1682年，在英国自然神论刚刚出现。
② Religio Laici, l. 450.
③ Ibid., l. 447.
④ 译文参考聂珍钊等著《英国文学的伦理学批评》，华中师范大学出版社2007年版，第211页。
⑤ 同上。
⑥ [美]梯利：《西方哲学史》，葛力译，商务印书馆1995年版，第284页。
⑦ 在《约翰逊传》中约翰逊攻击笛卡尔（Life 2: 397, 4: 199）和贝克莱（George Berkeley, 1685—1753），参见 Life 1: 471, 3: 165, 4: 27。

> 难道让我相信造物主可以死亡？
> 难道让我听信不完善的思想，
> 而去怀疑全能的上帝？
> 难道感觉和理性可以同信仰为敌？
> 难道把超越的信仰搁置一边，
> 却相信奴隶般的感官？ (*The Hind and the Panther*, Part 1, ll. 82—88)

上面所引的诗歌内容，超出了一般宗教教派的争执，而是更加深刻地探寻信仰和理性的关系。① 在《俗人的宗教》的《序言》中，德莱顿曾言，自己"倾向于怀疑主义哲学"，尽管当时他在宗教信仰方面遵从国教。② 效忠复辟王朝之后，德莱顿逐渐朝着唯信仰主义发展，直到后来终于改信了天主教。就诗歌的内容而论，从《俗人的宗教》到《牝鹿与豹》，宗教的具体所指，越来越宽泛，最终变成了一种泛化的宗教情感，一种虔诚的态度，一种对待生活、文化和历史的心灵状态。"博大的心灵"也可以如此阐释。在约翰逊看来，这样的虔诚，这样的心灵态度，或许比弥尔顿的高傲、反叛更富有宽容的意味，更加接近生活的常态和普通的情感。

艾略特欣赏"玄学派诗人"并非无缘无故，第一次世界大战中，西方文明的堕落或许让这位现代诗人想起英国17世纪的内战。《荒原》中读者所见证的，是世俗社会的物欲横流和民众生活的百无聊赖。渴望内心平静的艾略特认同德莱顿，或许自有深意。③ 在诗剧《大教堂凶杀案》(*Murder in the Cathedral*, 1935) 中，艾略特探索了托马斯·贝克特 (St. Thomas Becket, 1118—1170) 的骄傲和狂心，因为"骄傲"是"七

---

① 克林汉姆认为天主教更加符合德莱顿的诗人心灵，诗歌翻译对于德莱顿而言是一个神圣的献身行为，表现出诗人对过去的把握能力，甚至超越上帝，参见 Greg Clingham, "Another and the Same", in Earl Miner and Jeniffer Brady, ed., *Literary Transmission and Authority*, Cambridge: Cambridge University Press, 1993。

② [英]安德鲁·桑德斯：《牛津简明英国文学史》（修订版），谷启楠、韩加明等译，人民文学出版社2006年版，第270页。

③ 参见[英]托·斯·艾略特《艾略特文学论文集》，李赋宁译，百花洲文艺出版社1994年版，第47—63页。

宗罪"的首恶。① 《诗人传》中，弥尔顿、蒲柏、斯威夫特等诗人，都或多或少沾染这样的习性，约翰逊从来没有忘记对"骄傲"的谴责。

骄傲者往往不能宽容。约翰逊对天主教徒、对从新教皈依天主教的人，却是很宽容的，不妨同弥尔顿比较。约翰逊承认天主教"外表上很迷人"，有时，人们很难区分宗教中真理和谬论。（*LP* 2：102）约翰逊认为，从新教皈依为天主教可能是真诚的，而且从信仰上讲，他可能一无所失。反之，如果从天主教皈依为新教，他将会失去部分宗教信仰。（*Life* 2：105）约翰逊日记中提到"最近的皈依"，这是学者一再讨论的话题。② 晚年约翰逊在疾病中屡屡感到死亡的逼近，最终在理性和信仰之间选择了后者。《诗人传》中的宗教关怀，并不是不可思议的。前面讲过，英国 18 世纪七八十年代，国教受到各种责难，不仅国教徒，一般的宗教民众的信仰，也都受到种种纷扰和威胁。③ 如果说，在《诗人传》中约翰逊还可以将文学和宗教关注交织一处，到了 19 世纪的英国，由于宗教式微，阿诺德只能以诗歌来取代宗教的功能。20 世纪英国著名批评家利维斯博士（F. R. Leavis，1895—1978）的"伟大的传统"，不过是道德关注取代宗教关怀的翻版而已。如果追溯"伟大的传统"的源头，可以回溯到这位"约翰逊博士"。

德莱顿奉莎士比亚为"诗歌之父"，尊德莱顿为"批评之父"（*LP* 2：118）。一般说来，《诗人传》中不提莎士比亚，但是，约翰逊在《诗人传》中将德莱顿同莎士比亚并论，比如前面提到的"普遍的自然"。谈到翻译效果时，约翰逊认为"不要一句一句比较，应注意整体效果。在某句的翻译上占了上风，并不是困难的事情，但是整体效果可能因之而丧失。批评者自认为值得称颂的文字，读者未必买账。优秀的作品，往往具有一个重要的条件：抓住读者的注意力，让其深受感染"（*LP* 2：147）。约翰逊"希望读者以这样的标准来衡量德莱顿，这也是莎士比亚技高一筹的原因"。（*LP* 2：147）在另一处，约翰逊并没有提到莎士比亚的名字，但是措辞接近对莎士比亚的赞誉："德莱顿的作品中到处透露着知识，时常闪耀着光芒。……字里行间都可以看出德莱顿把握自然和艺术的

---

① 陆建德：《〈大教堂凶杀案〉的历史背景》，《世界文学》2009 年第 1 期。

② 参见第一章第二节。

③ Paul Langford，*A Polite and Commercial People*：*England* 1727 – 1783，Oxford：Clarendon Press，1989，pp. 257 – 259.

分寸，充满了思想的财富。"（LP 2：122）

晚年约翰逊更加认可德莱顿，甚至超过蒲柏。在传记结尾部分，约翰逊比较了两个诗人：

> 所谓天才，乃是诗人所由形成的特殊力量；没有这种品质，则一切见解学问终不免流于冰冷呆滞；唯凭这种精力才能搜集，结合，扩充和润色。稍加迟疑之后，德莱顿还是略胜一筹。……如其说德莱顿更能凌空而起，蒲柏则更能长久飞翔。如果说德莱顿的光焰更为耀目，蒲柏的火力却更文细恒常。德莱顿往往出人意表，蒲柏处处不负所望。德莱顿读来时而令人惊讶不已，蒲柏则从来趣味隽永。（LP 4：65—66）①

德莱顿才情兼备，思如泉涌，神来之笔，间或有之。从上面这段文字的措辞看，约翰逊已经不像以前那样臧否弥尔顿的"惊人之笔"。德莱顿的思潮澎湃，一如弥尔顿的狂野大胆、汪洋恣肆。如果从《诗人传》全书的角度看，尤其考虑"玄学派诗人"的批评标准，约翰逊在这里所讨论的，乃是一开始就提出的问题。约翰逊曾强调修辞的规范性，但是后来他认识到，规范之外还有表现力度和题材广泛等因素，故晚期的约翰逊更加认可德莱顿。当不断追溯英国诗歌的传统时，约翰逊有时渴望一种生机勃勃而非温文尔雅的风格。这是诗人约翰逊和道德论者约翰逊的矛盾，约翰逊的身上兼有两种气质。当讨论心仪的作家时，诗性自然占了主导地位。"音"着实难知，"知"毕竟难逢，逢其知音，千载其一乎。

《诗人传》是著名诗人的传记，又何尝不是对人类行为或者成就的判断。可以说，约翰逊在《诗人传》中探讨了人类的局限和成就。诚如达姆罗西所言，就其主题而言，《诗人传》与其说是有关美学的论文，不若说是关于人类精神成就的评论。《诗人传》中，约翰逊直接同德莱顿、弥尔顿、蒲柏等天才诗人对话。尽管这些诗人有种种局限，最终，约翰逊包容了他们的不足，理解了他们的天才。在写作中，约翰逊意识到"博大的心灵"之作用，或许他渴望在"普通读者"心中培养虔诚的态度和宽容的胸怀，来对待生活、文化和历史。约翰逊眷顾自己的才能，战战兢

---

① 参见高健译注《英文散文100篇》，中国对外翻译出版公司2001年版，译文稍有改动。

兢，唯恐辜负了上帝的期许。完成了《诗人传》，也就了却一桩心愿，他的心里会充满成就感。《诗人传》不仅是文学史，也是美学观念、政治观念、伦理思想甚至宗教关怀融合一体的历史和人生感悟，在《诗人传》中，历史和个人的反思交织难分，完美地体现了约翰逊的伦理观。

结语

"没有终结的结论"

"没有终结的结论"（The conclusion, in which nothing is concluded）是约翰逊作品《拉塞拉斯》最后一章的题目。的确，只要生活没有终结，道德讨论也不会进入尾声。当下中国正在进行现代化建设，关于道德的讨论，沸沸扬扬，不绝于耳。应该看到，中国毕竟是现代化道路上的后起国家，有着天然的照搬英美国家的功利性冲动。"这种冲动往往表现为对西方发达资本主义国家现行政治经济政策的攀附。或者至多只将审美的目光延伸到欧洲的资产阶级革命的发生期。这就蕴含了巨大的盲目性和危险性。"[①] 本书希望通过约翰逊的伦理研究，来审视英国"光荣革命"后一个世纪现代化进展的历史情境，我们学习西方文化时，哪怕是伦理道德的学习，应尽可能避开"盲目性和危险性"。

约翰逊的重要性在于，其伦理观念不回避当时的社会问题，并且紧紧地同他的政治观念交织在一起，对当时存在的日益尖锐化的社会问题做出广泛的回应。探讨约翰逊的伦理观念，其意义不在于他思想新颖，而恰恰在于这些评说反映了英国 18 世纪的社会、文化生活的方方面面。在探索约翰逊伦理思想的同时，本书也试图勾勒出约翰逊生活经历和思想发展的轨迹，这样的轨迹同英国现代化转型进程之间有着高度的契合。

初到伦敦时，约翰逊参与政府反对派对沃尔波尔首相的舆论攻击，其报刊文字显得较为激进。沃尔波尔政府代表了当时英国政治和经济现代化发展的一种模式，约翰逊的早期政论表明，这种模式也受到种种挑战，以皮特为代表的积极殖民扩张、构建帝国的发展模式正在酝酿中。[②] 随着《议会辩论》写作的展开，约翰逊对政治的了解越来越多，他逐渐摆脱了

[①] 林国荣：《君主之鉴》，上海三联书店 2005 年版，"序言"。
[②] 普拉姆的 18 世纪英国史研究，实际以沃尔波尔、皮特和小皮特等首相分为三个阶段。

辉格党反对派政治话语的影响。"七年战争"是皮特发展模式战胜沃尔波尔模式的转折点，或者说是大英帝国崛起的一个契机。对此战争的态度和看法，不仅关乎政治观念，更关乎独立知识分子的良知和社会责任感。约翰逊在"七年战争"中的政论文字，体现了知识分子试图改造市民社会和提高政府效率的诸种努力。1760 年以后，英国的政治格局又发生了变化。民众，尤其是富裕起来的中产阶级的商人，对土地贵族政策不满，他们政治参与热情越来越高涨。这样的政治热情同某些反对派力量结合起来，从而造成了 18 世纪晚期英国政治和社会动荡，一时间保守和激进的思潮并存，法国大革命来临之前的征兆，频频出现于英国 18 世纪六七十年代。约翰逊转向保守或许有一定的先见性，可以说自 17 世纪 80 年代以后，英国的现代化进程始终同保守主义交织在一起。约翰逊晚期的政论文字，总是能穿透当时英国政坛的"切口行话"，揭露其所掩盖的利益之争。在《诗人传》中，约翰逊的道德关注、文学批评和历史感悟与反思交融一体。约翰逊直接同天才诗人展开心灵的对话，既能指出他们的种种局限，同时也能高度赞誉他们的诗歌成就。约翰逊对这些诗人的理解和包容，体现了他对历史、文化和民族命运的态度，他渴望在"普通读者"心中培养虔诚的态度，一种对待生活、文化和历史宽容的心灵。

必须强调的是，本书也是一次"没有终结"的讨论，是名副其实的"初探"。其主要原因如下。

第一，尚有许多约翰逊的文字没有进入学者的视野，甚至没有好的版本。《漫步者》《冒险者》《闲逸者》《拉塞拉斯》《〈莎士比亚戏剧集〉评注》《诗人传》和《英语词典》这是一般读者都知道的文本，可是这些只占约翰逊文字的一部分。耶鲁大学计划出版的《议会辩论》至今没有面世。[①] 哈德逊的《约翰逊和现代英格兰的形成》出版于 2003 年，索引中提到的耶鲁版本只有 16 卷；牛津大学 2006 年版的《诗人传》，也只提及前 16 卷；2005 年耶鲁版第 18 卷（《约翰逊论英语语言》）刚刚面世。约翰逊和钱伯斯合著的《英国法律讲义》，目前有了比较规范的版本，但是，如何来区分两作者的文字依然是一个问题。约翰逊参与大量的新闻写作、文字编辑、节选摘要、翻译、书评、前言献辞，更不必说捉刀代笔的

---

① 耶鲁版本第 19 卷是约翰逊的早期传记。耶鲁版第 20—22 卷应该是《诗人传》，第 24 卷应该是《约翰逊文集》的索引。

文字。据德玛丽亚推算，约翰逊的翻译文字，最少占两卷，书评一卷，前言和献辞一卷，早期的传记一卷等。此外，约翰逊《英语词典》的手稿，没有被完全整理出来。想一想，有几个学者可以通部翻阅四次修订的《英语词典》。同样《〈莎士比亚戏剧集〉评注》，也就是耶鲁版第7、8卷，共计1100页，并未收入约翰逊的全部注解，尚有待于进一步整理。① 约翰逊的思想，体现在其全部文字中，如果不能纵览这些文本，很难说可以客观评定一个作家。本书理所当然只是不全面的讨论。

第二，约翰逊绝大多数篇什都是散文写作。且不说《漫步者》《冒险者》和《闲逸者》这些经典散文，即便如《诗人传》这样的文学批评，何尝不是散文呢？有的学者研究约翰逊的文字风格，发现其文字涉及19种不同的文类。不过，若要一一加以推究，这些文类中属于散文风格的占了多数。② 散文不仅是约翰逊的文字风格，更表现了其心灵特点。约翰逊在《英语词典》中定义 essay 词条时这样说："一种尝试，或者试验。"不论具体涉及哪一种文类，约翰逊的写作，恰恰是这一定义的最好体现。经验主义成为他的指导原则，而好奇的心灵则敦促他不断地在经验世界中探索。约翰逊从来不轻信时代的"行话切口"，或者大家公认的道理。他在行文中往往先提出一个论断，然后从不同方面对这一论断加以检验和评断，最后加以限制，从而形成一个值得推广的结论。从这个意义上讲，本书最多也是一种"尝试"。

约翰逊的散文风格本身，就是经验主义的产物，但是约翰逊的经验主义和唯理主义并不容易区分。近代哲学以理性或者经验为知识的起源而划分出唯理主义和经验主义。这似乎不必怀疑，但是，也要分清从哪一个意义上来使用这样的术语。如果说唯理主义是指一种态度，标榜只有知识的标准，而不是神学启示或者权威，才是判断的依据，那么一切近代哲学都是唯理主义的。同样，如果说经验主义是指以经验世界为哲学的研究对象，哲学必须解释经验世界，那么一切近代哲学都是经验主义的。③ 如同传统文艺复兴知识分子，约翰逊看重理性的作用，因而在道德观念上可以

---

① Robert DeMaria, *The Life of Samuel Johnson: A Critical Biography*, Oxford: Blackwell, 1993, p. 186.

② Robert D. Spector, *Samuel Johnson and the Essay*, Santa Barbara: Greenwood Press, 1997, p. 2.

③ [美]梯利：《西方哲学史》，葛力译，商务印书馆1995年版，第284页。

称之为唯理主义者。就他的认识论而言，约翰逊思想的确有经验主义的特征。约翰逊思想中经验主义和唯理主义的复杂性，应该引起读者的重视，不能简单地认为经验主义是他思想特点的全部。

第三，笔者学养浅薄和思想稚嫩，本书涉及的很多问题，尚不能得出比较明晰的答案。比如，政治术语的"保守主义"，是否可以界定约翰逊的思想？本书中多次指出，英美学者笔下"保守主义"的内涵不尽相同。"保守主义"和"自由主义"并不是18世纪的政治或者思想术语。就保守主义而言，其产生同法国大革命相关，正是因为看到了法国大革命对传统的破坏，才产生了一种维护传统的保守主义的思潮。在法国大革命以前，并没有作为完整体系的保守主义，所以不能用后来的术语来界定约翰逊的保守主义。

另一方面，虽然保守主义和自由主义的独立的思想意识形态并没有出现，但是现代性问题却是深藏在当时思想家们的观点和主张中。如何看待市民社会的产生和发展（比如第一章所讨论的家庭、职业和妇女问题），如何对待社会的政治、经济（比如第二章所谈到的政治观念）和文化（第三章的传记和美学观念）的变革，这些都是思想家所必须面对的现实问题，也是后来自由主义和保守主义产生分歧的关节点。约翰逊是一个作家，从不同的领域，道德的、政治的、文学的甚至历史的，对这些问题做出了自己的回答。如果保守主义的"标签"并不合适，就要详细阐释约翰逊在具体问题上的看法和主张。在《约翰逊的政治观念》结语时，格林认为，约翰逊属于带有怀疑主义的保守主义者；哈德逊总结了约翰逊保守主义的两个特点（平衡和审慎）；克拉克从文化意义上的保守推论约翰逊政治意义上的保守；坎农将约翰逊的保守主义理解成为"实用性"等。这些都反映了约翰逊保守主义的复杂性，有必要进一步追究。这也是"初探"的一个理由。

保守主义给英国的现代化进程刻下深深的烙印。本书第一章第二节提到宗教和世俗化的冲突，这种冲突，何尝不是传统和现代化的冲突。作为文化哲人的约翰逊其实是一个更大的文化象征"古怪者"（eccentric）的组成部分。该如何认识这个文化现象呢？有论者指出，"光荣革命"使得英国丧失了一个指涉自身的喻体。如果没有了国王，如何来表征国家或者民族同历史的关系呢？所以"古怪者"的文化形象，就是在这个时期出现的，并且经历了漫长的历史演变。① 艾迪生笔下的罗杰·德·考佛莱爵士（Sir Roger de Coverley）和柯南·道尔（Sir Conan Doyle, 1859–1930）侦探小说中的福尔摩斯，都是很好的例子。英国民众心目中，约翰逊何尝不是这一文化形象的典范，谁能记清约翰逊表现出多少离奇古怪的行为呢？"古怪者"的形象代表了一组价值观念，意味着非商业化、非职业化的传统贵族社会。换言之，商业化和职业化是1688年的"光荣革命"后社会文化的重要特点。在此后的政治话语中，贵族出身、土地财富、恩主制度和业余嗜好等或多或少失去了其传统政治、经济、宗教等方面的作用。但是，借助"古怪者"的形象，这些传统的文化意义又增强了，甚至成为民族文化的珍宝。具体历史过程中的某一个特征，如"古怪者"，却变成了整个民族的永恒的性格写照。这样的民族文化建构，弥补了文化、政治传统断裂所造成的心理问题，使得民众获得了某种程度上的完全感和自我认同感。② 这是否可以解释约翰逊作为文化哲人的悖论：他在英国妇孺皆知、家喻户晓，但是他的作品，除《漫步者》《诗人传》等某些篇章，在整个19世纪却很少被认真研究。

从主观上讲，笔者很愿意进一步探究约翰逊和报刊文化的关系，这方面国外的材料也不多。其次，第一章限于《漫步者》的分析，未能充分展开约翰逊和18世纪妇女作家的关系，希望在不久的将来，有机会深入讨论这个问题。再次，从使用材料上看，本书也有一个缺憾，较少征引约翰逊的书信材料。希望眼下这本论著，是今后探讨的一个起点。

---

① Martin Wechselblatt, *Bad Behavior: Samuel Johnson and Modern Cultural Authority*, Lewisburg: Bucknell University Press, 1998, p. 23.

② Ibid., p. 24.

参 考 文 献

约翰逊作品

THE YALE EDITION OF THE WORKS OF SAMUEL JOHNSON

General Editor: John H. Middendorf (New Haven and London: Yale University Press, 1958 –).

I, *Diaries, Prayers, Annals*, ed., E. L. McAdam, Jr., Donald and Mary Hyde, 1958, 2nd ed., 1960.

II, *The Idler and The Adventurer*, ed., W. J. Bate, J. M. Bullitt, and L. F. Powell, 1963.

III, IV, V, *The Rambler*, ed., W. J. Bate and Albrecht B. Strauss, 1969.

VI, *Poems*, ed., E. L. McAdam, Jr., and George Milne, 1964.

VII, VIII, *Johnson on Shakespeare*, ed., Arthur Sherbo, introduction by Bertrand H. Bronson, 1968.

IX, *A Journey to the Western Islands of Scotland*, ed., Mary Lascelles, 1971.

X, *Political Writings*, ed., Donald J. Greene, 1977.

XIV, *Sermons*, ed., Jean H. Hagstrum and James Gray, 1978.

XVI, *Rasselas and Other Tales*, ed., Gwin J. Kolb, 1990.

XVII, *A Commentary on Mr. Pope's Principles of Morality, Or Essay on Man*, ed., O. M. Brack, Jr., 2004.

XVIII, *Johnson on the English Language*, ed., Gwin J. Kolb and Robert Demaria, Jr., 2005.

《诗人传》在耶鲁版中为第20、21和22卷,目前尚在准备中,本书所用的版本是牛津大学2006年最新的版本。

The Lives of the Most Eminent English Poets: *With Critical Observations On Their Works*, ed., Roger Lonsdale, 4 Vols, Clarendon Press, 2006.

A Dictionary of the English Language, Arno Press, 1979.

其他英文文献

Abrams, M. H. and Stephen Greenblatt, eds., *The Norton Anthology of English Literature*, 7th ed., New York: W. W. Norton & Company, 2000.

Adams, Hazard and Leroy Searle, eds., *Critical Theory Since Plato*, 3rd ed., 北京大学出版社 2005 年版。

Andrews, C. M., *The Colonial Background of the American Revolution.*, New Haven and London: Yale University Press, 1931.

Balderston, Katharine C., "Doctor Johnson and William Law", *PMLA*, Vol. 75, No. 4 (Sep., 1960): 382–394.

Bate, W. J., *Samuel Johnson*, London: Chatto and Windus, 1977.

Ben-Atar, Doron, "The American Revolution", *Historiography*, ed., R. W. Winks, Oxford: Oxford University Press, 1999.

Black, Jeremy, ed., *British Politics and Society from Walpole to Pitt 1742–1789*, London: Macmillan, 1990.

Boswell, James, *The Life of Samuel Johnson, LL. D., with a Journal of a Tour to the Hebrides*, ed., G. B. Hill, rev., L. E, Powell, 6 Vols, Clarendon Press, 1934–1964.

Boulton, James T., ed., *Johnson: The Critical Heritage*, London: Routledge and Kegan Paul, 1971.

Brack, O. M. and Robert E. Kelley, eds., *The Early Biographies of Samuel Johnson*. University of Iowa Press, 1974.

Bree, Linda, "Henry Fielding's Life", *The Cambridge Companion to Henry Fielding*, ed., Claude Rawson, Cambridge: Cambridge University Press, 2007, pp. 3–16.

Brewer, John, *The Pleasures of the Imagination*, London: Harper Collins Publishers, 1997.

Brink, J. R., "Johnson and Milton", *Studies in English Literature, 1500–1900*, Vol. 20, No. 3, Restoration and Eighteenth Century (Summer,

1980): 493-503.

Brown, John, *Estimates of the Manners and Principles of the Times*, London, 1757.

Burke, Edmund, *Select Works of Edmund Burke*, 4 Vols., Indianapolis: Liberty Fund, 1999.

Burney, Frances, *Evelina*, ed., Stewart J. Cooke, New York: W. W. Norton & Company, 1998.

Bush, Douglas, *English Literature in the Early Seventeenth Century*, Oxford: Oxford University Press, 1962.

Cannon, John, *Samuel Johnson and the Politics of Hanoverian England*, Oxford: Clarendon Press, 1994.

Cannon, John, *Lord North: The Noble Lord in the Blue Ribbon*, Washington, D. C.: Historical Association, 1970.

Chapin, Chester, *The Religious Thought of Samuel Johnson*, Michigan: University of Michigan Press, 1968.

Clark, J. C. D., *Samuel Johnson: Literature, Religion, and English Cultural Politics from the Restoration to Romanticism*, Cambridge: Cambridge University Press, 1994.

Clark, J. C. D. and Howard Erskine-Hill, eds., *Samuel Johnson in Historical Context*, London: Palgrave Publishers, 2002.

Clifford, James L., *Hester Lynch Piozzi*, 2nd ed., Columbia: Columbia University Press, 1987.

Clifford, James L., *Dictionary Johnson*, New York: McGraw-Hill, 1979.

Clifford, James L., *Young Sam Johnson*, New York: McGraw-Hill, 1955.

Clifford, James L., and Donald J. Greene, eds., *Samuel Johnson: A Survey and Bibliography of Critical Studies*, Minnesota: University of Minnesota Press, 1970.

Clingham, Greg, ed., *The Cambridge Companion to Samuel Johnson*, Cambridge: Cambridge University Press, 1997.

Clingham, Greg, "Another and the Same", *Literary Transmission and*

Authority, ed. , Earl Miner and Jeniffer Brady, Cambridge: Cambridge University Press, 1993.

Colley, Linda, *Britons: Forging the Nation* 1707 – 1837, New Haven and London: Yale University Press, 1992.

Conway, Stephen, "Britain and Revolutionary Crisis", *The Eighteenth Century*, ed. , P. J. Marshall, Oxford: Oxford University Press, 1998. pp. 325 – 346.

Curley, Thomas M. , "Johnson, Chambers, and the Law", *Johnson after Two Hundred Years*, ed. , Paul J. Korsin, Philadelphia: University of Pennsylvania Press, 1986.

Damrosch, Leopold, *The Uses of Johnson's Criticism*, Charlottesville: University Press of Virginia, 1976.

Damrosch, Leopold, "Johnson's Manner of Proceeding in the Rambler", *ELH*, Vol. 40, No. 1 (Spring, 1973): 70 – 89.

Danielson, Dennis, ed. , *The Cambridge Companion to John Milton*, 2nd ed. , Cambridge: Cambridge University Press, 1999.

Davies, Godfrey, "Dr. Johnson on History", *The Huntington Library Quarterly*, Vol. 12, No. 1 (Nov. , 1948): 1 – 21.

Demaria, Robert, "The Eighteenth – Century Periodical Essay", *English Literature*, 1660 – 1780, ed. , John Richetti, Cambridge: Cambridge University Press, 2005.

DeMaria, Robert, *The Life of Samuel Johnson: A Critical Biography*, Oxford: Blackwell, 1993.

Diekhoff, John S. , ed. , *Milton On himself*, London: Cohen & West Ltd. , 1965.

Downie, J. A. , "Public Opinion and The Political Pamphlet", *English Literature*, 1660 – 1780, ed. , John Richetti, Cambridge: Cambridge University Press, 2005.

Dudden, F. Homes, *Henry Fielding: His Life, Works, and Times*, Oxford: Oxford University Press, 1952.

Eagleton, Terry, *Literary Theory: An Introduction*, Minneapolis: University of Minnesota Press, 1983.

Erickson, Amy Louise, *Women and Property in Early Modern England*, London: Routledge, 1993.

Fix, Stephen, "Distant Genius: Johnson and the Art of Milton's Life", *Modern Philology*, Vol. 81, No. 3 (Feb., 1984): 244 – 264.

Flannagan, Roy, *John Milton*, Oxford: Blackwell Publishers, 2002.

Fletcher, Anthony, *Gender, Sex and Subordination in England* 1500 – 1800, New Haven: Yale University Press, 1995.

Folkenflik, Robert, "Johnson's Politics", *The Cambridge Companion to Samuel Johnson*, ed., Greg Clingham, Cambridge: Cambridge University Press, 1997.

Folkenflik, Robert, *Samuel Johnson, Biographer*, Ithaca: Cornell University Press, 1978.

Fussell, Paul, *Samuel Johnson and the Life of Writing*, London: Chatto and Windus, 1972.

Fussell, Paul, *The Rhetorical World of Augustan Humanism*, Oxford: Oxford University Press, 1965.

Gay, Peter, *The Enlightenment of: An Interpretation*, Vol. 1, *The Rise of Modern Paganism*, New York: Knopf, 1966.

Greenblatt, Stephan, *Renaissance Self – fashioning*, Chicago: University of Chicago Press, 1984.

Greenblatt, Stephan, "The Myth of Johnson's Misogyny: Some Addenda", *South Central Review*, Vol. 9, No. 4, Johnson and Gender (Winter, 1992): 6 – 17.

Greene, Donald J., *The Politics of Samuel Johnson*, 2nd ed., New Haven and London: Yale University Press, 1990.

Greene, Donald J., ed., *Samuel Johnson*, Oxford: Oxford University Press, 1984.

Greene, Donald J., "Samuel Johnson and 'Natural Law'", *The Journal of British Studies*, Vol. 2, No. 2 (May, 1963): 59 – 75.

Greene, Donald J. and John A. Vance, eds., *A Bibliography of Johnsonian Studies*, 1970 – 1985, Greater Victoria: University of Victoria English Literary Studies, 1987.

Griffin, Dustin, "The Social World of Authorship 1660 – 1714", *English Literature*, 1660 – 1780, ed., John Richetti, Cambridge: Cambridge University Press, 2005.

Grundy, Isobel, *Samuel Johnson and the Scale of Greatness*, Leicester: Leicester University Press, 1986.

Grundy, Isobel, ed., *Samuel Johnson: New Critical Essays*, New York: Vision, Barnes and Noble, 1984.

Hain, Bonnie and Carole McAllister, "James Boswell's Ms. Perceptions and Samuel Johnson's Ms. Placed Friends", *South Central Review*, Vol. 9, No. 4, Johnson and Gender (Winter, 1992): 59 – 70.

Hammond, Paul, *John Dryden: A Literary Life*, London: St. Martin Press, 1991.

Harland, Richard, *Literary Theory from Plato to Barthes*, Basingstoke: Palgrave Macmillan Limited, 1999.

Hart, Kevin, *Samuel Johnson and the Culture of Property*, Cambridge: Cambridge University Press, 1999.

Hawkins, John, *The Life of Samuel Johnson, LL. D.*, London, 1787.

Hibbert, Christopher, *George III: A Personal History*, New York: Viking, 1998.

Higgins, Ian, *Swift's Politics: A Study in Disaffection*, Cambridge: Cambridge University Press, 1994.

Hill, Christopher, *Milton and the English Revolution*, London: Faber and Faber, 1979.

Hill, G. B., ed., *Johnsonian Miscellanies*, 2 Vols., Oxford: Clarendon Press, 1897.

Hinnant, Charles H., *Samuel Johnson: An Analysis*, London: St. Martin's Press, 1988.

Hudson, Nicholas, *Samuel Johnson and the Making of Modern England*, Cambridge: Cambridge University Press, 2003.

Holmes, Richard, *Dr. Johnson & Mr. Savage*, London: Hodder & Stoughton, 1993.

Hume, David, *The Philosophical Works of David Hume*, 4 Vols., Edinburgh, 1826.

Hunter, Paul, *Before Novels*, New York: W. W. Norton & Company, 1990.

Irwin, George, *Samuel Johnson: A Personality in Conflict*, Oxford: Oxford University Press, 1971.

Johnston, Freya, *Samuel Johnson and the Art of Sinking*, Oxford: Oxford University Press, 2005.

Kaminski, Thomas, *The Early Career of Samuel Johnson*, Oxford: Oxford University Press, 1987.

Kerrigan, William, "Milton's Place in Intellectual History", *The Cambridge Companion to Milton*, ed., Dennis Danielson, Cambridge: Cambridge University Press, 1989.

Kinsley, James, ed., *The Poems of John Dryden*, Vol. 1, Oxford: Oxford University Press, 1958.

Korshin, Paul J., "Johnson, the Essay, and *The Rambler*", *The Cambridge Companion to Samuel Johnson*, ed., Greg Clingham, Cambridge: Cambridge University Press, 1997.

Korshin, Paul J., ed., *Johnson after Two Hundred Years*, Philadelphia: University of Pennsylvania Press, 1986.

Korshin, Paul J., "The Johnson – Chesterfield Relationship A New Hypothesis", *PMLA*, Vol. 85, No. 2 (Mar., 1970): 247 – 259.

Korshin, Paul J., "Johnson and Swift: A study in the Genesis of Literary Opinion", *Philosophical Quarterly*, 48 (1969): 464 – 478.

Krutch, J. W., *Samuel Johnson*, New York: Henry Holt & Company, 1944.

Langford, Paul, *A Polite and Commercial People: England 1727 – 1783*, Oxford: Clarendon Press, 1989.

Lewis, Jayne and M. E. Novak, eds., *Enchanted Ground: Reimagining John Dryden*, Toronto: University of Toronto Press, 2004.

Lynch, Jack, "Betwixt Two Ages Cast: Milton, Johnson, and the English Renaissance", *Journal of the History of Ideas*, Vol. 61, No. 3 (Jul., 2000): 397 – 413.

Lipking, Lawrence, "Literary Criticism and the Rise of National Literary History", *English Literature*, 1660 – 1780, ed., John Richetti, Cambridge: Cambridge University Press, 2005.

Lipking, Lawrence, *Samuel Johnson: The Life of an Author*, Cambridge: Harvard University Press, 1998.

Lipking, Lawrence, *The Ordering of the Arts in Eighteenth – Century England*, Princeton: Princeton University Press, 1970.

Lock, F. P., *Swift's Tory Politics*, Newark: University of Delaware Press, 1983.

Lynn, Steven, *Samuel Johnson after Deconstruction: Rhetoric and "The Rambler"*, Carbondale: Southern Illinois University Press, 1992.

Lynn, Steven, "Johnson's Rambler and Eighteenth – Century Rhetoric", *Eighteenth – Century Studies*, Vol. 19, No. 4 (Summer, 1986): 461 – 479.

Macaulay, T. B., *The Miscellaneous Writings of Lord Macaulay*, 2 Vols., London, 1860.

Macaulay, T. B., *Critical and Historical Essays*, 2 Vols., London, 1848.

Mack, Maynard, *Alexander Pope: A Life*, New Haven: Yale University Press, 1985.

McKenzie, Alan T., "The Systematic Scrutiny of Passion in Johnson's Rambler", *Eighteenth – Century Studies*, Vol. 20, No. 2 (Winter, 1986 – 1987): 129 – 152.

MacIntyre, Alasdair, *A Short History of Ethics*, 2nd ed., Notre Dame: University of Notre Dame Press, 1998.

MacIntyre, Alasdair, *Whose Justice, Which Rationality?*, Notre Dame: University of Notre Dame Press, 1988.

MacIntyre, Alasdair, *After Virtue*, Notre Dame: University of Notre Dame Press, 1984.

Mccolley, Diane K., "Milton and the Sexes", *The Cambridge Companion to Milton*, ed., Dennis Danielson, Cambridge University Press, 1989, pp. 175 – 192.

Mandeville, de Bernard, *The Fable of the Bees*, Indianapolis: Liberty

Fund, 1988.

Middendorf, John H., "Dr. Johnson and Mercantilism", *Journal of the History of Ideas*, Vol. 21, No. 1 (Jan. – Mar., 1960): 66 – 83.

Miner, Earl and Jennifer Brady, eds., *Literary Transmission and Authority*, Cambridge: Cambridge University Press, 1993.

Mitchell, Marea and Dianne Osland, *Representing Women and Female Desire*, Basingstoke: Palgrave Macmillan, 2005.

Marshall, P. J., ed., *The Eighteenth Century*, Oxford: Oxford University Press, 1998.

Middleton, Richard, *The Bells of Victory*, Cambridge: Cambridge University Press, 1985.

Morgan, Kenneth O., ed., *The Oxford History of Britain*, Oxford: Oxford University Press, 1999.

Namier, Sir Lewis Bernstein, *The Structure of Politics at the Accession of George III*, London: Macmillan, 1957.

Nussbaum, Felicity A., "Women Novelist 1740s – 1780s", *English Literature*, 1660 – 1780, ed., John Richetti, Cambridge: Cambridge University Press, 2005.

Nokes, David, *Jonathan Swift*, *A Hypocrite Reversed*, Oxford: Oxford University Press, 1985.

O'Brien, Conor Cruise, *The Great Melody*, Chicago: University of Chicago Press, 1992.

Parke, N. Catherine, "Negotiating the Past, Examining Ourselves Johnson, Women, and Gender", *South Central Review*, Vol. 9, No. 4, Johnson and Gender (Winter, 1992): 71 – 80.

Parke, N. Catherine, *Samuel Johnson and Biographical Thinking*, Columbia: University of Missouri Press, 1991.

Patterson, Annabel, "Dryden and Political Allegiance", *The Cambridge Companion to John Dyrden*, ed., Steven N. Zwicker, Cambridge: Cambridge University Press, 2004.

Peters, M., "The Myth of William Pitt, Earl of Chatham, Great Imperialist, Part I: Chatham and Imperial Expansion", *Journal of Imperial and*

Commonwealth History, No. 22 (1993): 393 – 431.

Philip, J. R., "Samuel Johnson as Anti – scientist", *Notes and Records of the Royal Society of London*, Vol. 29, No. 2 (Mar., 1975): 193 – 203.

Pierce, Charles E., *The Religious Life of Samuel Johnson*, Archon Books, 1983.

Plumb, J. H., *The American Experience*, New York and London: Harvester Whantsheaf, 1989.

Plumb, J. H., *The Making of An Historian*, Georgia: University of Georgia Press, 1988.

Plumb, J. H., *England in The Eighteenth Century*, London: Penguin Books, 1950.

Porkay, Adam, *The Passion for Happiness*, Ithaca: Cornell University Press, 2000.

Quinlan, Maurice, *Samuel Johnson: A Layman's Religion*, Madison: University of Wisconsin Press, 1964.

Raffel, Burton, ed., *The Annotated Milton: Complete English Poems*, New York City: Bentam Books, 1999.

Reddick, Allen, *The Making of Johnson's Dictionary* 1746 – 1773, 2nd ed., Cambridge: Cambridge University Press, 1996.

Richetti, John, ed., *English Literature*, 1660 – 1780, Cambridge: Cambridge University Press, 2005.

Riely, John Cabell, "The Pattern of Imagery in Johnson's Periodical Essays", *Eighteenth – Century Studies*, Vol. 3, No. 3 (Spring, 1970): 384 – 397.

Rogers, Pat, ed., *Alexander Pope: Selected Poetry*, Oxford: Oxford University Press, 1996.

Fussell, Paul, *Samuel Johnson and the Life of Writing*, London: Chatto and Windus, 1972.

Sabor, Peter, "Richarson, Henry Feilding, and Sarah Feilding", *The Cambridge Companion to English Literature* 1740 – 1830, eds., Thomas Keymer and Jon Mee, Cambridge: Cambridge University Press, 2004.

Sainsbury, John, *John Wilkes: The Lives of a Libertine*, Farnham: Ashgate, 2006.

Schweizer, K., *Frederick the Great, William Pitt and Lord Bute: Anglo - Prussian Relations*, 1756 - 1763, New York: Garland Press, 1991.

Schweizer, K., ed., *Lord Bute: Essays in Reinterpretation*, Leicester: Leicester University Press, 1988.

Singh, Brijraj, " 'Only Half of His Subject': Johnson's 'The False Alarm' and the Wilkesite Movement", *Rocky Mountain Review of Language and Literature*, Vol. 42, No. 1/2 (1988): 45 - 60.

Smallwood, Philip, "Shakespeare: Johnson's Poet of Nature", *The Cambridge Companion to Samuel Johnson*, ed., Greg Clingham. Cambridge: Cambridge University Press, 1997.

Smith, Adam, *The Wealth of Nations*, New York: The Modern Library, 1937.

Smithers, Peter, *The Life of Joseph Addison*, Oxford: Oxford University Press, 1954.

Smollett, Tobias, *Humphry Clinker*, New York: W. W. Norton & Company, 1983.

Speck, W. A., *Literature and Society in Eighteenth - Century England 1680 - 1820*, London: Longman, 1998.

Spector, Robert D., *Samuel Johnson and the Essay*, Santa Barbara: Greenwood Press, 1997.

Stone, Lawrence, *The Family, Sex and Marriage in England 1500 - 1800*, New York City: Harper & Row Publishers, 1977.

Tomarken, Edward, *A History of the Commentary on Selected Writings of Samuel Johnson*, Columbia: Camden House, 1994.

Vance, John, "Johnson's Historical Review", *Fresh Reflections on Samuel Johnson*, ed., Prem Nath, New York: Whitson Publishing Company, 1987.

Vance, John, *Samuel Johnson and the Sense of History*, Athens: University of Georgia, 1984.

Voitle, Robert, *Samuel Johnson the Moralist*, Cambridge: Harvard University Press, 1961.

Wahrman, Dror, *The Making of the Modern Self*, New Haven: Yale University Press, 2004.

Wain, John, *Samuel Johnson: A Biography*, Macmillan, 1974.

Watson, J. S., *The Reign of George III*, Oxford: Oxford University Press, 1960.

Watt, Ian, *The Rise of Novel*, Oakland: University of California Press, 1957.

Wechselblatt, Martin, *Bad Behavior: Samuel Johnson and Modern Cultural Authority*, Lewisburg: Bucknell University Press, 1998.

Wheeler, David, "Crosscurrents in Literary Criticism, 1750 – 1790: Samuel Johnson and Joseph Warton", *South Central Review*, Vol. 4, No. 1 (Spring, 1987): 24 – 42.

White, Laura Mooneyham, *Jane Austen's Anglicanism*, Farham: Ashgate, 2011.

Wiles, Roy McKeen, "The Contemporary Distribution of Johnson's Rambler", *Eighteenth – Century Studies*, Vol. 2, No. 2 (Dec., 1968): 155 – 171.

Williams, Basil, *The Whig Supremacy* 1714 – 1760, Oxford: Oxford University Press, 1962.

Winks, R. W., ed., *Historiography*, Oxford: Oxford University Press, 1999.

Witek, Katherine, "The Rhetoric of Smith, Boswell and Johnson: Creating the Modern Icon", *Rhetoric Society Quarterly*, Vol. 24, No. 3/4 (Summer – Autumn, 1994): 53 – 70.

Woodfine, Philip, *Britanninia's Glories*, Woodbridge: The Boydell Press, 1998.

中文文献

［英］阿克顿：《法国大革命讲稿》，秋风译，贵州人民出版社2004年版。

［英］阿克顿：《自由史论》，胡传胜等译，译林出版社2001年版。

［加］巴巴拉·阿内尔：《政治学与女性主义》，郭夏娟译，东方出版

社 2005 年版。

［英］托·斯·艾略特：《艾略特文学论文集》，李赋宁译，百花洲文艺出版社 1994 年版。

［英］包斯威尔：《约翰逊传》，罗珞珈、莫洛夫译，中国社会科学出版社 2004 年版。

［英］鲍斯威尔：《约翰逊博士传》，王增澄、史美骅译，上海三联书店 2006 年版。

［法］西蒙娜·德·波伏娃：《第二性》（第 2 版），陶铁柱译，中国书籍出版社 2004 年版。

［英］埃德蒙·柏克：《美洲三书》，缪哲译，商务印书馆 2005 年版。

［英］埃德蒙·柏克：《自由与传统》，蒋庆等译，商务印书馆 2001 年版。

［英］爱德蒙·柏克：《法国革命论》，何兆武等译，商务印书馆 1998 年版。

范存忠：《英国文学论集》，外国文学出版社 1981 年版。

高健译注：《英文散文 100 篇》，中国对外翻译出版公司 2001 年版。

高全喜：《休谟的政治哲学》，北京大学出版社 2004 年版。

［法］贡斯当：《古代人的自由和现代人的自由》，阎克文、刘满贵译，上海人民出版社 2005 年版。

［德］哈贝马斯：《公共领域的结构转型》，曹卫东等译，学林出版社 2004 年版。

黄梅：《起居室的写者》，南京大学出版社 2013 年版。

黄梅：《双重迷宫》，北京大学出版社 2006 年版。

黄梅：《推敲"自我"》，生活·读书·新知三联书店 2003 年版。

金志霖主编：《英国十首相传》，东方出版社 2001 年版。

［英］约翰·雷：《亚当·斯密传》，胡企林、陈应年译，商务印书馆 1998 年版。

刘意青：《英国 18 世纪文学史》，外语教学与研究出版社 2005 年版。

陆建德：《〈大教堂凶杀案〉的历史背景》，《世界文学》2009 年第 1 期。

陆建德：《思想背后的利益》，广西师范大学出版社 2005 年版。

陆建德：《破碎思想体系的残编》，北京大学出版社 2001 年版。

陆建德：《麻雀啁啾》，生活·读书·新知三联书店1996年版。

吕大年：《18世纪英国文化风习考》，《外国文学评论》2006年第1期。

吕大年：《理查森和帕梅拉的隐私》，《外国文学评论》2003年第1期。

［英］约翰·洛克：《政府论》，瞿菊农、叶启芳译，商务印书馆2004年版。

［英］约翰·洛克：《人类理智论》，关文运译，商务印书馆1959年版。

［美］凯特·米利特：《性政治》，宋文伟译，江苏人民出版社2000年版。

聂珍钊等：《英国文学的伦理学批评》，华中师范大学出版社2007年版。

［美］波考克：《德行、商业和历史》，冯克利译，译林出版社2010年版。

钱锺书：《谈艺录》，生活·读书·新知三联书店2007年版。

钱锺书：《写在人生边上》，生活·读书·新知三联书店2002年版。

［德］维尔纳·桑巴特：《奢侈与资本主义》，王燕平、侯小河译，上海世纪集团2005年版。

［英］安德鲁·桑德斯：《牛津简明英国文学史》（修订版），谷启楠、韩加明等译，人民文学出版社2006年版。

盛宁：《文学：鉴赏与思考》，生活·读书·新知三联书店1997年版。

［美］列奥·施特劳斯：《自然权利与历史》，彭刚译，生活·读书·新知三联书店2007年版。

［英］亚当·斯密：《道德情操论》，蒋自强等译，商务印书馆2004年版。

宋美华：《十八世纪英国文学》，东大图书公司1996年版。

［美］纳坦·塔科夫：《为了自由：洛克的教育思想》，邓文正译，生活·读书·新知三联书店2001年版。

［英］特利威廉：《英国史》，钱端升译，中国社会科学出版社2008年版。

王觉非主编:《英国近代史》,南京大学出版社1997年版。

王晓焰:《18—19世纪英国妇女地位研究》,人民出版社2007年版。

王佐良:《英国文学史》,商务印书馆1996年版。

汪堂家:《德里达》,北京大学出版社2008年版。

[德]马克斯·韦伯:《新教伦理与资本主义精神》(修订版),于晓、陈维纲等译,陕西师范大学出版社2006年版。

夏晓敏:《约翰逊四部"即兴作品"表现的人生经历》(未刊博士学位论文),北京大学2008年。

[英]休谟:《人类理解研究》,关文运译,商务印书馆1995年版。

[英]休谟:《休谟政治论文选》,张若衡译,商务印书馆1993年版。

[英]休谟:《人性论》,关文运译,商务印书馆1980年版。

许洁明:《十七世纪的英国社会》,中国社会科学出版社2004年版。

[希]亚里士多德、[罗马]贺拉斯:《诗学·诗艺》,杨周翰译,人民文学出版社1962年版。

阎照祥:《英国政治制度史》,人民出版社1999年版。

后　记

　　我的博士论文"不幸"被随机选中参加匿名审阅。评审中有一条规定：不能透露任何关于自己或者导师的信息。现在论文已经通过审核，许多本该散见于论文中的感谢，只好集中在这篇"后记"中了。

　　早在报考中国社会科学院外国文学所之前，我已经拜读了盛宁、陆建德、黄梅、吕大年等老师的著作和文章。在社科院三年的学习和写作中，同这些老师有了具体的接触，他们的人品和学识深深地感染了我，成为今后不断努力奋斗的力量源泉。如果一定要梳理这些精神上的财富，可以说，我从陆老师那里学会了坚持民族立场，懂得了更加热爱祖国；在吕老师身上我耳濡目染了认认真真、扎扎实实做学问的态度。同盛老师的接触不算多，但从他的文字和讲座中我增强了"发现问题"的意识。比较而言，和黄老师在一起的时间最多，几乎每周二都能见面。黄老师在读书和写作方面对我提出了许多批评，给了我无数中肯的建议，她的率直让我受益匪浅。尤其在毕业论文的立意、谋篇、措辞上，黄老师花费了很大的心血，她对写作和学术规范的要求使我少走了许多弯路。不唯如此，或许出于女性的细腻，黄老师常常顾及我的经济拮据，帮我解决了许多具体困难。

　　同样我非常感谢北京大学的刘意青和韩加明老师，在论文开题时，他们给我提出了许多宝贵的建议。尤其韩老师认真阅读了我的开题报告，写了详尽的反馈意见，一一直陈其中值得商榷的说法。韩老师建议我集中论述约翰逊的两部重要作品，并将夏晓敏博士尚未发表的论文寄送给我，以备参考。